餐飲服務

——重點整理、題庫、解答

陳堯帝◎編著

序

　　為因應餐飲服務能力測驗及四技二專統一入學考試，餐飲、觀光等科系另成立「餐旅類」，考試專業科目為餐旅概論及餐飲實務。九十二學年度餐旅概論改考餐飲管理及觀光概論。面對統一入學考試之劇烈競爭，特別將餐飲管理中餐飲服務部分加強重點整理，以利研讀，並附模擬考題（包括選擇題、簡答題、問答題）。為落實餐飲服務編撰內容充實與客觀性，蒐集歷年各校考題加以編纂，適合技職體系餐飲管理科系、觀光事業科系、食品管理科系、家政科系學生更深入地瞭解餐飲服務的內涵及重點。

　　本書編撰以精簡為原則，內容豐富，資料新穎，提供餐飲服務能力測驗及餐旅類四技二專及二技統一入學考試，熟讀之後，必能駕輕就熟，本書具有下列特色：

1. 本書內容共分十三章，大約三十萬餘言，四百餘頁。
2. 本書為便利學生學習，文辭力求簡明易懂。
3. 本書第十二章航空餐飲服務，第十三章桌邊烹調，目前其他餐飲服務教科書中尚未列入，為本書最大特色之一。

　　本書得以完成，感謝師長的鼓勵及餐飲業先進之指正。本書雖經慎密編著，疏漏之處，在所難免，總感覺此書資料不盡完善，尚祈各位先進賢達不吝賜予指教，多加匡正是幸。

陳堯帝　謹誌

二OO二年十二月

目　錄

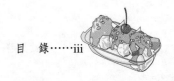

第一章　導論

第一節　餐飲服務的定義及範圍

　　餐飲服務包含了銷售技巧，不僅是銷售菜餚和飲料等項目，而且是銷售全部的經驗給顧客。餐廳的氣氛、菜餚、飲料、葡萄酒及特別的餐飲，使顧客樂意再來，假如一個顧客離開這餐廳時是一個滿意的顧客，心中想要第二次再度光臨，這代表全體職員的服務是成功的。

　　餐飲服務是一種親切熱忱的態度，時時為客人著想，使客人有種賓至如歸的感覺，它是餐廳的生命，更是餐廳主要的產品，因此我們必須瞭解服務的真諦，瞭解服務對餐廳的重要性，藉以建立正確餐飲服務概念。

一、服務的定義

　　所謂「服務」（service），它是一種態度，是一種想把事情做得更

餐廳不再只是用餐的空間，而是提供全方面享受之處。（凱悅大飯店提供）

好之慾望，時時站在客人立場，設身處地為客人著想，及時去瞭解與提供客人之所需。易言之，服務係以最親切熱忱的態度，去接待歡迎客人，經常為客人設身處地著想，並適時提供一切必要之事物，使客人享受到一種賓至如歸之安適氣氛，此乃為服務之真諦，為一種無形無價的商品。

二、餐飲服務的範圍

行銷學家P. Kotler曾將服務定義為：「服務是一項活動或一項利益，由一方向另一方提供本質無形的物權轉變。服務的產生，可與某一實體產品有關，也可能無關。」

由此可知，廣義的餐飲服務，應非僅限於提供餐飲的純熟技巧，縱觀用餐場所的內外，各項設施皆應包括在服務的範圍內。而這些構成進餐情境的因素還包括：

1.服務的技能和態度。
2.餐廳主要顧客的類型和水準。
3.餐廳的地理位置與交通網路。
4.內部的裝潢與空間的佈置。
5.服務設備（桌巾、餐巾、器皿等）的齊全和擺設。
6.景觀的陪襯。

高品質餐飲服務所要達成的目標，就是要維護並儘量加強上述六個因素；如此，有形的餐飲產品和無形服務條件才能有效配合，並建立「以合理的價位，提供高品質的享受；以親切的態度，提供高水準的服務」的經營理念。

第二節　餐飲服務業的特性

一、餐飲業生產方面的特性

(一)個別化生產

　　大部分餐廳所銷售之餐食，係由顧客依菜單點叫，再據以烹製為成品，此方式與一般商店現成的規格化、標準化產品不同。

(二)生產過程時間短

　　餐廳自接受客人點菜進而烹調出菜，通常時間甚短，約數分鐘至一小時左右。

廚房的備餐過程。

(三)銷售量預估不易

餐廳進餐人數及所需餐食須等客人上門才算,因此事前之預測甚為困難,不能與一般商品一樣預定製作多少成品,即可準備多少人力與材料,在成本計算上較難。

(四)菜餚產品容易變質不易儲存

烹調好的菜餚過了數小時將會變質、變味,甚至無法再使用,所以成品不能有庫存,生產過剩就是損失。

二、餐飲業銷售方面的特性

1. 銷售量受餐廳場所大小之限制。一旦餐廳客滿,銷售量便難以再提高。
2. 銷售量受時間的限制。
3. 舒適之氣氛。餐廳之裝潢、佈置、音響、燈光均必須十分考究才可。
4. 餐廳毛利高,餐廳若經營得當,盈餘相當可觀。

三、餐飲業員工待遇方面的特性

餐飲服務人員之收入,有些是支領固定薪俸,有些是靠底薪與小費,此外有些服務是沒有底薪,完全靠小費作為主要收入,此現象以國外居多。不過不管以上述何種方式作為收入來源,其待遇之高低,往往與本身工作能力及服務態度成正比。

四、餐飲業工作性質方面的特性

餐飲服務之品質將影響到餐廳營運之成敗。餐廳的服務，必須全體員工通力合作密切配合，才能圓滿達成任務，絕非單獨或個別就能負起服務的責任。如廚師將餐食苦心烹調好，還須賴服務員送到餐桌給客人才能完成服務，所以說服務是連貫的，任何部門稍有脫節，均易遭客人不滿與抱怨，再加上顧客類型複雜，即使一點小環節的疏忽，也會影響餐廳的聲譽，因此餐飲工作人員必須發揮極高的團隊精神與容忍力，不可意氣用事，如此才能提供最完美的服務。

第三節　餐飲服務品質的控制

速食業的巨人麥當勞公司曾指出，他們的經營哲學是「Q.C.S.V.」，亦即「品質、衛生、服務、價值」；其中「品質」名列第一，與麥當勞一貫強調的基本原則不謀而合。所謂其「基本原則」是指「任何時刻、任何分店、任何服務人員提供給顧客的食品與服務，品質都是相同的」。

一、服務品質的定義

服務業不同於一般產業的原因，在於服務本身具有相當突出的特性，而其中最大的特點是「不易見、不易儲存、不可分割、多變性」：

1.不易見：服務的「產品」不易見。

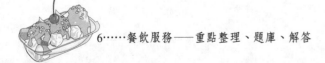

2.不易儲存：服務是無法儲存的。

3.不可分割：提供服務的人或設備必須和消費者在一起，有其不可分割的特性。

4.多變性：不同的服務人員對顧客提供服務，由於有個別差異，所以會導致服務品質不穩定。

日本學者杉本辰夫歸納出服務業應具備之服務品質，共計五項：

1.內部控管：使用者看不到的品質，例如食品的衛生等。

2.硬體控管：使用者看得見的品質，如商品的品質、服務場所的室內裝潢等。

3.軟體品質：使用者看得見的軟體品質，如結帳正確與否、廣告是否誇大不實等。

4.即時反應：服務時間與迅速性。

5.心理品質：服務人員應對的態度等。

這五類品質若能確保一定的標準，符合顧客的需求，就能直接影響餐飲業的營運狀況了。

二、顧客對服務品質的需求

顧客的讚美和抱怨是餐飲業服務品質的指標，所以經營者經常藉此來發掘自己的缺失與不足，做為改善或強化促銷的依據。顧客最常抱怨的服務項目依序為：

1.顧客停車的方便性。

2.餐廳內部的動線。

3.餐飲服務的水準。

4.餐飲的價格和附加服務的提供。

5.餐廳環境的氣氛。

6.餐廳員工的服務態度。

7.食物的品質和製備的方法。

8.餐廳外部的景觀。

9.餐廳供餐的速度。

10.餐飲服務的次數。

而顧客最常稱讚的服務項目依頻率的多寡依序爲：

1.餐飲服務的水準。

2.食物的品質和製備的方法。

3.餐廳員工積極幫忙的態度。

4.餐廳環境的衛生。

5.餐廳環境的整齊。

6.菜餚的份量。

7.餐廳員工的外在修飾。

8.餐飲服務的次數。

9.抱怨的處理。

10.餐飲的價格和附加服務的提供。

三、服務品質的訂定

　　連鎖旅館業的強人Marriott更明白地以「服務就是我們的事業」爲其廣告詞。這種將服務發展成一種有競爭性的長處，最主要的方法就是去發覺並滿足一種尙未滿意的需求，或者是去找出並減少顧客們不情願付費的「差服務」。當然，新服務的發展與舊服務的改善有其一定的步驟，Thomas Peters認爲這些步驟與新產品的推廣沒有兩樣，也是從「瞭解顧客」爲出發點。

　　Lewis Minor曾建議推展一具優勢競爭力的服務須有一定的原則。首要的原則自然是顧客的研究，這可以用簡單的觀察顧客的動態和習

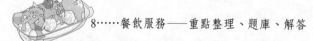

性，或是用複雜的科學統計方法來分析顧客的年收入、消費型態、生活風格、飲食特性，甚至對新觀念的接受程度；如此，才能針對目標市場來選擇真正受歡迎的「服務」。

第四節　餐飲服務品質控制的程序

一、品質控制的程序

餐飲服務的程序應符合下列原則：

1. 有條不紊之服務流程。
2. 有效率且迅速：有效率的服務是迅速的，適時地對客人提供服務。
3. 滿足要求：程序應以用有效率的服務來提供客人之所需為目的，而非要求操作上之簡便。
4. 未卜先知：服務常走在客人需要的前面。服務與產品應在客人要求之前提供。
5. 人際溝通：清楚與簡潔的溝通是服務人員與服務人員之間，及服務人員與顧客之間必具之條件。
6. 顧客回應：顧客的回應能迅速知道產品與服務之品質是否合乎客人之所需及期望，從而加以改進及提升。
7. 管理監督：將以上六項一起運用並加以有效地管理和監督，則服務系統必能流暢地運作。

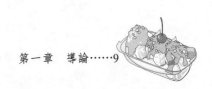

二、高品質的服務態度

1. 主動協調：服務人員對他們提供給顧客之菜餚及服務要完全瞭解。
2. 積極推銷：高品質服務人員知道哪些是對顧客有用的產品及服務。
3. 樂在溝通：顧客的困難及抱怨，應機智地、流暢地、冷靜地處理。
4. 謙讓誠懇：誠懇的態度能流露出與別人溝通之意願，積極的態度能使顧客上門並願意再度光顧。
5. 身體語言：面部表情、眼神的接觸、微笑、手部的小動作，皆會傳遞對客人的態度。
6. 聲調音色：聲調比實際的語言能表達更多真實的訊息。
7. 培養共識：適時說適當的話是一重要之技巧。
8. 用心體會：記熟顧客的名字反映出對客人的特別照料和關心。
9. 殷勤周到：殷勤的服務人員待客來自禮貌、友善和尊重的服務。

第五節　餐飲服務人員應具備的條件

一、餐飲服務的專業知識

餐飲業之從業人員要想使自己工作做得更盡善盡美，他必須要有餐飲服務的專業知識，否則即使專業技能再純熟，工作再熱心，仍無法適時瞭解客人之意願，至於「服務」那更談不上了。

二、餐飲服務的技術能力

爲了促進自己的事業，專業服務人員必須不斷地努力，以提升其技巧。

三、餐飲服務的溝通技巧

在恰當的時間說正確的話或做正確的事，而不會得罪其他人，這種能力對與公衆交際的人來說是很重要的。

四、餐飲服務的人際關係

對任何人來說，人際關係是一個重要的特色，特別是一個與公衆交際的人。在固定營業時間的工作中，餐廳所有的員工有無數的機會與客人接觸。

五、餐飲服務的自我啓發工作精神

一位優秀的餐飲服務員，必須要先具備正確的服務人生觀，才能在其工作中發揮最大的能力與效率。所謂正確服務人生觀不外乎：自信、自尊、忠誠、熱忱、和藹、親切、幽默感、肯虛心接受指導與批評、動作迅速確實、禮節周到，以及富有進取心與責任感。

六、餐飲服務中顧客抱怨的判斷與協調

行動有效率是指事半而功倍，有能力分類客人的點叫單及規劃到

一位優秀的服務人員須具備知識、技
能等多項條件。

廚房與服務區域的路徑，而節省了步驟。由於有組織所節省的時間，
可以用來對顧客提供較好的服務。餐飲服務中顧客有所抱怨必須適時
去處理，予以正確的判斷與協調。

七、儀容端莊，儀表整潔

一位優秀服務員之穿著一定是整潔美觀大方，舉止動作溫文爾
雅，步履輕快絕不跑步，此種優雅整潔的個人生活習慣乃從事餐飲工
作者所必須具備的，但也不必刻意打扮或濃妝艷抹，須以淡妝樸素優
雅之外觀予人好感。

是非題

(╳)1.所謂正確服務人生觀不外乎：自傲、自尊、忠誠、熱忱、和藹、
親切、幽默感，有自我主見以及肯虛心接受指導與批評，動作迅
速確實，禮節周到，富有進取心與責任感。

(○)2.餐廳，是用來社交的餐廳，不再只是用餐的空間，而是提供全方
位享受之處，美食、美味、美感、美學概念在高品質的服務的餐
廳裏得到驗證。

(╳)3.現代人是一群「找感覺」的品味族群，最後高品質的服務並非是
能留住顧客的關鍵因素。

(○)4.銷售在領檯、服侍者、服務人員心中的工作是和顧客的餐飲需求
是互相影響的。

選擇題

(2)1.進入餐廳可以看見流行的符號，亦即將五種知覺悉數呈現在餐廳
裏，下列何者有誤？ (1)視覺 (2)反應 (3)聽覺 (4)嗅覺。

(4)2.所謂「服務」（service）？ (1)瞭解與提供客人之所需 (2)是一種想
把事情做得更好之慾望 (3)時時站在客人立場，設身處地為客人著
想 (4)以上皆是。

(3)3.構成進餐情境的因素不包括 (1)服務的技能和態度 (2)餐廳主要顧
客的類型和水準 (3)餐廳廚師的手藝之好壞 (4)服務設備（桌巾、
餐巾、器皿等）的齊全和擺設。

(2)4.餐飲業生產方面的特性，何者不包括？ (1)個別化生產的特性 (2)
生產過程時間長 (3)銷售量預估不易 (4)菜餚產品容易變質不易儲
存。

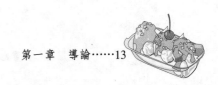

(4)5.速食業的巨人麥當勞公司曾指出他們的經營哲學是「Q.C.S.V.」，各有其意，下列何者不正確？ (1)品質 (2)衛生 (3)服務 (4)價廉物美。

簡答題

(一)構成進餐情境的因素包括哪些？

答：1.服務的技能和態度。

　　2.餐廳主要顧客的類型和水準。

　　3.餐廳的地理位置與交通網路。

　　4.內部的裝潢與空間的佈置。

　　5.服務設備（桌巾、餐巾、器皿等）的齊全和擺設。

　　6.景觀的陪襯。

(二)一般產業認定的品質須包括哪四個要件？

答：1.設計的品質（市場調查、基本構想與規格的優劣）。

　　2.作業規格的符合（包括技術、人力與管理規格的符合）。

　　3.可靠程度（持久使用，易於維修與零件後勤支援的不斷）。

　　4.售後服務的效率。

問答題

(一)何謂服務的定義？

答：所謂「服務」（service），它是一種態度，是一種想把事情做得更好之慾望，時時站在客人立場，設身處地為客人著想，及時去瞭解與提供客人之所需。易言之，服務係以最親切熱忱的態度，經常為客人設身處地著想，並適時提供一切必要之事物，使客人享

受到一種賓至如歸之安適氣氛，此乃為服務之真諦，所以說服務乃餐廳之生命，為一種無形無價的商品。

第二章　餐飲服務心理學

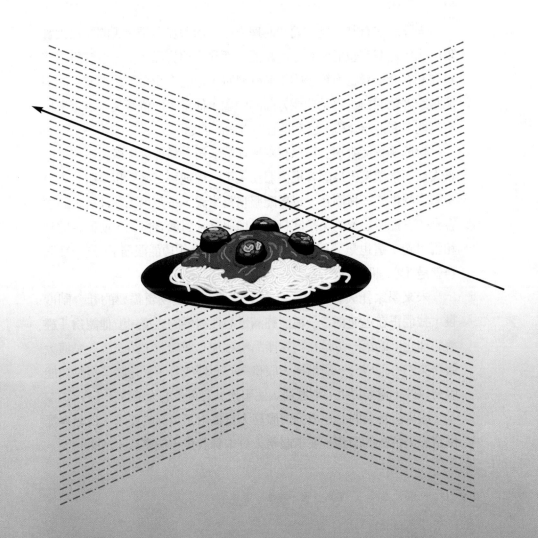

服務是一個涵義非常模糊的概念，服務是幫助，是照顧，是貢獻，服務是一種形式。服務是由服務人員與顧客構成的一種活動，活動的主體是服務人員，客體是顧客，服務是透過人際關係而實現的，這就是說，沒有服務人員與顧客之間的交往，就無所謂服務。服務心理學是把服務當作一種特殊的人際關係來加以研究的，要懂得服務，首先要懂得人際關係。

第一節　服務是透過人際溝通而形成

人際交往有其功能方面和心理方面。而服務是透過人際關係來實現的，因此服務也必然有它的功能方面和心理方面。當一位餐廳服務員向顧客介紹餐廳所經營的菜餚飲料時，他的介紹是不是準確，能不能讓顧客聽明白，這是功能方面的問題；他是否面帶微笑，是否彬彬有禮地向客人作介紹，這就是心理方面的問題。

對於「微笑服務」可以有兩種理解。第一種理解：微笑服務是服務人員面帶微笑去為顧客提供服務。第二種理解：微笑也是服務人員為顧客提供的一種服務。以餐廳服務員來說，按照第二種理解，給顧客介紹餐廳所經營的菜餚飲料是一種服務，對顧客微笑，使顧客感到和藹可親，這也是一種服務。前一種服務是「功能服務」，後一種服務就是「心理服務」。

未來學家托夫勒斷言：「在一個旨在滿足物質需要的社會制度裏，我們正在迅速創造一種能夠滿足心理需要的經濟。」他認為「經濟心理化」的第一步是在物質產品中添加心理成分，第二步就是擴大服務業的心理成分。所謂擴大服務業的心理成分，就是除了提供功能服務以外，還要提供心理服務，使服務具有更多的人情味。

擴大服務業的心理成分對服務人員提出了更高的要求。為顧客提供富於人情味的服務，要求服務人員本身就是一個富於人情味的人。

服務是給客人一種美的感覺。

所謂富於人情味，至少有以下兩個方面的涵義：一方面，服務人員必須懂得人們的心理需要，在與人交往時能夠察覺別人情緒上的微妙變化，進而做出恰當的反應；另一方面，他必須是一個感情上的富翁，而不能是一個感情上的貧窮者。

在人際交往中，歡樂是可以共享的。誰能撥動別人的心弦，誰就能聽到美妙的樂曲。正如佛洛姆所說的：「他不是爲了接受而『給予』，『給予』本身是一種高雅的樂趣。但是，在這一過程中，他不能不帶回在另一人身上復甦的某些東西，而這些東西又反過來影響他。在眞正的給予之中，他必須接受回送給他的東西。因此『給予』隱含著使另一個人也成爲獻出者。他們共享已經復甦的精神樂趣。在『給予』行爲中產生了某些事物，而兩個當事者都因這是他倆創造的生活而感到欣然。」

第二節 拉近與顧客的距離

消除孤獨感、獲得親切感是人類所固有的一種需要。人們之所以要跟別人打交道，除了解決種種實際問題之外，還有一個重要的目的，就是透過人際交往來滿足這種心理上的需要。

作為一名服務人員，一定要讓顧客覺得你和藹可親，要讓顧客願意跟你打交道，而不是怕跟你打交道。你能讓顧客覺得你和藹可親，你就是在為顧客提供心理服務。

要表現出你的好心，首先要對顧客笑臉相迎。要記住顧客總是「出門看天色，進門看臉色」的。顧客會根據你的表情來判斷你是好接近的人，還是個難以接近的人。當你和顏悅色、滿面春風地出現在顧客面前時，不等你開口，你的表情就在你和顧客之間傳遞了一個重要訊息，「您是受歡迎的顧客，我樂意為您效勞！」

服務必須富有人情味。

要學會對顧客表示謝意和歉意。「謝謝」和「對不起」應當成服務工作中的「常用詞」，同時也要學會在顧客向自己表示謝意和歉意時作出適當的反應。

在顧客為自己的行為提出歉意時，要對顧客表示理解和安慰。例如對顧客說：「別著急，您慢慢挑！」「沒關係，誰都難免有數錯的時候。」

一般說來，人們都很重視自己在別人心目中的形象，也可以說人們是要把別人當成鏡子，是要從別人對自己的反應中來看到自我形象的。

第三節　服務的必要因素

衡量服務工作做得好不好，首先要看顧客滿意不滿意。對於「滿意」和「不滿意」這兩個概念，心理學家赫茨伯格有獨特的見解。他認為，滿意和不滿意涉及兩類不同的因素：M因素和H因素。H因素只是避免不滿意的因素，M因素才是使人感到滿意的因素。我們可以把H因素稱為必要因素，M因素稱為魅力因素。必要因素的意義是「沒有它就不行」，魅力因素的涵義是「有了它才更好」。如果你在選擇職業時抱這樣的想法：「至少要讓我得到公平合理的報酬，最好還能滿足我的興趣愛好，發揮我的聰明才智。」那麼對於你來說，「公平合理的報酬」只是職業的必要因素，而「滿足興趣愛好，發揮聰明才智」才是職業的魅力因素。

在市場競爭中，一種產品如果缺乏必要因素，肯定賣不出去，具備必要因素而缺乏魅力因素，也不能暢銷。要使產品暢銷，第一要有必要因素，第二要有魅力因素。必要因素是共性因素，人家有，我也有：魅力因素是個性因素，人家沒有，我有。

必要因素和魅力因素這兩個概念可以廣泛地應用於各種競爭之中。每一個想在競爭中獲勝的人，都應當瞭解什麼是必要因素，並使自己在具備必要因素的基礎上，儘可能地增加魅力因素。

　　服務工作要贏得顧客的好評，也應當具備必要因素和魅力因素。

　　必要因素是避免顧客不滿意的因素，魅力因素是讓顧客感到滿意的因素。如果你的服務缺乏必要因素，別人做得到的你做不到，顧客就會說：「沒見過像你這麼不好的！」如果你的服務具有魅力因素，別人做不到的你能做到，顧客就會說：「還沒見過像你這樣好的！」

　　一般說來，什麼是服務的必要因素和魅力因素呢？從顧客心理上說，標準化是服務的必要因素，針對性是服務的魅力因素。標準化使顧客得到「一視同仁」的服務，顧客就不會產生「吃虧」的感覺。有針對性才能使顧客覺得「這是服務人員專門為我提供的服務」，因而感到特別滿意。

　　為顧客提供有針對性的服務之所以特別重要，有兩個原因：

1.服務究竟好不好，是要由每個顧客根據自己的感覺來作出判斷的。

2.每個人的內心深處都有「突出自己」的需要。

　　服務工作必須堅持一視同仁的原則，為了使個別顧客產生受優待的感覺而讓別的顧客覺得自己吃了虧是不可取的。提供有針對性的服務並不意味著厚此薄彼。如果我們對每一位顧客都提供有針對性的服務，那就仍然是一視同仁的。

　　顧客在評價服務質量時，主要是根據「為我提供的」服務來作出判斷的。服務人員要贏得顧客的好評，就要盡力為每一位顧客提供有針對性的（即「針對個人」的）服務。

　　當然，對顧客僅僅從稱呼上加以區別是不夠的，更重要的是針對每一位顧客的特殊需要去提供相應的服務。所謂針對顧客的特殊需要有兩種情況：一種情況是顧客本人提出不同於其他顧客的要求，我們

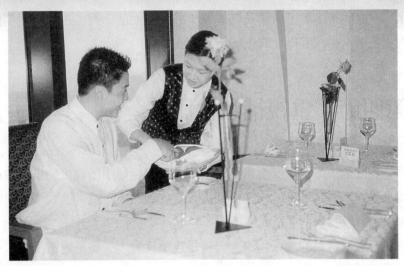

服務要求靈活。

應當想到這正是我們為他提供針對性服務的好機會；另一種情況是顧客並沒有提出特殊要求，我們主動發現他的特點、需求或想法，而為他提供專屬的服務。例如，你是一名餐廳服務員，當你發現一位顧客是用左手拿筷子時，你就應當記在心裏。下次他再到餐廳來用餐，你不是把筷子放在碟子的右邊，而是放在碟子的左邊，他當然會明白這是你專門為他提供的服務。

一般的服務員是在顧客發出「訊號」以後，能夠及時地為顧客提供服務；好的服務員往往在顧客還沒有發出「訊號」的時候，就已經知道該為顧客提供什麼了，而差的服務員是顧客已經一再地發出「訊號」，他還不知道，或者遲遲不來。

一些有經驗的服務人員往往能夠敏感地覺察到顧客有某種「難言之隱」，並作出適當的反應。我們也應當把「對顧客的難言之隱作出適當的反應」列為優質服務的一項要求。要知道，顧客有些話是想說而又不大好說，需要我們去「心領神會」的。例如，有的顧客在宴會上明明還沒有吃飽，但看別人都不吃主食，他也不好意思吃了。這時候在桌前服務的餐廳服務員就應該為他提供「心領神會」的服務

了——把盛著小包子、小花卷的盤子移到他面前，對他說：「我們做的小包子、小花卷很好的，您一定要嚐嚐。」

第四節　重視補救性服務

　　人既要求滿足，又要求合理，但是現實生活中所發生的事情往往使人覺得不滿足和不合理。一個人未能如願以償，或者遇到了在他看來是不合理的事情，這就是挫折。

　　有兩種常見的挫折反應，一種是攻擊反應，一種是逃避反應，都是很不利的。

　　服務人員在顧客感到不滿意（也就是遇到挫折）時，應設法消除顧客的不滿意，使顧客不至於作出攻擊反應或逃避反應，並儘可能地使顧客變不滿意為滿意，這就是為顧客提供補救性服務。

一、要善於採取補救措施

　　第一，如果顧客在某一方面沒有得到滿足，那就要儘量讓他在其他方面得到補償。補償一定要及時，而且是誰吃了虧就一定要誰得到補償。補償的形式可以是多種多樣的。例如，對於住宿顧客，如果住的條件差一些，又一時難以改住，那就一定要在吃的方面儘可能安排得好一點。有時候，功能方面的不足可以在感情方面予以補償。

　　第二，人在遇到不順心的事情時，可能往壞的方面想，也可能往好的方面想。我們當然是要引導顧客往好的方面想。例如一名導遊員，天氣好的時候，他說：「風和日麗，正是遊山玩水的好天氣。」下雨的時候他就說：「今天要去的這個地方，雨中遊覽別有情趣。」這就是引導旅遊者往好處想，不要因為下雨而掃興。

第三，顧客遇到不順心的事，我們還應當表示自己非常理解顧客的心情。顧客感到遺憾的事，我們也感到遺憾，顧客著急的時候，我們也很著急，這樣顧客就會覺得我們是「同他站在一起的」。

二、「顧客至上」並不意味著「服務人員至下」

顧客是人，服務人員也是人，雙方在交往中扮演著不同的角色。

第一，堅持「顧客至上」並不違背「雙贏原則」。「雙贏」是要讓雙方都得到自己想得到的東西，而當雙方扮演著不同的角色時，雙方應該得到和能夠得到的東西是不一樣的。在服務人員為顧客服務的時候，前者是「生產者」，後者是「消費者」，他們應該得到和能夠得到的東西怎麼能是完全一樣的呢？飯店要求女服務員不能打扮得比顧客更漂亮，這種規定既符合「顧客至上」，也合情合理。

第二，從市場學的角度來說，當生產者為爭奪消費者而展開激烈的競爭時，實際上就不是消費者有求於生產者，而是生產者有求於消費者。在這種情況下，誰能讓消費者成為勝利者，讓他們得到他們想

在服務效率上，滿足客人的需要。

得到的優質產品和服務，誰就能因此而得到自己想得到的名聲和效益，使自己成為競爭中的勝利者。

第三，一位飯店女服務員該不該把自己打扮更漂亮一點呢？完全應該。下班以後她把自己打扮得愈漂亮愈好，但是在上班的時候，她必須遵守飯店的規定。當飯店由於生意特別好而提高了經濟效益的時候，當她由於工作得特別好而增加了收入的時候，她就可以在業餘時間把自己打扮得更漂亮了。

第四，顧客應該受到尊重，服務人員也應該受到尊重，顧客與服務人員應該互相尊重。但是服務人員在為顧客服務的時候，應當以自己對顧客的尊重去贏得顧客對自己的尊重，而不是抱著「看你敢不尊重我！」的想法去強迫顧客尊重自己。要知道尊重和「怕」是兩回事，你也許可以透過施加壓力使別人怕你，但是怕你並不等於尊重你。「顧客至上」的口號要求服務人員「從我做起」，以自己對顧客的尊重去贏得顧客對自己的尊重，實際上還是以「雙贏」為目標。

三、「顧客總是對的」並不意味著「服務人員總是錯的」

餐廳必須面對顧客，必須生產顧客所需要的菜餚，提供顧客所需要的服務。如果你不知道餐廳該怎麼辦，那就去請教你的顧客吧，聽顧客的話是不會錯的，於是有人提出這樣一個口號：「顧客總是對的！」

實際上，制定餐廳的經營戰略不僅要考慮顧客的需要，而且要考慮餐廳本身的實力，同時還要考慮到自己的競爭對手。「顧客總是對的！」這一口號強調的是餐廳一定要「以銷定產」，「絕不能做沒有顧客的生意」。

後來，「顧客總是對的！」這口號被引用到如何處理服務人員與顧客之間的爭論這個問題上來了。於是這一口號本身又引起了許多爭

論。在服務人員與顧客的爭論中，難道錯的都是服務人員，顧客就一點錯也沒有嗎？如果肯定了顧客永遠是對的，那不就是說服務人員永遠是錯的嗎？這些問題的確有必要討論清楚。

有道是「人非聖賢，孰能無過？」誰都不可能永遠正確。顧客既然是人，當然也不例外。從實際情況來看，在服務人員與顧客的爭論中，有時是服務人員不對，有時是顧客不對，有時是雙方都不對。說顧客永遠是對的，這顯然是不符合事實的。

四、立於不敗之地

服務人員絕不能去「戰勝」和「壓倒」顧客，但也不能被那些無理而又無禮的顧客戰勝和壓倒，要學會自我保護，使自己立於不敗之地。從許多優秀服務人員的經驗中得出的結論是：服務人員應當把禮貌待客作為自己的「武器」。只要把禮貌待客堅持到底，就能立於不敗之地。

面對顧客，服務人員應當想到幾點：

1. 你是顧客，我是服務人員，從角色關係上說你我是不平等的。如果你罵我一句，我罵你一句，雖然是「一比一」，到頭來吃虧的還是我。這一點我是不會忘記的。

2. 作為服務人員，我沒有「單向射擊的武器」。如果我向你發起攻擊，最終還是會打到我自己身上來。這種傻事我是不會做的。

3. 我知道你正在等著我還擊，我一還擊，你就找到了大吵大鬧的理由，你就得到了「觀眾」的同情。我知道你的用意，我要讓你的如意算盤落空，讓你自討沒趣，因此我絕不還擊。

4. 你粗暴無禮，扮演不好你的角色，這是你的問題。我堅持用對待顧客的態度來對待你，這就說明我把自己的角色扮演得很好。我會堅持到底，而不會和你一般見識。只要我能堅持到

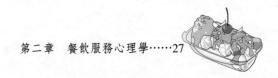

底，「理」就在我這一邊。

第五節　溝通為目標的藝術

一、人與人之間的相互作用

人的一生是在他所處的環境之中度過的。環境不斷地影響人，而人又不斷地用自己的行為影響他所處的環境。如果把環境對人的各種影響稱為「刺激」，那麼人的行為就是對刺激的「反應」。這裏所說的行為既包括人所採取的行動，也包括人的言語和表情。

人際交往是人與人之間的相互作用。在交往中，人們互相給予刺激，又互相作出反應。要注意的是：

1.首先不是改變別人。
2.首先是改變我們自己。
3.要相信我們自己有所改變之後，別人也會有相應的改變。

二、誘導「成人自我」的藝術

在人際交往中，一個人因不同的「自我」占優勢，就會有不同的表現。如果他表現得很衝動，跟你胡攪糾纏，你就可以作出判斷，他是「兒童自我」占優勢。如果他以權威自居，盛氣凌人，你就可以作出判斷，他是「家長自我」占優勢。只有當他的「成人自我」占優勢的時候，他才會顯得通情達理。

「成人自我」是一個面對現實、勤於思考的「自我」，所謂誘導一

個人的「成人自我」，就是要讓他動一動腦筋，而不要只是動感情，就是要讓他面對現實，根據實際情況作出行為決策，而不是只根據自己的願望和自己的想像來作出決策，就是要讓他認真地考慮一下別人的意見，而不是翻來覆去地只強調自己的那些看法和主張。誘導「成人自我」的基本方法，一是提出問題，二是說明情況。提出問題是為了促其思考。一個人即使原來非常激動，當他開始認真思考的時候也一定會逐漸平靜下來的。說明情況是為了讓他瞭解他原來不瞭解的情況，瞭解情況後他很可能就不再堅持原來的看法和主張了。

三、誘導的藝術

作為一名服務人員，要清楚地意識到，自己有一個「行為模式庫」，顧客也有一個「行為模式庫」，「庫」裏都有各種不同的行為模式。在客我交往中，一方面要考慮從自己的「庫」裏選用什麼樣的行為模式去跟顧客打交道，另一方面還要考慮讓顧客從他的「庫」裏「取」出什麼樣的行為才是對我們最有利的，以及如何才能讓他「取」出我們所期待的行為。

服務人員如果對顧客的行為不滿意，那就應當首先檢查一下自己的行為是否恰當。要記住，首先不是改變別人，首先是改變我們自己。

如果服務人員能贏得顧客的信任，顧客往往會表現出順應的兒童行為，高高興興接受服務人員的勸告，服從服務人員的安排。如果服務人員能給顧客留下一個真誠、善良、和藹可親的印象，顧客往往能表現出慈愛的家長行為，原諒服務人員的某些過失。我們應當相信，只要服務人員善於誘導，顧客就會表現出服務人員所期待的行為。

四、溝通的藝術

人與人之間要建立良好的關係就必須互相瞭解，而要互相瞭解就必須注意彼此的意見交流。

(一)既是服務員，又是推銷員和訊息員

為了使企業能在競爭中取勝，服務人員就應當「一身三任」，既是服務員，又是推銷員和訊息員。

要當好一個推銷員，必須有「把東西賣出去」的強烈願望，但是僅僅從「賣」的角度來考慮問題的推銷員，不可能成為一個成功的、受人歡迎的推銷員。許多成功的、受人歡迎的推銷員的經驗都表明，他們是很善於從「賣」的角度來考慮問題的。他們認為，與其把推銷理解為「賣掉自己所要賣的東西」，不如把它理解為「幫助顧客買到他們所要買的東西」。

當然，即使找到了有可能成為買主的對象，往往也要經過積極地施加影響，才能把東西賣出去。要如何施加影響呢？以下幾點可供參考：

1. 要儘量讓顧客用他們的多種感官來接觸你所要賣的商品。
2. 要激發顧客的想像力，讓他們相信使用這種商品會帶來什麼樣的好處，使人產生什麼樣的感受。不要忘記這些好處和感受可能是多方面、多層次的。
3. 「自賣自誇」並不是一件壞事。「不要吹」不等於「不要誇」。不同的商品有不同的誇法，面對不同的顧客也要有不同的誇法。要誇得恰到好處。
4. 對於那些絕不買的顧客也一定要客客氣氣，歡迎他們再來，並提供他們所需要的幫助。

5.要根據不同情況，著重對顧客三個「自我」中的某一「自我」
施加影響。一般說來，推銷新產品要著重對顧客的「兒童自我」
施加影響，推銷名牌產品要著重對客人的「家長自我」施加影
響，推銷「優」、「特」產品要著重對顧客的「成人自我」施加
影響。

(二)情緒可以由自己來選擇

人們在工作中的情緒狀態可以用不同顏色來表示：

1.紅色表示非常興奮。
2.橙色表示快樂。
3.黃色表示明快、愉快。
4.綠色表示安靜、沉著。
5.藍色表示憂鬱、悲傷。
6.紫色表示焦慮、不滿。
7.黑色表示沮喪、頹廢。

爲了實現優質服務，服務人員在工作中的情緒狀態應保持在從
「橙色」到「綠色」之間。一般說來，接待顧客時的情緒應以「黃色」
（即明快、愉快）爲基調，給顧客一種精神飽滿、工作熟練、態度和
善的印象。變化的幅度，向上不要超過「橙色」（即快樂），向下不要
超過「綠色」（即安靜、沉著）。

掌握「愉快」和「快樂」的差別，在適當的時候把自己的情緒狀
態從愉快變爲快樂，可以恰到好處地表現出對顧客的熱情。在遇到問
題時保持沉著的情緒狀態，則可以避免冒犯顧客和忙中出錯。

「藍色」、「紫色」、「黑色」顯然不是良好的情緒狀態。「紅色」
（即非常興奮）容易使人忘我，失去控制，也不能算是工作中的最佳
情緒狀態。

要在工作中保持良好的情緒狀態，需要掌握一些進行自我調節的

方法。但在討論具體的作法以前，我們先要對情緒的自我調節問題有一個正確的認識。

俗話說：「人非草木，豈能無情？」調節自己的情緒狀態絕不是要做一個沒有感情、對一切都無動於衷的人。

調節自己的情緒狀態也絕不僅僅是「不動聲色」。「聲色」只是表情，而表情只是情緒反應的外部表現。「喜怒不形於色」不等於沒有喜和怒。我們所說的自我調節是要使自己處於良好的情緒狀態，而不僅僅是控制自己的表情。當然，在人際交往中，特別是在客我交往中，對自己的表情也有加以控制的必要，因爲自己的表情已經不完全是「私事」，它很可能會產生某種「社會效果」。

情緒反應是透過生理狀態的廣泛波動來表現的。可以說，我們的身體是要爲情緒反應付出代價的。在許多情況下，付出代價是值得的，因爲情緒反應對人有好處，例如憤怒可以使人奮不顧身地去排除前進道路上的障礙，恐懼可以使人不至於輕舉妄動等等。但有的時候，人們的情緒反應是不必要的、無效的，甚至是有害的。我們應當讓自己的情緒反應成爲有效的情緒反應。

服務人員的「角色意識」對情緒狀態的自我調節有重要意義。角色意識強的人，一旦「進入角色」就把個人的情愁煩惱統統拋開。

(三)形象控制法、想像訓練法和延緩反應法

當一個人在意識中浮現出美好的形象時，他的潛意識就會「自動化」地使人進入良好的情緒狀態。我們不必去追究自己的潛意識是如何「工作」的，我們只要讓自己的意識中浮現出美好的形象就行了。具體地回憶過去獲得成功時的情景，我們就能進入能夠幫助我們獲得成功的情緒狀態。這就是進行自我調節的「形象控制法」。我們獲得的成功愈多，積累的美好形象愈多，我們獲得新的成功的希望就愈大。

有些人雖然不知道什麼「形象控制法」和「想像訓練法」，實際

上卻經常在進行消極作用的形象控制和想像訓練。對於過去的事，他們不回憶獲得成功的情景；對於未來的事，他們不往好的方面想，老是往壞的方面想，想來想去，就好像自己所擔心的事情已經發生了一樣。我們一定要避免這種消極作用的形象控制和想像訓練。

為了學會控制自己的衝動，還要運用「延緩反應法」來訓練自己。人的自我控制是從「延緩」開始的，沒有「延緩」就沒有自我控制。所謂「延緩」，一方面是「滿足的延緩」（例如，不是想玩就立刻去玩，而是工作完了以後再去玩）；另一方面是「宣洩的延緩」（例如，正在上班的時候挨了批評，雖然心裏不舒服，但是該怎麼做還是怎麼做，至少要堅持到下班以後再說）。平時有意識地鍛鍊自己的「延緩能力」，在遇到某些特殊情況時，就不至於因為不能克制自己而作出不適當的反應，到後來後悔莫及。

(四)自我暗示法

我們的各種情緒反應究竟是怎樣產生的，我們並不清楚，因為情緒是直接受潛意識支配的。但是我們可以「有意識地」透過我們的潛意識來支配我們的情緒。

我們的潛意識不僅不善於區分真實的東西和想像的東西，而且缺乏批判能力。我們之所以能夠有分析、有批判地對待別人向我們施加的影響，拒絕接受那些錯誤的、有害的東西，是因為我們的意識具有批判能力。不過意識的這種批判能力並非總是起積極作用的，它也可能使人拒絕接受那些正確的、有用的東西。

心理治療的一種方法就是對患者進行「催眠」，使他的批判能力不起作用。在這種情況下，治療者所說的話就會被患者不加批判地接受。心理學上把這種使人不加批判地接受影響的方法叫做「暗示」。

不應該讓不合時宜的老習慣妨礙我們的成長。對付老習慣最好的辦法是形成新的習慣去取代它。不要把注意力放在「改掉」老習慣上，要把注意力放在「形成」新的習慣上。從現在起就按照新的模式

去作出反應，並且堅持下去，直到這種反應成為一種習慣。一旦新的習慣形成，舊的習慣自然就不起作用了。

服務工作是一種要和各種各樣的人溝通的工作，是一種可以讓我們更深入地瞭解人、學會以健康的人生態度去為人處世的工作。我們將在自己的工作崗位上不斷成長，發揮我們最寶貴的潛能、愛的潛能和創造的潛能，開出絢麗之花，結出豐碩之果！

第六節　勇於作出成長的選擇

成長需要勇氣。在現實生活中，每個人都會遇到「敢不敢成長」的問題。在這個問題面前，有的人作出了「成長的選擇」，有的人卻作出了「退縮的選擇」，於是有的人不斷地成長，有的人卻停滯了，甚至倒退了。

要成長，就不能安於現狀，而要去開創新局面，去過一種新的生活。而這就意味著要進入「未知領域」，要冒一定的風險。沒有勇氣去探索未知領域的人，只能畫地為牢，故步自封。有些人，他們也對現狀不滿，也想過一種更好的生活，可是一想到要去接觸許多陌生的人和陌生的事物，要去做許多從來不曾做過的事情，他們就害怕了、動搖了。他們寧願過那種雖不令人滿意，卻是四平八穩、萬無一失的生活。

使人不敢成長的一個重要原因是許多人害怕出類拔萃。在內心深處，他們很想出類拔萃，可是出拔萃就意味著與眾不同，而他們是很害怕與眾不同的。社會生活有一個不可否認的事實，就是一個人不僅是在做壞事的時候會受到輿論的譴責，不管是不如別人還是高於別人，只要是與眾不同就會有壓力。

本來，人人都有成長的需要，都有一股「生命的前衝力」。可惜的是，有不少人在未知領域面前，在自己的習慣面前，在輿論的壓力

面前，望而生畏了，他們放棄了成長的選擇，而作出了退縮的選擇。

　　一個人要有所創造、有所奉獻，靠的是「有長處」而不是「沒有短處」。因此我們應當首先考慮自己有什麼長處，而不是首先考慮自己有什麼短處。對於那些妨礙自己發揮長處的短處，要設法加以彌補；至於那些並不妨礙自己發揮長處的某些「不如別人之處」，則不一定要去彌補。實際上，任何短處都沒有的人是不存在的。我們在為自己樹立奮鬥的目標的時候，不能離開自己的長處和短處，以及自己所處的環境，盲目地去和別人比。實行自我改進不是要讓自己變成別人。一定要弄清楚在哪些地方要敢於和別人比，在哪些地方要敢於不和別人比。敢於「比」而又敢於「不比」的人，才能出類拔萃，取得「無比」的成就。

是非題

(○)1.服務不良，將給客人留下不好的印象，而遭致無可彌補之損失。

(○)2.不因情緒失控影響對客人之服務態度。

(○)3.服務方式固然很多，但是最方便又最能讓客人滿意的，就是最好的服務方式。

(○)4.所謂正確的服務心態，係指瞭解並尊重自己所扮演的角色，並能有效控制自己的情緒於工作場合。

(╳)5.要對顧客提供針對性的服務，所以不必一視同仁。

選擇題

(4)1.就服務而言，服務人員面帶微笑去為顧客提供服務是 (1)心理服務 (2)微笑服務 (3)一般服務 (4)功能服務。

(4)2.要感謝客人的消費，何種方式為最適合？ (1)說「謝謝」 (2)用感激的眼神望著他 (3)給折扣 (4)以最誠摯的心服務他。

(4)3.客人跑帳時，我們要 (1)口出穢言 (2)追出去打他 (3)自認倒楣 (4)委婉地請他回來結帳。

(4)4.下列何者是身為服務員應有的行為？ (1)接受客人贈示 (2)男女同事有公事外的交往約會 (3)乘座客人電梯 (4)不取營業用食物或飲料。

(1)5.為了實現優質服務，服務人員在工作中的情緒狀態應保持在 (1)橙色到綠色 (2)紅色到橙色 (3)綠色到紫色 (4)黑色。

簡答題

(一)人在遇到挫折時，通常有哪兩種挫折反應？

答：攻擊反應、逃避反應。

(二)人們在工作中的情緒狀態可以用哪幾種不同顏色來表示？

答：1.紅色表示非常興奮。

2.橙色表示快樂。

3.黃色表示明快、愉快。

4.綠色表示安靜、沉著。

5.藍色表示憂鬱、悲傷。

6.紫色表示焦慮、不滿。

7.黑色表示沮喪、頹廢。

三、要調節自己的情緒狀態可以使用哪三種方法？

答：形象控制法、想像訓練法和延緩反應法。

問答題

(一) 何謂微笑服務？

答：對於「微笑服務」可以有兩種理解。第一種理解：微笑服務是服務人員面帶微笑去為顧客提供服務。第二種理解：微笑也是服務人員為顧客提供的一種服務。前一種服務是「功能服務」，後一種服務就是「心理服務」。

(二)試分別解釋「功能服務」與「心理服務」能夠提供顧客何種影響？

答：提供功能服務是為顧客提供方便，幫助顧客解決他們自己難以解決的種種實際問題。

提供心理服務是在為顧客解決一些實際問題的同時，還能讓顧客在心理上得到滿足。

(三)心理學家赫茨伯格認為，顧客感到滿意和不滿意涉及哪兩類不同的因素？

答：第一要有必要因素，第二要有魅力因素。必要因素是共性因素，人家有，我也有；魅力因素是個性因素，人家沒有，我有。必要因素是避免顧客不滿意的因素，魅力因素是讓顧客感到滿意的因素。從顧客心理上說，標準化是服務的必要因素，針對性是服務的魅力因素。

(四)為顧客提供有針對性的服務之所以特別重要，有哪兩個原因？

答：1.服務究竟好不好，是要由每個顧客根據自己的感覺來作出判斷的。只有為每一個顧客都提供有針對性的服務，才能贏得每一個顧客的好評。

2.每個人的內心深處都有「突出自己」的需要。能讓顧客覺得「這是專門為我提供的服務」，就能讓顧客產生一種被優待的感覺。

第三章　餐飲服務的種類

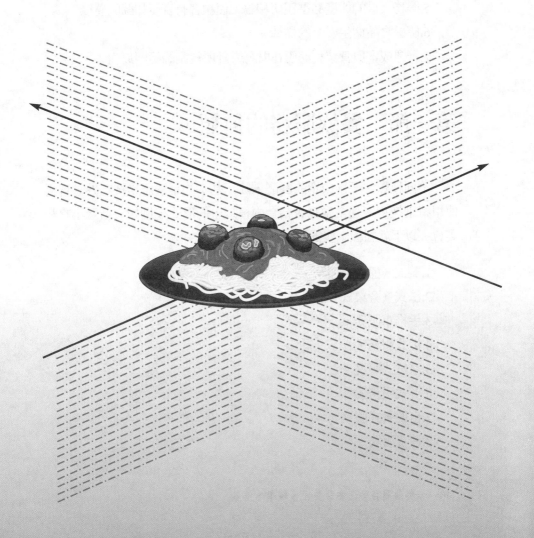

餐飲服務是提供好的菜餚與服務，讓顧客在餐廳能好好享受。餐飲服務雖與食品飲料生產同為餐膳企業營運的一體之兩面，但業者必須體認一個事實，那就是餐飲服務完全是檯面上的活動，每個客人都看得非常清楚。下列是餐飲服務方法的幾項基本要求：

1.餐飲的供應須能實現業者的營運理念。
2.業者要有能力展現其餐飲的吸引力，而且絕不忽視其餐飲產品的營養品質。
3.注重品質管制。
4.提供快速而有效率的服務。
5.服務人員的態度必須親切和藹，使顧客有賓至如歸的感受。
6.確保食品衛生安全的標準。
7.營運成本與營業利潤應在財務方針所規劃的範圍以內。

第一節　餐飲服務的種類

不同種類、不同菜單的餐廳，除了基本的桌邊服務技巧外，會再使用特別技巧。通常餐廳會結合兩種以上的形式，例如：結合小吃和宴會。以下就回顧一些餐飲服務主要的形式：

1.美式（盤上）服務。
2.法式（旁桌式）服務。
3.手推車服務。
4.俄式服務。
5.家庭式服務。
6.英式服務。
7.自助餐式服務。
8.速食服務。

9.中式服務。

第二節　美式、法式服務

一、美式（盤上）服務

美式服務是一種基本而且使用普遍的服務形式。它要求服務員必須有技巧地端拿盤子而不至於弄亂盤上的菜餚。至於端拿盤子的方法則依盤子的數目而定。

專業的美式服務中，一次不可端拿超過四個盤子。端拿四個盤子是可以辦到的，但由於平衡感的問題，並不被視為是其專業性的服務。

兩種在業界最常使用的專業方式是兩個或三個盤子的持拿技巧。這牽涉到左手持拿兩個或三個盤子，而右手則不持物品。右手可以用來持拿另一個盤子，因此一次可以持拿三或四個盤子。在替客人收拾盤子時，仍必須用到相同的持盤技巧。所有專業服務人員必須在端盤及收拾方面相當熟練。

1.收拾空盤子。在現代化的美式服務中，盤子端上桌和收拾整理均從客人右側進行，因為這樣做對客人的打擾可以減至最少。

2.目前，現代端盤服務的實行已經很普遍了，因為用餐空間比從前小，而且客人與客人之間的移動空間也減少了。使用美式服務技巧的服務員可以較無阻礙地從客人右側放置食物，同時在客人頭部後側安全地持拿其他盤子（左撇子服務員可轉換技巧，而從左側來服務及收拾）。

3.現代美式服務中上菜及收拾盤子均從客人右側進行的做法已被

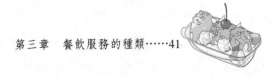

全世界重要的餐飲學院及用餐場所採用。然而，仍有許多餐廳依舊使用從左側服務的傳統端盤方式。服務人員當然必須遵照「自家規定」的做去。

4.現代美式服務並不和飲料服務有所牴觸，因為食物和飲料服務並非同時進行。

5.除非另有通知，應從主人右側第一位客人開始服務，然後以逆時鐘方向，不論性別，依序服務每位客人，一直到主人為止。然而要記住的是，在某些場所中，必須優先服務女士，或者由客人主動要求此項服務。

(一)美式餐桌的佈置

1.美式餐桌桌面通常鋪層毛毯或橡皮桌墊，藉以防止餐具與桌面碰撞之響聲。

2.在桌墊上再鋪一條桌巾，桌巾邊緣從桌邊垂下約12吋，剛好在座椅上面。有些餐廳還在桌布上以對角方式另鋪一條小餐桌布（top cloth），當客人餐畢離去更換檯布時，僅更換上面此小桌布即可。

3.每兩位客人應擺糖盅、鹽瓶、胡椒瓶及煙灰缸各一個，若安排六席次時，則每三人一套即可。

4.將疊好之餐巾置於餐桌座位之正中央，其末端距桌緣約1公分。

5.餐巾左側放置餐叉二支，叉齒向上，叉柄距桌緣1公分。

6.餐刀、奶油刀各一把，及湯匙二支均置於餐巾右側，刀口向左側，依餐刀、奶油刀、湯匙的順序排列，距桌緣約1公分。

7.奶油刀有時也可置於麵包碟上端，使之與桌邊平行。

8.玻璃杯杯口朝下，置於餐刀刀尖右前方。（圖3-1）

以上餐桌佈置及美式餐桌餐具的基本擺設，若客人所點的菜單中有前菜時，應另加餐具，所有上述餐具即使客人不用，也得留在桌

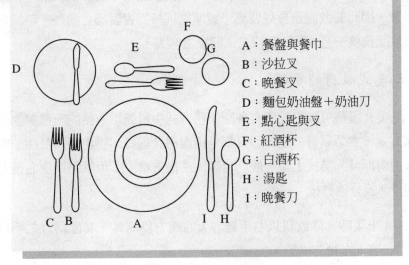

A：餐盤與餐巾
B：沙拉叉
C：晚餐叉
D：麵包奶油盤＋奶油刀
E：點心匙與叉
F：紅酒杯
G：白酒杯
H：湯匙
I：晚餐刀

圖3-1　美式餐桌擺設

上，當客人入座時，服務生應立即將玻璃杯杯口朝上並注入冰水。每當客人吃完一道菜，所用過之餐具須一起收走，當供應甜點時，須先將餐桌上多餘餐具一併撤走收拾乾淨，清除桌面殘餘麵包屑或殘渣。

優點：(1)服務時便捷有效率，同時間內可服務多位客人；(2)不需分菜動作，工作簡單容易學習，服務人員訓練容易；(3)服務快速，能將菜餚趁熱服務客人。

缺點：(1)缺少分菜及桌邊服務客人；(2)並非一種親切的服務方式。

(二)美式服務的特性

美式服務的特性是簡便迅速、省時省力、成本較低、價格合理。在美式服務之餐廳，所有菜餚均已事先在廚房烹飪裝盛妥當，再由服務員從廚房端進餐廳服侍客人。客人除一道主菜外，尚可享有麵包、奶油、沙拉及小菜等等，最後有咖啡等飲料之供應。美式服務之基本原則是所有菜餚從客人左側供食，飲料由客人右側供應。收拾餐具

時，則一律由客人右側收拾。至於美式餐飲服務不必像法式那麼刻意考究，因此餐飲服務員只要施予短期之訓練與實習即可勝任，熟練之餐飲服務員一名可同時服侍三、四桌之客人。

(三)美式服務的要領

美式服務可以說是所有餐廳服務方式中最簡單方便的一種餐飲服務方式，主菜只有一道，而且都是由廚房裝盛好，再由服務員端至客人面前即可。美式上菜一般均自客人左後方奉上，但飲料則由右後方服侍。謹分述於後：

1.上菜時，除飲料以右手自客人右後方供應外，其餘均以左手自客人左後方供應。
2.收拾餐具與桌面盤碟時，一律由客人右側收拾。
3.當客人進入餐廳，即引導入座，並將水杯杯口朝上擺好。
4.將冰水倒入杯中，以右手自客人右側方倒冰水。
5.遞上菜單，並請示客人是否需要飯前酒。
6.接受點菜，並須逐項複誦一遍，確定無誤再致謝離去。
7.所有的湯品或菜餚，均須以托盤自廚房端出，從客人左後方供食。
8.若客人有點叫前菜，則前菜叉或匙須事前擺在餐桌，或是隨前菜一併端送出來，將它放在前菜底盤右側。
9.客人吃完主菜時，應注意客人是否還需要其他服務，並遞上甜點菜單，記下客人所點之甜點及飲料。送上甜點之後，再送上咖啡或紅茶。
10.準備結帳，將帳單準備妥，並查驗是否有錯誤，若無錯誤，再將帳單面朝下置於客人左側之桌緣。

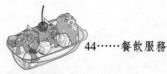

二、法式服務

在國際觀光大飯店之法式餐廳，其內部裝潢十分富麗堂皇，所使用的餐具均以銀器為主，由受過專業訓練的服務員與服務生在手推車或服務桌現場烹調，再將調理好之食物分盛於熱食盤服侍客人，這種餐廳之服務方式即所謂「法式服務」。目前國內喜來登大飯店安東廳、亞都大飯店巴黎廳均採法式服務。

(一)法式餐桌的佈置

法式餐桌佈置一般而言，在正餐中供應二道主菜之情形並不多，通常所謂「一餐」，包括一道湯、前菜、主菜、甜點及飲料，因此在餐桌上所準備之餐具須符合上述需求才可。餐廳之經理可隨意決定杯、盤、刀、叉之式樣與質料，原則上這些餐具只要合乎美觀、高雅、實用即可。至於餐具擺設之方式則不能隨心所欲，因為法式餐飲服務之餐具擺設均有一定的規定，何種餐食須附何種餐具，而這些餐具擺設方式也均有一定位置而不可隨便亂放。謹分別敘述如下（圖3-2）：

1. 前菜盤一個，置於檯面座位之正中央，其盤緣距桌邊不超過1吋。
2. 前菜盤上放一條摺疊好的餐巾。
3. 叉置於餐盤之左側，叉齒朝上，叉柄末端與餐盤平行成一直線。
4. 餐刀置於前菜盤的右側，刀口朝左，刀柄末端與餐叉平行。
5. 叉與叉，刀與刀間之距離要相等，不宜太大。
6. 奶油碟置於餐叉之左側，碟上置奶油刀一把，與餐叉平行。
7. 在前菜盤的上端置點心叉及甜點匙，供客人吃點心用。
8. 飲料杯、酒杯置於餐刀上方，杯口在營業時間要朝上，此點與

圖3-2　法式餐桌擺設

美式擺設不同，若杯子有兩個以上時，則以右斜下方式排列之。

9.若要供應咖啡，應在點心上桌之後，咖啡匙係置於咖啡杯之右側底盤上。

(二)法式服務的特性

法式服務是把所有菜餚在廚房中先由廚師略加烹調後，再由服務生自廚房取出置於手推車，在餐桌旁於客人面前現場烹調或加熱，再分盛於食盤端給客人，此項服務方式與其他服務方式不同。現場烹調手推車佈置華麗，推車上鋪有桌布，內設有保溫爐、煎板、烤爐、烤架、調味料架、砧板、刀具、餐盤等等器皿。手推車之式樣甚多，不過其高度大約與餐桌同高，以方便操作服務。

法式服務之最大特性是服務員有兩名，即正服務員與助理服務員，其服務員須受過相當長時間之專業訓練與實習才可勝任，是項專業性工作，在歐洲，法式餐廳服務員必須接受服務生正規教育，訓練期滿再接受餐廳實地實習一、二年，才可成為準服務員，但是仍無法獨立作業，須再與正服務員一起工作見習二、三年，才可升為正式合格服務員，這種嚴格訓練前後至少四年以上，此乃法式服務特點之一。

　　法式服務由於擁有專業服務人員，可提供客人最親切高雅之個人服務，使客人有一種備受重視之感覺，此外法式餐廳之餐具不但種類最多，且質料也最好，大部分餐具均為銀器，如餐刀、餐叉、龍蝦叉、田螺夾、叉、洗手盅等均為其他餐廳所少用之高級銀器。這些高雅餐具與桌面擺設，配合現場優美之烹飪技巧，使得原已十分華麗高雅之餐廳，更顯得十分羅曼蒂克、氣氛宜人。不過法式餐廳價格昂貴，其服務人員須相當訓練與經驗者才可勝任，同時餐廳以手推車及邊桌服務，因此餐廳可擺設座次相對減少，增加營運成本，服務速度較慢，供食時間較長，也是法式服務之缺點。

(三)法式服務的方式

　　法式服務係由正服務員將客人所點之菜單，交給助理服務員送至廚房，然後由廚房將菜餚裝盛於精緻漂亮的大銀盤中端進餐廳，擺在手推車上再加熱烹調，由正服務員在客人面前現場烹飪、切割及銀盤裝盛。當正服務員將佳餚調製好分盛給客人時，助理服務員即手持客人食盤，其高度略低於銀盤，正服務員可一手操作而不用另一隻手，因此即使助理服務員不在身邊幫忙時，他也可以照常熟練地完成餐飲服務工作。

　　當正服務員準備盛菜給客人時，應視客人之需要而供應，以免因供食太多而減低客人食慾且造成浪費。當餐盤分盛好時，助理服務員即以右手端盤，從客人右側供應。在法式服務之餐廳，除了麵包、奶

油碟、沙拉碟及其他特殊盤碟必須由客人左側供食外，其餘食品均一律從客人右側供應，至於餐後收拾盤碟也是自客人右側收拾，但是若習慣用左手的服務員，可以左手自客人左側供應。

收拾餐盤須等所有客人均吃完後才可收拾餐具，否則會使客人感覺到有一種被催促之感。同時餐盤餐具之收拾動作要熟練，儘量勿使餐具發出刺耳之響聲。刀、叉、盤、碟要分開，最重要一點是避免在客人面前堆疊盤碟。

法式服務之另一特點即洗手盅之供應，凡需要客人以手取食之菜餚如龍蝦、水果等等，應同時供應洗手盅。這是個銀質或玻璃製的小湯碗，其下面均附有底盤，洗手盅內通常放置一小片花瓣或檸檬，除美觀外，尚有除腥味之功能。此外，每餐後還要再供應洗手盅，並附上一條餐巾供客人擦拭用。

(四)法式服務的一般規則

1.食物在餐廳裏烹飪車上完成。
2.使用服務叉匙分菜。手拿服務叉匙將食物由鍋內分到客人盤子上。
3.所有餐飲服務都使用右手從右邊服務。
4.所有清理工作都使用右手從右邊服務。
5.沿著桌邊由順時針方向做服務。

三、手推車服務

手推車服務講求由服務人員先將食物準備好在桌上，再分配給客人，例如切割大量的肉分配給客人或把沙拉從大碗中分配給客人。手推車服務與法式或桌邊服務不同點在於服務水準的提供，法式服務講求在盤上烹飪並完成，通常同時會要求技術跟時間。當烹飪完成，服

務員會講述它的過程並分配至客人盤中。手推車服務是快速的，它能結合高生產力和效率，凱撒沙拉便是很好的例子。在法式服務中，凱撒沙拉都是在桌邊木製大碗中加大蒜及搗碎的鯷魚一起完成的；在手推車服務中，沙拉會先在廚房準備好在大碗中，只要在客人面前加入調味料即可。

第三節　俄式、英式服務

一、俄式服務

在一些餐廳中，許多宴會場面都將食物放在大盤子內，由服務人員分配給客人。俄式服務講求分配技巧，不可將食物撒出、弄亂食物表面或使客人感到不便。

基本俄式服務，以服務叉匙來當夾具，但此項技術不是只針對高級餐廳，也可能使用在速食餐廳去夾派或蛋糕。

俄式服務可用在宴會或使用相同食物的正式場合，服務員可同時將食物分配給客人。它提供快速且有效率的服務。

俄式服務的特別技術及明確自然的服務，便呈現出俄式服務的規則來，分為以下三個範圍討論：(1)俄式服務基本方式；(2)俄式服務所需技術；(3)俄式服務步驟。

(一)俄式服務的基本方式

1.從大盤中用湯匙及叉子合用來分送食物。
2.每一個餐桌都有一個盤子來服務。
3.服務生從左側服務。

4.由左前臂及手掌去支撐托盤。

5.服務生環繞餐桌由逆時針方向移動。

6.不同的調味料，使用不同的服務湯匙。

(二)俄式服務所需技術

1.服務每一餐桌的盤子，由廚房供應，且經過裝飾，每一道菜隨著主菜、蔬菜及澱粉類分用不同的盤子，送達到每一餐桌，每一個餐桌都有一個服務生服務。

2.調味料被放置在鵝狀或船狀的調味盅，且分別放置在餐桌周邊。

3.服務湯匙及叉子，是使用在分食物送到客人的盤子，每一道餐點或盤子都有不同的用具。

4.收盤子是由顧客的右手邊來進行，依順時針方向繞著桌子來收拾。

5.送冷、熱食物需注重送達時的溫度，所以要用容器來幫助其保溫。

6.上菜時，盤子由廚房快速地送至餐桌。

7.服務須由主人右手邊的女士先開始，或是餐桌上最年長的女士，服務應由女士先開始然後才是男士，服務生服務餐桌，須繞桌二次，兒童的服務與女士相同。

(三)俄式服務的步驟

1.使用乾淨的叉子和湯匙，再配合每一個盤子，馬鈴薯和青菜需放在不同的容器裏，兩個湯匙不能一起使用，一個器皿從不單獨使用，而兩個叉子是可能一起使用的。

2.餐盤放置在前臂的軸心──沿著手臂的長度盤子延伸到肘部的

關節，及平衡於手掌左右。

3.服務由女士優先，男士次之，輕聲地站在所要服務女士的後
面，先緩緩地前進服務，再走出來。在兩位客人之間服務，腳
步左腳先入，放餐點於兩位客人中間，再推向主要的客人面
前。

4.收拾之後，很謙卑地退出來，身體和腳保持直線。

5.收拾客人的餐盤，姿勢要正確，有調味料要小心，避免濺到客
人的身體或衣服。

6.不要在客人的盤子上留空，收盤子時如果握盤握太高的話，那
很容易去濺到客人或衣服上，所以服務時，最好保持1吋的高
度，這是非常難的，須經常學習。

7.左手拿托盤，收盤子時，以右手收，放至左手的托盤。

8.手持托盤時，以手掌朝上托住托盤。

9.以右手食指控制刀的方向，手掌握住刀柄，刀子應放在湯匙的
旁邊，基本的餐具應放在客人易於拿到的位置。

10.使用鉗子上升或下降，用你的拇指與食指，移動靠中指，拿起
或放下。

11.分菜的重點，使用大湯匙服務每個客人，把菜分到每個客人的
餐盤上。

12.使用刀子時，刀鋒朝左面，使用刀背固定食物。

二、英式服務

英式服務採俄國式的組合，使用大盤子服務，家庭式的，或者是
自助式的風格。英國式的服務包含：準備食物在碟子上，領班托著這
些碟子，先從主人右邊的女士送起，依著圓桌順著反時針的方向，停
在每個客人的左邊。因服務人員預先準備盤子，所以顧客們都可自己
來，使用那些預備好的器具。

三、家庭式服務

　　家庭式服務包含了設置一個大碗，或是一個盤子，允許客人自行服務的特餐，較代表性的菜色內容是湯、沙拉、蔬菜、主菜及甜點，擺滿整個餐桌。有些餐廳提供主菜在金屬板上（美國風格）或者來自一個大盤子。其他餐廳提供全家福套餐的方式，特別是像主菜用白色澆汁做的南方炸雞，或像其他傳統家庭方式。很多餐廳在許多國家都是以家庭式的風格來服務。服務的一般規則如下：

1.盤子應事先放置桌上，清潔盤子的服務由顧客的右邊，用右手順時針繞著桌子。
2.領班或者是服務員從顧客的左邊，把配樣的食物，依照一定的程序分配好。
3.服務的器具被放在碟子或大盤子裏。
4.顧客自己服務自己，然後調換使用預備好的器具。
5.領班或服務人員依著反時針的方向繞著桌子（服務對象女士優先於男士）。

第四節　自助餐式、速食服務

一、自助餐式服務

　　自助餐式服務的最大特色是顧客可以從餐廳的餐食陳列區中挑選自己喜愛的食物，而另一個特色則是餐廳沒有固定的菜單。自助餐的

服務包含準備食物，和使食物具吸引力，把它介紹給顧客。食物放在服務的桌子上——有採直線式的桌子、曲線式、捲曲環繞式的——被選取。顧客進行此自助餐的方式，開始拿取食物，然後要求食物迎合他們的口味。顧客可能會選擇、拿取食物直到他的盤子裝不下才會回座。自助餐的設計方式可採取精緻的設計或者是簡單即可。正中央的擺飾應以醒目或壯觀來取勝，而其他也可雕刻一些簡單的冰雕擺設（圖3-3）。

　　當顧客排成一列在挑選食物時，通常服務人員會站在自助餐的周圍。在碟子與大盤子的服務方面，服務員與客人間的接觸與談話極為頻繁。在自助餐的服務過程中，須時時注意服務是否周到、禮貌。通常在此有少許的對話，像指示或解釋食物的來源。

　　自助餐式服務依照餐廳的供餐方式又可分為瑞典式自助餐服務（buffet service）以及速簡式自助餐服務（cafeteria service）二種。

圖3-3　自助餐式餐桌擺設

(一)瑞典式自助餐服務

一般人所稱的歐式自助餐就是採用瑞典式自助餐服務方式。這類型餐廳不是以顧客所取用的餐食數量來計價，而是以用餐人數作為計價的單位。餐廳所供應的餐食內容豐富，大致可分為湯類、沙拉、肉類的熱食主菜、點心、水果及冷熱飲等。而餐廳對餐食陳列區的擺設與佈置也頗為重視，通常會以銀盤或精美的大餐盤來裝盛食物，有時在餐食陳列區中還會用冰雕、果雕或花卉等來加以美化，希望能襯托出餐食的美味及營造出舒適的用餐環境。

■瑞典式自助餐服務的工作內容

由於是自助式服務，因此除了餐食陳列區中的大型塊肉類食物，由廚師負責切割及供應外，其他都是由顧客自行取用。因此，服務人員的主要工作內容與一般餐廳有所不同。其主要工作內容如下：

1. 服務人員必須隨時注意餐食陳列區中顧客取用的情形，以避免發生餐食短缺的情形。
2. 注意餐食陳列區中餐食的加熱及保溫設備是否正常運作。
3. 隨時收拾顧客桌上使用過的空餐盤，保持桌面的整潔。

■瑞典式自助餐服務的優點

1. 在極短的時間內就可以供應顧客餐飲。
2. 所需要的服務人員較少，可節省人事開銷。
3. 顧客可依自己的需求取用適量的餐食。
4. 餐廳可依據材料的季節性及成本，隨時調整供餐內容。
5. 利用餐盤的大小來控制顧客的取用量，間接達到控制成本的目的。

■瑞典式自助餐服務的缺點

1. 必須儲備較多的食物材料，因此餐廳的食物成本較高。

2.存貨的控制不易。

3.餐廳內的地毯、桌椅等比較容易遭到污損。

4.餐食陳列區中的餐食容易發生剩餘的情況，導致食物的浪費及成本的增加。

5.必須準備大量的餐盤供顧客使用。

(二)速簡式自助餐服務

一般而言，速簡式自助餐廳的佈置是以整潔明亮為主，並不會特別講究用餐時的氣氛。而這種服務方式主要是讓顧客沿著餐食陳列區前進，由服務人員供應顧客所挑選的餐食，並在餐食陳列區的出口處結帳後，由顧客自行將餐食端到用餐區用餐。與瑞典式自助餐服務不同的是，速簡式自助餐服務的餐盤是由顧客自行收拾。通常以學校的學生餐廳或機關團體的員工餐廳最常採用這種服務方式。

■速簡式自助餐服務的優點

1.價格低廉，但餐食仍能維持一定的品質。

2.服務速度快，可節省顧客等候的時間。

3.每種菜餚都以標準的分量供應，可控制食物成本。

4.所需要的服務人員較少，可節省人事開銷。

5.餐廳可以依據材料的季節性及成本考量，隨時調整供餐的內容。

6.顧客依據自己所看到的餐食成品做選擇，可避免菜單與實際成品間的誤差。

7.顧客不需要給小費。

■速簡式自助餐服務的缺點

1.必須儲備較多的食物材料，因此餐廳的食物成本較高。

2.存貨的控制不易。

3.餐食陳列區中的餐食容易發生剩餘的情況，導致食物的浪費及
　成本的增加。

二、速食服務

　　速食的服務限制顧客在一定時間內被服務。顧客或是服務者挑
選、選購項目放在餐盤上，然後顧客自己去尋找桌子、椅子坐下來，
或者到下一站去選購項目。
　　桌上服務是速食服務裏的一種，也是利潤最大的事業。它的條件
是顧客服務在午餐約花上一小時。它的本質（速食服務）給了顧客一
個良好的印象，那就是快速的服務。
　　有效率的服務及有效率的移動，是速食餐飲的本質，傳統的速食
都不會浪費時間，服務人員必須在餐桌與廚房間往來。

第五節　中式餐飲服務

　　中餐在其長期的發展過程中，逐步形成了自己的服務方式，並使
之和中餐菜餚的特點相適應。同時，隨著人們對衛生要求的提高和對
就餐方式的多樣化需求，中餐的服務方式經歷了和正在經歷著一定程
度的變革，出現了許多新的方式。
　　目前，具有使用價值和推廣意義的中餐服務方式有：共餐式、轉
盤服務和分餐式。

一、共餐式

　　目前的共餐式服務已在傳統的共餐式基礎上作了很大的改進，不

再是各人用自己的筷子去挾菜，而用附加公匙、公筷、公勺的辦法取菜（圖3-4）。

(一)共餐式的服務形式和程序

1.擺檯時，根據檯子大小和就餐的客人數擺上一到兩副公共筷、匙。
2.上菜時服務員站在適當的位置，將托盤中的菜碟擺放到檯子的中央。
3.報出菜名，向客人介紹特色菜餚。
4.中餐上菜常常是所有菜點同時上檯，服務員要注意檯面不同菜類的搭配擺放，尤其是葷素和顏色的搭配。
5.所有的菜上檯時，都要配上適當的公用餐具，方便客人取菜，避免使用同一餐具而串味。
6.所有的菜都上完後應告知客人，祝客人就餐滿意。

圖3-4 共餐式用餐方式

(二)共餐式的優點

1.共餐式用餐客人比較自由，它可以由桌上的主人爲其客人分菜，也可以由客人各取所需，氣氛融洽。
2.它比較適合於中餐二至四人的小檯子便餐服務。
3.所需的服務人員較少，一個服務員可以同時爲多桌的客人服務，同時對服務人員的技術要求不高。
4.對中國傳統的家庭式用餐方法和氣氛保持比較完整。

(三)共餐式的缺點

1.客人得到的服務和個人照顧較少，第一次試用中餐的客人會對一盤裝飾精美的菜餚不知所措。
2.不善用中餐具的客人會把挾菜看成是一種負擔。
3.由於所有的菜餚一起上，到後來檯上容易出現杯盤狼藉的現象。

(四)注意事項

1.服務員如發現客人有不會使用筷子或有困難時，應主動徵求客人意見，決定是否向客人提供刀、叉、勺等西式餐具。
2.在檯面上擺不下菜盤時，應徵求客人意見，收掉剩菜不多的盤子，勿將菜盤疊架起來放。
3.一些整的魚、雞、鴨等菜類應協助客人分類。

二、轉盤服務

轉盤服務在中餐服務中是一種比較普遍的餐桌服務方式，適用於大圓檯的多人就餐服務，既可用於便餐也適用於宴會服務。

(一)轉盤服務的方法和程序

1.檯面佈置：
  (1)先在檯上按鋪檯布的要求鋪好檯布。
  (2)將轉盤底座轉軸擺放到檯的正中央。
  (3)將乾淨的轉盤放到轉軸上，試驗其是否轉動自如。
  (4)根據便餐或宴會的要求擺檯（**圖3-5**）。
2.轉盤式便餐服務：
  (1)檯面擺放二至四副公用筷、匙。

圖3-5　使用轉盤的中餐擺檯

(2)服務員從適當的位置上菜，報出菜名，介紹特色菜餚。

(3)客人用公用餐具為自己取菜。

(4)服務員協助客人分派整魚、雞、鴨等大菜。

(5)在多骨、多刺和口味截然不同的菜式之間為客人換骨盤，換
盤時注意：先撤後上，左上右撤，先女後男，先主後次。

3.轉盤式分菜服務：

(1)多用於中餐的宴會。

(2)服務員站在適當的位置為客人上菜、分菜。

(3)一個服務員分菜時，按**圖3-6**所列程序操作。

(4)兩個服務員操作時，按**圖3-7**所列程序操作。

4.便餐的轉盤服務菜餚宜分批上，宴會分菜服務宜一道一道地
上。

(二)轉盤服務的優點

1.非常適合於團隊客人用餐和團體用餐，取菜方便。

2.用於便餐服務中客人自取菜餚，是一種比較節省人力的服務方
式。

3.轉盤分菜具有表演性。

(三)轉盤服務的缺點

1.轉盤服務在檯面分菜時，常常會干擾客人的談話，影響餐桌氣
氛。

2.當客人的面分菜，技術要求比較高，需要較多時間培訓。

3.容易弄髒轉盤，尤其是在分羹湯和帶汁較多的菜餚時，更是如
此。

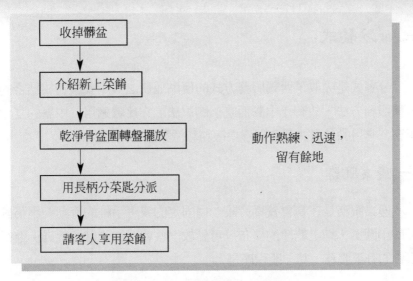

圖3-6 一名服務員的分菜程序

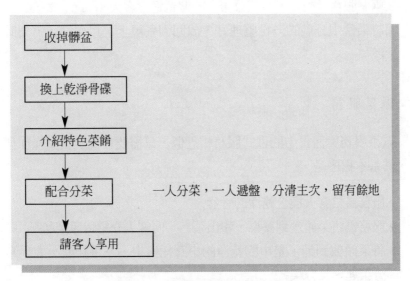

圖3-7 二名服務員的分菜程序

三、分餐式

分餐式是吸收了西餐服務方式的優點並使之與中餐服務相結合的一種服務方法，故有「中餐西吃」的說法，它比較適用於中餐的宴會服務，常用的分餐式服務有邊桌服務和派菜服務兩種形式。

(一)邊桌服務

邊桌服務是在宴會餐桌旁設一個固定的或可手推的流動的服務餐桌或小圓桌，鋪上乾淨的檯布，可儲放一些乾淨的骨盤和碗碟。進行宴會的分菜服務，其一般程序是：

1.服務員將菜餚送到餐桌，向客人介紹特色菜餚。
2.將菜餚放回到服務邊桌上，準備分菜。
3.兩個服務員配合，一個分菜，一個遞送給客人。
4.將菜盆中分剩的一份整理好，放回到餐檯上，以便客人需要時添加。

(二)派菜服務

派菜服務與西餐中的俄式服務相近似，只需要一個服務員操作便可，其基本程序是：

1.服務員給客人換上乾淨的骨盆。
2.服務員將菜餚送到餐桌，報出菜名，向客人介紹特色菜餚。
3.將菜餚放到鋪了墊巾的乾淨的小圓托盤中，左手托盤，右手拿分菜匙、叉分菜。
4.分派的次序和中餐斟酒相同，主賓、主人，然後按順時針方向繞桌進行，為避免托盤和右手匙、叉的交叉，一律從客人的左

邊派菜。

5.每派完一位客人，服務員應退後兩步，再轉身給下一位客人服務。

6.最後將剩的一份菜整理好，放回到餐桌上，以便客人需要時添加。

(三)分餐式的優點

1.分餐服務適用於中餐宴會，所體現的個人照顧較多。

2.由於在客人不易看到的邊桌上分菜服務，對客人的干擾比較小，不至於太過影響客人的談話。

3.比較衛生，符合外賓、西方客人的就餐習慣，同時能顯示中餐講究裝盆造型的特點，可反映廚師精湛的手藝。

(四)分餐式的缺點

1.總體來說，是一種比較費人工的服務。

2.對服務人員分派技術的要求比較高。

(五)注意事項

1.要掌握好分菜服務的時間、節奏，分派的整個過程應儘量縮短，不至於造成讓先派到菜的客人等候過久。

2.無論邊桌服務或托盤派菜，操作要穩，不要發出響聲。

3.掌握好分派的量，分派均勻。

4.放回餐桌的多餘的菜，一定要整理好，不要給人以殘羹剩菜的感覺。

概括地說，上述幾種服務方法都是在一定的範圍內有其實用價值，各有優點，要培訓餐廳服務員熟練、正確地用上述方法服務。一個餐廳或一桌宴會，也不必拘泥於某一種服務方式，可以根據就餐的人數和不同的菜餚採用不同的方法或交叉使用，應遵循的宗旨是方便客人第一。如：整隻的雞、鴨、魚等大菜可採用邊桌服務，而易於用叉、勺分派的菜可用托盤派菜的形式。少數人就餐採用共餐式，團體用餐採用轉盤式等，但無論採用哪種服務，都應遵循既定的規格和標準，體現優良的服務質量。

是非題

(○)1.餐飲服務可以定義為一種食品流程（從食品的購買到供給顧客食用）的狀態，也就是食品生產完成後，供給顧客食用的一個過程。

(○)2.餐飲的供應須能實現業者的營運理念。而業者的營利目標須與顧客的消費目標一致。

(✗)3.營運成本與營業利潤應在財務方針所規劃的範圍以內，和保障食品與服務的品質水準並無關係。

(✗)4.不同種類、不同菜單的餐廳，除了基本的桌邊服務技巧外，通常不會再使用特別技巧。

(○)5.美式服務是一種基本而且使用普遍的服務形式。

選擇題

(3)1.俄式服務步驟，下列何者有誤？ (1)使用大餐盤分送菜餚給每位客人 (2)餐盤是被放置在前臂的軸心 (3)服務由男士優先，女士次之 (4)左手拿托盤，收盤子時，以右手收放置左手的托盤。

(2)2.領班服務的一般規則，何者不正確？ (1)盤子應事先放置桌上，清潔盤子的服務由顧客的右邊，用右手順時針繞著桌子服務 (2)領班或者是服務員從顧客的右邊，把配樣的食物，依照一定的程度分配好 (3)顧客自己服務自己，然後調換使用預備好的器具 (4)領班或服務人員依著反時針的方向繞著桌子服務。

(4)3.自助餐式服務依照餐廳的供餐方式又可分為瑞典式自助餐服務（buffet service）以及 (1)簡單服務 (2)快速服務 (3)速食服務 (4)速簡式自助餐服務（cafeteria service）。

(1)4.分餐式的優點不包括　(1)對服務人員分派技術的要求比較高 (2)分餐服務適用於中餐宴會，所體現的個人照顧較多 (3)由於它在客人不易看到的邊桌上分菜服務，對客人的干擾比較小，不至於太影響客人的談話 (4)比較衛生，符合外賓、西方客人的就餐習慣。

(3)5.轉盤式服務之檯面佈置，下列敘述何者不正確？　(1)先在檯上按舖檯布的要求舖好檯布 (2)將轉盤底座轉軸擺放到檯的正中央 (3)不須將乾淨的轉盤放到轉軸上，試驗其是否轉動自如 (4)根據便餐或宴會的要求擺檯。

簡答題

(一)餐飲服務的種類有那幾種？

答：1.美式（盤上）服務。

　　2.法式（旁桌式）服務。

　　3.手推車服務。

　　4.俄式服務。

　　5.家庭式服務。

　　6.英式服務。

　　7.自助餐式服務。

　　8.速食服務。

　　9.中式服務。

(二)美式餐桌佈置的優缺點有那些？

答：優點：1.服務時便捷有效率，同時間內可服務多位客人。

　　　　　2.不需分菜動作，工作簡單容易學習，服務人員訓練容易。

　　　　　3.服務快速，能將菜餚趁熱服務客人。

　　　　缺點：1.缺少分菜及桌邊服務客人。

2.並非一種親切的服務方式。

問答題

(一)何謂自助餐服務？

答：自助餐式服務的最大特色是顧客可以從餐廳的餐食陳列區中挑選
　　自己喜愛的食物，而另一個特色則是餐廳沒有固定的菜單。食物
　　放在服務的桌子上——有採直線式的桌子、曲線式、捲曲環繞式
　　的——被選取。顧客進行此自助餐的方式，開始拿取食物，然後
　　要求食物迎合他們的口味。
　　自助餐式服務依照餐廳的供餐方式又可分爲瑞典式自助餐服務
　　（buffet service）以及速簡式自助餐服務（cafeteria service）兩種。

(二)請分別簡述俄式、英式服務的内容。

答：俄式基本方式：
　　1.從大盤中用湯匙及叉子合用來分送食物。
　　2.每一個餐桌都有一個盤子來服務。
　　3.服務生從左側服務。
　　4.由左前臂及手掌去支撐托盤。
　　5.服務生環繞餐桌由反時針方向移動。
　　6.不同的調味料，使用不同的服務湯匙。
　　英國式服務：
　　英式是採俄國式的組合，使用大盤子服務，家庭式的，或者是自
　　助式的風格。英國式的服務包含：準備食物在碟子上，領班托著
　　這些碟子，先從主人右邊的女士送起，依著圓桌順著反時針的方
　　向，停在每個客人的左邊。因服務人員預先準備盤子，所以顧客
　　們都可自己來，使用那些預備好的器具。

第四章　餐飲服務的器具

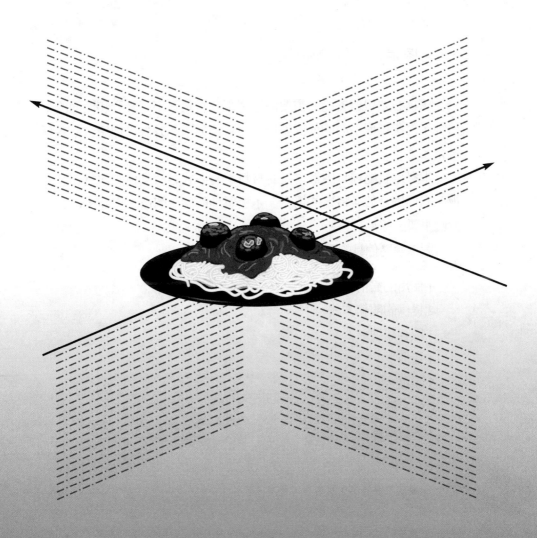

餐飲服務的器具，主要是指顧客與服務人員在用餐區中所使用到的各項設備，包括了固定的硬體設備，例如餐桌與椅子，以及服務的設備與器具，例如準備檯、手推車、餐具等。由於不同餐廳所選用的餐桌椅款式及設計時的要求會有頗大的差異。因此，在選擇餐廳桌椅時大多是以能配合餐廳的風格及等級，並在考慮顧客的需求前提下作為設計或採購時的依據。

第一節　餐廳設備

一、傢具

傢具必須根據餐廳的需要而選擇不同材料、不同設計和漆面的桌椅等，這樣經過精心的佈置安排，就會使氣氛和外表更加適合於各種場合。

木料是餐廳傢具中最常見的材料，有各式各樣品種的木材和裝飾板，它們適合於各特定的場合。木板質地較硬、耐磨、容易去污，是餐廳主要的傢具材料。

選擇餐廳傢具的要點是：

1.使用的靈活性。
2.提供的服務方式。
3.顧客類型。
4.造型。
5.顏色。
6.耐用性。
7.容易維修。

8.方便儲存。

9.成本和資金因素。

10.長久的適用性。

11.損壞率。

(一)椅子

種類繁多,應選擇式樣質地和顏色都適合其相應場合的品種。椅子的參考尺寸:

1.宴會座椅:寬:46公分×46公分;高:46公分。

2.扶手椅:寬:46公分×61公分。 (圖4-1)

(二)餐桌

通常為圓形、方形和長方形三種,一個餐廳可以同時選用這三種類型的檯子,也可以單用一種,這要根據餐廳的形狀和提供的服務來決定。既有二至四個座位的小檯子,也有八至十個座位的大檯子,方檯還可以拼合來接待小型團體用餐。餐桌的表面通常要放一墊子,然

圖4-1 餐椅

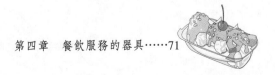

後蓋上檯布，既可避免檯布在光滑的木面上滑動，又可減輕擺餐具時發出的響聲。

餐桌設計的參考數據如下：

1.76公分邊長的正方形餐桌：二人。
2.100公分邊長的正方形餐桌：四人。
3.直徑為100公分的圓檯：四人。
4.直徑為152公分的圓檯：八人。
5.長方形檯：137公分×76公分：四人。

其餘需要大檯子時可以拼合。

(三)餐具櫃

各個餐廳的餐具櫃都不盡相同，選用的依據是：

1.服務方式和提供的菜單。
2.使用同一餐具櫃的服務員人數。
3.一個餐具櫃所對應的餐桌數。
4.所要放置的餐具數量。

餐具櫃的設計應盡可能小型、靈便。在一些餐廳裏，服務員負責其工作檯的餐具準備，服務結束後負責補充餐具。在這個系統中，還要儲存各種布件，餐具櫃材料顏色應該和其他傢具色彩相協調。

儲放刀叉的抽屜按一定的順序排列，為方便和講究效益起見，刀叉等餐具的順序要固定擺放。

較低的箱櫃用來放置髒的布巾，餐具櫃上一般內裝有活動輪，可用來推著在餐廳內移動（**圖4-2**）。

餐具櫃的佈置首先要看其結構：幾個架、多少刀叉抽屜等，其次要看菜單和服務種類，所以各餐廳的餐具櫃佈置都因需要不同而有所差別，但按同一格式佈置具有更多的優點，服務員會很容易根據習慣

圖4-2　餐具櫃

圖4-3
餐具櫃的擺設

圖4-4　小型服務桌

在某處取到某種餐具（圖4-3）。

（四）各式服務車

■活動服務車

用於在客前分菜服務，包括切割、燃焰等，輕便靈巧，可以在餐廳內靈活地推來推去，亦可用來上菜、收盤。大小和其他功能可根據需要設計，但太大則需較寬的餐廳通道，占去更多的空間（圖4-4）。

■切割車

用於客前切割整個或整塊的食品。用酒精爐或交流電加熱，切板下是熱水箱，一端有一個放置熱盆的地方，第一層架子上不要放置任何東西，多餘的餐具、盆子等放在底下一層，在上酒精爐前一定要保證水箱裏裝足了熱水（圖4-5）。

切割車是較笨重的服務工具，一定要即時打掃清潔。可用擦銀粉擦淨，並徹底抹掉沾在車內的殘屑，以防其與食物相接觸。

■開胃品車

用於陳列各種冷的開胃菜，每層可放置少許冰塊保冷，每餐結束均要清理清潔車身和各層菜盤。

■奶酪車

上層用於陳列各式奶酪，架子裏備有切割工具和備用盤碟餐具，餐畢收起奶酪入冰箱儲存，擦淨車身，舖上乾淨檯布備用。

■蛋糕與甜品車

一個經過廚師精心設計佈置的甜品車是應當非常具有吸引力的，無疑會起到促進銷售的作用。陳列甜品蛋糕，最關鍵的是要保持其新鮮、整潔。銀製的甜品車是高級餐廳的炫耀品，應始終保持其奪目光澤（圖4-6）。

■咖啡和茶水車

通常用於咖啡廳，尤其是供應下午茶時使用，車內備有供應咖啡和各種名菜的餐具、加熱爐等，在準備間佈置完畢後，推入餐廳，現

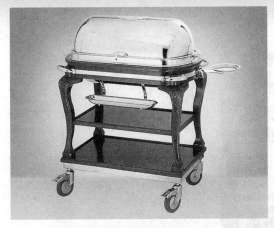

圖4-5　切割車

圖4-6　甜品車

場為客人備製。

■酒車

　　酒車主要用來陳列和銷售開胃酒、各種烈性酒和餐後甜酒，備有相應的酒杯和冰塊等，相當於一個餐廳內的流動小酒吧（圖4-7）。

　　售酒服務員在客人一吃完甜點和上咖啡時，應迅速將烈酒車推至客人餐桌旁，服務員要非常熟悉酒的知識：原料、香型以及其正確的服務方法。如果客人要求冰化，則要加碎冰，用較大的杯子和兩根短

圖4-7　酒車

吸管。若要加奶油，應用匙背慢慢倒入，勿攪動。

■桌邊烹調車

　　桌邊烹調車可用液化氣作為燃料，將爐頭內嵌，使表面成為一平面，燒製和燃熳時會更加安全，表面最好用不銹鋼材料，易於清潔，注意瓦斯開關、餐具儲放抽屜和砧板的位置，面上的槽用來放置酒瓶和調味品（圖4-8）。

■客房餐車

　　送餐車是房內用餐服務員運送熱的飯菜所用的工具，有些送餐車還有插頭接通電源來保溫，注意裝車前必須將車內預熱（圖4-9）。

二、布巾

　　布巾是管理費用當中比較大的一項開支，所以對布件的控制具有重要意義。一般餐館的做法是採用一定數目庫存，相同數目換洗的方法。

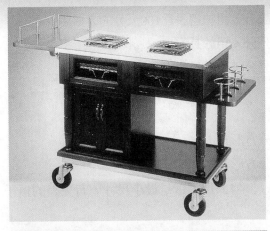

圖4-8　桌邊烹調車

圖4-9　客房餐車

　　每次營業結束，用過的髒檯布必須收齊交客房部洗衣房換取乾淨的布件。送洗的髒口布要十條一把紮好，以便於清點。

　　選用何種質地的布件要根據餐廳的等級、顧客的類型、顏色是否與餐廳氣氛協調、式樣是否耐用、是否易於清洗、成本因素以及菜單和服務種類等而定。通常使用的布件主要有：

1.檯布

　　(1)137公分，用於邊長為76公分的方桌和直徑為100公分的圓桌。

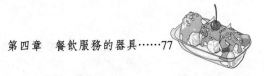

(2)183公分×183公分，用於邊長為100公分的方桌。

(3)183公分×244公分，用於長方桌。

(4)183公分×137公分，用於長方桌。

2.附加檯布：1公尺×1公尺，用於斜著加蓋在正常檯布上。

3.餐巾：

(1)46公分×50公分方形布巾。

(2)36公分×42公分方形紙巾。

4.自助餐檯布：2公尺×4公尺，這是最小尺寸，有更長的檯子，則有更長的檯布。

5.餐具櫃和小推車檯布：通常選用用過的檯布代替，有時讓客房管家縫過疊好用來鋪在餐具櫃和小推車上。

6.服務布巾：讓每個服務員用來端送熱燙的菜餚和保護制服整潔乾淨。

三、瓷器

人們評價菜餚要講究「色、香、味、形、器」，之所以講究器，是因為它是襯托和反映菜餚效果的一個重要物品。瓷器必須和餐桌上其他物品相輝映，也要與餐廳的氣氛相協調。

考慮成本的關係，日常經營中不可能選用高級瓷器。而有些餐廳經營者選用外觀和質量均屬上乘的陶器也很普遍。

選用瓷器時，還要考慮下列幾點：

1.所有的瓷器餐具均要有完整的釉光層，以保證其使用壽命。

2.碗、盤的邊上應有一道服務線，既便於廚房掌握裝盤，又便於服務員操作。

3.檢查瓷器上的圖案是在釉的底下還是在上邊，理想的是燒在裏面，這需要多一次的上釉和燒製，在釉外的圖紋很快會剝落和

失去光澤，當然圖案燒在釉裏面的瓷器比較貴，但使用壽命長。

骨瓷（bone china）是一種優質、堅硬昂貴的瓷器，圖案都是繪在釉裏面，飯店用的骨瓷可以加厚定製。

瓷器應該大約兩打一疊地堆放在架子上，堆得太高不安全。其高度應便於放入和取出。可能的情況下要用檯布覆蓋，以避免落上灰塵，盤子的尺寸根據各廠家的設計而不盡相同，常用的瓷器參考尺寸如下：

1.吐司盆：直徑15公分（6吋）。

2.甜點盆：直徑18公分（7吋）。

3.魚盆：直徑20公分（8吋）。

4.湯盆：直徑20公分（8吋）。

5.主菜盆：直徑25公分（10吋）。

6.穀類／甜品盆：直徑13公分（5吋）。

其他的瓷器還有：茶杯、茶碟、咖啡杯、咖啡碟、早餐碗、沙拉盆、茶壺、熱水壺、牛奶壺、咖啡壺、淡奶壺、蛋盅、黃油盆、煙灰缸、湯盅、湯碗等等（**圖**4-10）。

四、金屬餐具

1.金屬餐具

(1)扁平餐具：在餐飲業中特指各種形式的匙和叉等（**圖**4-11）。

(2)切割餐具：主要指餐刀和其他切割刀具。

(3)凹形器皿：茶匙、湯匙、奶壺、糖缸等。

這些金屬餐具的種類繁多，有多種系列以滿足不同的需求，現在很多都使用鍍銀餐具和不銹鋼，購買餐具時，還要考慮：(1)

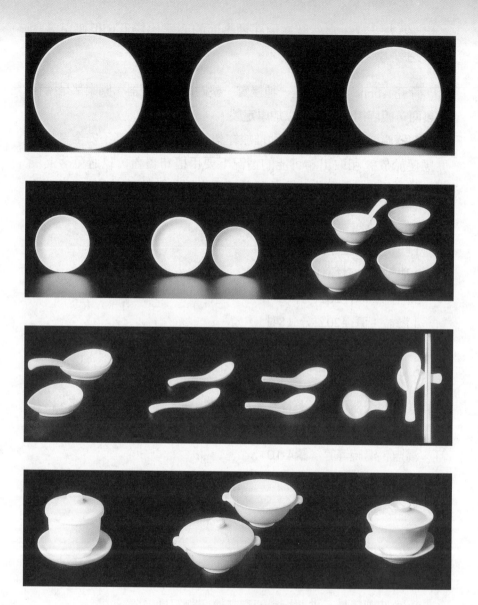

圖4-10　磁器

（續）圖4-10　磁器

（續）圖4-10　磁器

82……餐飲服務——重點整理、題庫、解答

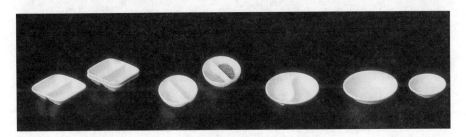

（續）圖4-10　磁器

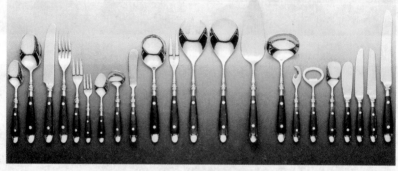

圖4-11　扁平餐具

菜單和服務的種類；(2)最大和平均座位利用率；(3)高峰期的座位周轉率；(4)洗滌設施和周轉率。

值得一提的是，不銹鋼餐具比其他金屬餐具更能防滑、防磨擦，也可以說更衛生；既不易失去光澤，也不會生銹。

目前所使用的金屬餐具和金屬器皿不計其數，用來爲各種不同的餐別和菜餚提供更加周到方便的服務。常見的金屬餐具是各種餐刀、叉、匙、菜盆和蓋、主菜盆和蓋、盛湯蓋碗、茶壺、熱水壺、糖缸等日常用品，除此以外，各種專用金屬餐具還有很多。

2.自助餐鍋（圖4-12）。

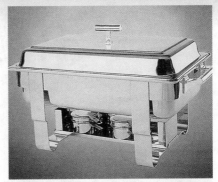

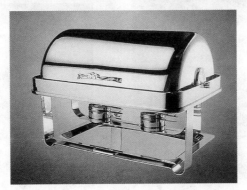

圖4-12　自助餐鍋

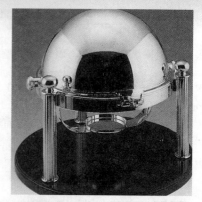

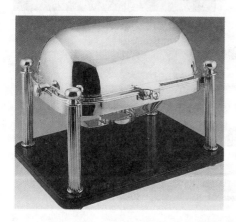

（續）圖4-12　自助餐鍋

五、玻璃杯具

玻璃杯同樣能夠點綴餐桌佈置，增加餐廳的魅力。目前可供餐飲企業選用的玻璃杯系列有很多，絕大多數廠家為旅館餐飲所提供的玻璃杯都按統一的大小和標準容量設計，以方便經營和管理。

好的玻璃杯應該平滑、透明，這樣葡萄酒的鮮明色彩才會很容易看見，同時，酒杯應該帶杯腳，這樣手溫便不會影響酒的味道。另外，杯口應稍微向內收口以便保持酒味的芳香。

玻璃杯的質地也相當多，如：鹼石灰玻璃又叫普通玻璃，用沙子、純鹼和石灰石為原料，製成的玻璃比較便宜；派熱克斯玻璃（Pyrex），用含硼氧化物、鉀硅酸鹽、三氧化硅為原料製成，可以防震、抗高溫；鉛化杯（lead crystal），用沙子、紅鉛、鉀硅酸鹽為原料製成，聲音清脆，透明度高；鋼化玻璃杯（Pyroceram），用黏土、二氧化硅和稀有金屬製成，可以特別防震、防碎、耐高溫。

下面是一些酒杯的名稱和其容量的參考數據：

1. 高腳葡萄酒杯：5/6：3/8（液量盎司）。
2. 德國葡萄酒杯：6/8（液量盎司）。
3. 鬱金香香檳杯：6/8（液量盎司）。
4. 淺碟式香檳杯：6/8（液量盎司）。
5. 各種雞尾酒杯：2/3（液量盎司）。
6. 雪莉酒和波特酒（port）杯：4.7（厘升）。
7. 高球杯：8/10（液量盎司）〔高球（high ball）是一種飲料名，用威士忌或白蘭地加蘇打水，以一片檸檬皮裝飾之〕。
8. 高腳啤酒杯：10/12（液量盎司）。
9. 帶柄啤酒杯：10/12（液量盎司）。
10. 白蘭地杯：8/10（液量盎司）。

11.烈性酒杯：2.4（厘升）。

12.平底無腳酒杯：28.40（厘升）。

13.單柄大啤酒杯：25和50（厘升）。各種杯具見**圖4-13**。

第二節　餐廳電腦及其使用

隨著現代科技的發展，許多餐廳都開始使用電子計算機等電子設備。它們提高了服務效率，避免了許多人為的溝通障礙，使得對客人的服務更快、更準、更加方便。作為現代旅遊飯店的管理人員，有必要對正在使用或將來必然要使用的這些設備加以瞭解，大膽引進，以使飯店管理更趨現代化、國際化。

餐廳常見電腦的硬體設備有服務終端機、顯示器、印表機、現金抽屜等。

一、服務人員使用的電腦

電腦的硬體特別指電腦系統的有形組成部分，它們用來接受和處理在餐廳輸入的訊息。餐廳電腦的硬體可以分為兩類：用於後台由經理人員操作的電腦和用於餐廳由服務人員操作的電腦。用來控制所有程序的中央處理部分和訊息儲存器是後台電腦的主要部分。這裏我們著重介紹餐廳的硬體部分。

(一)服務終端機

用來輸入諸如日期、一張餐桌上的客人數、食品和飲料數等。經理辦公室的中央處理機則會根據設計好的程序反映出這些訊息的統計、處理結果。

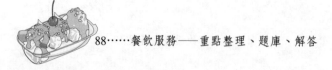

圖4-13　各種玻璃杯具

（續）圖4-13　各種玻璃杯具

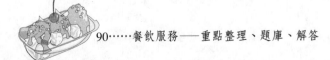

（續）圖4-13　各種玻璃杯具

服務終端機上的鍵盤可事先設定好，每一個鍵代表一個菜單上的品種，一按上該鍵，則代表該菜上了訂單，其價格、名稱立即由電腦的儲存系統中打出來。特選菜單、附加品種的價格可儲存在主機裏，隨時備查。服務終端可以用來單獨使用，也可以配上顯示器、印表機、現金抽屜等配套使用。

(二)顯示器

　　服務人員輸入的菜餚和飲料項目在此一行一行地顯示出來。這樣服務人員可以鑑別輸入終端的訊息是否正確。顯示器的另一個功能是將一步一步的操作程序顯示在螢幕上，有助於指導服務人員正確地操作機器。

　　設於收銀台或酒吧的顯示器還有另外一個作用，就是管理人員希望讓客人看到其所點的品種和價格。在光線暗淡的餐廳或酒吧，顯示器上的亮度可以調節，這樣看起來很顯眼。

(三)印表機

　　印表機用來打印客人的酒水菜餚訂單、客人帳單、發票和管理用的報告、報表等。菜單上的項目、數量、製作方法、配菜等其他資料也可以清楚地打印出來。

(四)現金抽屜

　　現金抽屜是一種分成格子用來放置現金的抽屜，安放在收銀台終端機的下面或旁邊。這個用來收銀或找零的抽屜與終端機配套成為新一代的電子收銀機而取代了舊型的收銀機。

二、電腦訂單程序

在大多數用電腦的餐廳裏，服務員都是拿著傳統的訂單本接受客人訂單。完全開好以後，服務員開動電腦記錄客人的訂單並開好帳單。

服務人員按下檯號、就餐人數、帳單號碼，再將帳單放入印表機，根據訂單按相應的鍵。服務人員既可以背下菜單上的編號再按相應的鍵，也可以直接按標明菜餚名稱的鍵，然後檢查顯示器上的反應是否正確。每次輸入都可以一次打出包括數量、配方、配菜、製作方法等指導說明，自動打出客人帳單上的價格，給酒吧、廚房的訂單以及客人帳單上的日期、鐘點。

有些電腦系統還讓服務人員能夠看見顯示器上的整個處理過程，從輸入訂單一直到打出客人的帳單。

三、餐廳與酒吧、廚房之間的電腦連線

大多數餐廳電腦都在酒吧和廚房設有印表機或顯示器。當服務人員輸入客人訂單的同時，其訊息迅速傳到特定的廚房、酒吧的印表機或顯示器。酒吧服務員或廚師長便可立即按訂單出品。

只有一個廚房的餐廳，可以讓電腦鑑別訂單為冷菜還是熱菜，然後用藍色墨水打出進入冷菜廚房的出品單，用紅色墨水打出進入熱菜廚房的出品單。如屬多個廚房的餐廳，則可分別在冷菜廚房和熱菜廚房都裝上印表機。電腦系統可以用程式自動識別訂單，並傳入相應的廚房印表機。

菜餚製成後，廚房打菜工可將菜餚送入餐廳出菜台，以幫助服務人員提高效率，減少廚房閒雜人員的走動，如沒有打菜工，服務人員

要及時知道菜已做好，立即出菜。

四、餐廳客帳的電腦處理

　　目前很多餐廳未僱用餐廳出納，但在使用電腦的餐廳裏則可省去這個職位，因為每個服務員都可透過電腦完成結帳的工作。電腦終端記錄所有帳單項目，加上服務費或稅金，得出客帳的總數。用餐結束後，累計後的帳單拿給客人付錢，收錢後服務員拿到收銀台，如餐廳出納一樣為其結算、找零。

是非題

(○)1.木料是餐廳傢具中最常見的材料，有各式各樣品種的木材和裝飾板，它們適合於各特定的場合。

(✗)2.椅子種類繁多，應選擇式樣質地和顏色都適合其相應場合的品種。通常宴會座椅：寬：46cm×61cm；高：46cm。

(○)3.餐具櫃的設計應儘可能小型、靈便，如果需要可以在餐廳內移動，體積太大會占去更多的接待客人的場地。

(○)4.儲放刀叉的抽屜按一定的順序排列，為方便和講究效益起見，刀叉等餐具的順序要固定擺放。

(○)5.好的玻璃杯應該平滑、透明，這樣葡萄酒的鮮明的色彩才會很容易看見，同時，酒杯應該帶杯腳，這樣手溫便不會影響酒的味口。

選擇題

(3)1.以下敘述何者不正確？在選擇餐廳桌椅時大多是以 (1)能配合餐廳的等級 (2)考慮顧客的需求前提下作為設計採購時的依據 (3)好看即可 (4)符合餐廳風格。

(2)2.下列敘述何者不對？木板是餐廳主要的傢具材料的原因 (1)質地較硬 (2)不易髒 (3)耐磨 (4)容易去污。

(4)3.選擇餐廳傢具不須考慮什麼？ (1)造型 (2)方便儲存 (3)損壞率 (4)服務人員的喜好。

(1)4.下列選項何者不是？餐廳中的餐桌通常分為 (1)梯形 (2)圓形 (3)方形 (4)長方形。

簡答題

(一)檯布依桌子的不同，尺寸各為多少？

答：1.137公分，用於邊長為76公分的方桌和直徑為100公分的圓桌。

2.183公分×183公分，用於邊長為100公分的方桌。

3.183公分×244公分，用於長方桌。

4.183公分×137公分，用於長方桌。

問答題

(一)選用瓷器應考慮什麼？

答：考慮成本的關係，日常經營中不可能選用高級瓷器。而有些餐廳經營者選用外觀和質量均屬上乘的陶器也很普遍。選用瓷器時，還要考慮：

1.所有的瓷器餐具均要有完整的釉光層，以保證其使用壽命。

2.碗、盤的邊上應有一道服務線，既便於廚房掌握裝盤，又便於服務員操作。

3.檢查瓷器上的圖案是在釉的底下還是在上邊，理想的是燒在裏面，這需要多一次的上釉和燒製，在釉外的圖紋很快會剝落和失去光澤，當然圖案燒在釉裏面的瓷器比較貴，但使用壽命長。

第五章　餐飲服務的準備

餐飲服務工作是非常繁瑣而具體的,必須掌握它的幾個主要訣竅,從而做到按部就班,有條不紊,既便於餐廳經理和領班分配工作,又便於使服務員形成程序概念,迅速有效地操作和服務。

餐前準備

在餐廳開門營業前,服務員有許多工作要做。首先是要接受任務分配,瞭解自己的服務區域,然後檢查服務工作台和服務區域,熟悉菜單及當日的特選菜,瞭解重點賓客和特別注意事項等。充分的餐前準備工作是良好的服務、有效經營的重要保證,因此是不可忽視的重要一環。

一、餐飲服務任務分配

通常在餐廳裏要將所有檯子按一定的規則劃分成幾個服務區域,理想的劃分方法是:一個餐廳能夠劃分成就座客人的數目相同、到餐具櫃和廚房的距離相同(如同一個區域有一個服務櫃台的除外),而座位受歡迎程度又大致相同的若干服務區域,事實上這在大部分餐廳都是不可能的,服務路線總是有長有短,座位總有靠近廚房和門口的,各座位能觀賞到的景色也不一樣,這樣無疑會造成某個區域比較受客人歡迎,工作較忙,而有些區域則比較清閒,所以無論從客人或服務員的觀點來看,各服務區域並不會同時都是很理想的。所以餐廳經理常常在輪流的基礎上給服務員分配不同的值檯區域,以儘量達到公平合理。

任務分配一般在服務員簽到後,自行從告示欄上瞭解,餐廳經理有時作特別的交待。服務員接到自己的任務分配後,要瞭解本區域的

檯子是否有客人已經預訂，客人是否有特別要求，放留座卡。本區域內是否有重要賓客，嚴格按餐廳經理的吩咐做準備。

做後台服務工作的服務員通常相對固定，如餐具室、洗滌間等，按規定的程序在規定的時間內完成準備工作。

二、餐廳準備工作

有些餐廳規定前一班結束工作前要爲下一班鋪好餐檯，有些餐廳則要求接班的服務員負責鋪檯，無論怎樣，準備工作要按下列步驟進行：

(一)準備餐桌

服務員第一個開餐前的責任就是檢查其值檯的區域、檢查場地。有時客人會將幾張檯子併攏在一起，移動桌子原定的位置，所以首先需將餐桌定位，同時檢查桌子的穩固性。爲已預訂席位的客人安排好足夠座位的餐桌。在擺放餐具前，要用在清潔劑和溫水的溶液裏浸泡過的抹布擦洗餐桌，要檢查座位，掃掉麵包屑，清除有黏性的地方。

(二)準備檯布

首先要選擇合適的尺寸，檯布平時的擺放亦應按照規格大小分開存放。檯布的顏色通常有白色、黃色、粉紅色、紅色和紅白格子的檯布等。以白色最爲普遍。一般來說，一個餐廳只選用一種顏色的檯布。檯布又分爲圓桌檯布和方桌檯布。檯布的大小根據桌子的尺寸而定，方桌檯布以每邊下垂約40公分爲宜，檯布的邊正好接觸到椅子的座位。

爲了使檯布的外觀更加平整、飽滿，同時又可減弱餐具和檯子碰撞的響聲，現在的做法是在檯面上加一個橡皮的墊子或者墊布，然後

高級餐廳鋪設整潔的檯布。

再鋪上檯布。

(三)準備餐具

當桌墊和檯布等合適地鋪好後開始擺檯。每一份擺檯是給每一席位擺上一副餐具，由盤子、碟子、餐刀、餐叉、餐巾和玻璃杯等組成，中餐則由骨盆、擱碟、筷子（包在筷套裏）、筷架、調羹和餐巾等組成。餐具的具體擺法是取決於採用何種服務方式和要上什麼樣的飯菜。

擺檯時要用乾淨的托盤端出瓷器、玻璃杯、餐具和餐巾等。不要圖省事而用手捧或拿洗滌筐當托盤使用，這是不合規格的。

擺好餐檯後，必須仔細檢查一次，以確保所有的桌上用品都是乾淨的、齊全的，並是按照規格擺放的。檢查蠟燭是否已換上新的，燈具是否處於正常的使用狀態。

大圓桌的擺檯。

(四)準備餐具櫃

　　一個餐廳至少要有一個餐具櫃，許多餐廳往往是一個服務區域一個餐具櫃。餐廳餐具櫃用於儲藏服務的設備，放在靠近服務區的地方，它可以避免服務員頻繁地來回於廚房和餐廳之間取餐具、調料等用品。收檯時值檯服務員亦可將收回的髒餐具放在托盤裏，暫時擱在餐具櫃檯上，由助手負責送到洗滌間。

　　服務員在開始營業前要負責將各種餐具、調料和服務用品領來儲存在本區域的餐具櫃中，不同的餐廳餐具儲存櫃的物品也是不一樣的，通常包括：

1.新鮮咖啡／茶壺及加熱器。

2.冰壺和冰塊夾。

3.乾淨的煙灰缸和火柴。

4.疊好的乾淨餐巾、各種檯布等。

5.各種刀、叉、匙等餐具。

6.點菜本和圓珠筆。

7.鹽瓶、胡椒盅和其他調料。

8.各種飲料、檸檬茶等。

9.黃油、糖、奶油、檸檬切片等。

10.兒童的桌墊、菜譜、圍兜和餐具。

11.特種菜的餐具和用品。

12.清潔的菜單。

13.飲料杯、杯墊等。

14.帳夾和服務托盤。

15.各種瓷器、銀器和玻璃杯具等。

中餐廳的服務餐具櫃中的物品有所不同,除了擺檯用的各種中餐具外,應備有中餐的調料,如醬油、醋、胡椒和鹽;中餐的服務用品,如小毛巾、分菜匙,還備有茶和茶具。

三、熟悉菜單

(一)菜單的變化

服務員在正式接待客人前必須熟悉當天的菜單,它可以幫助你增進與客人之間的關係,並爲餐廳樹立良好的形象。即使是固定菜單也會定期地變化,而且餐廳還提供當日特選和季節菜單,更應不斷地加以瞭解。

(二)方便推銷

餐廳服務員在介紹推銷其菜餚時就好比是商品的售貨員,而菜單上的食品菜餚就是你的產品,你對食品的知識會影響你銷售食品的能力。

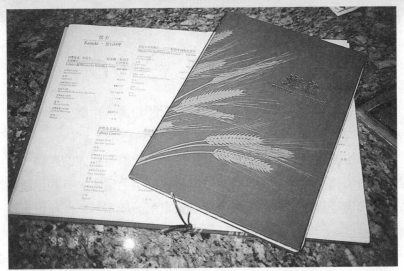

設計良好的菜單有助於樹立餐廳形象。

(三)提供建議

對菜單的瞭解將有助於服務員向客人提供建議，當顧客置身於異國他鄉，對當地菜色所知無幾時，常常樂於從服務員那裏得到幫助，需要你的建議，這時菜單知識將發揮作用。

(四)菜單的種類

餐廳服務員應當熟悉本服務單位的各種菜單。最為普遍的菜單是早餐菜單、午餐菜單和晚餐菜單。

通常在菜單上還標有點菜價格和套菜價格，供客人選擇，西式套餐一般包括湯、麵包、沙拉和主菜。中餐一般也是葷、素搭配，有湯有飯。餐廳經理和領班通常還負責根據客人的要求為客人臨時配套菜。

(五)菜單的內容

根據客人的飲食習慣和就餐次序，西菜菜單通常按下列順序排

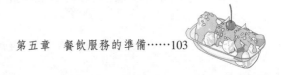

列：冷熱前菜、沙拉、湯、魚和海鮮、主菜（牛排類）、蔬菜、甜品、飲料。

前菜有冷熱之分，又叫開胃品類，包括蔬菜、果汁、水果和海味等。主要包括牛排、家禽、肉食和特色菜。

中餐的菜單分類排列，一般包括：廚師特選、冷盤、湯、魚類、海鮮、牛肉、豬肉、雞、鴨、野味、蔬菜、點心等。

菜單根據餐廳的水準和管理者的經營思想而有很大的差異，有些以提供特製精美菜餚見長，有些以廉價家庭菜色為主，有些以種類繁多、選擇廣泛稱雄，有些則以品種限量來削減成本，凡此種種，不一而足。

當天的特色菜可以附加在菜譜上，也可以用立式餐單放在檯面上，有時還在餐廳的門口用廣告形式陳列。一種特色菜可能是原料過剩的品種，也可能是時令菜或是特聘廚師的拿手菜。如果它是剩餘菜或時令菜時，通常是比較便宜的，但最好不要提及其特色菜是剩餘菜。

服務員還應當熟悉菜單上每一菜色的原料和配料，要虛心向廚師學習，處處留心，日積月累，知道菜餚的口味，利於推銷和問答。

(六)烹調方法

當客人向你詢問某一道菜是怎樣烹製的，瞭解下列烹調常識是很有幫助的：

1. 烘——在烘爐中，用乾燥的、持續不斷的熱度製作。
2. 煮——在100℃的沸水中製作，水泡會不斷上升到水面，並隨之分解，特點是湯菜各半，湯厚汁濃，口味清鮮。
3. 燜——將經過炸、煎、炒或水煮的原料，加入醬油、糖等調味汁，用旺火燒開後再用小火長時間加熱成熟的烹調方法。燜的特點是：製品的形態完整，不碎不裂，汁濃味厚。
4. 炸——在灼熱的食油中炸煎製作，有的用少量食油嫩煎，也有

服務員瞭解各種烹調常識，有助於解答客人疑惑。

在量大的熱油中深炸。

5.烤——將經過醃漬或加工成半熟製品後，放入以柴、煤炭或瓦斯為燃料的烤爐或紅外線烤爐，利用輻射熱能直接把原料烤熟的方法叫做烤。

6.燴——將加工成片、絲、條、丁的多種原料一起用旺火製成半湯半菜的菜餚，這種烹調方法叫燴。

7.滾——採用沸水下拌，一滾即成的一種烹調方法。

8.爆——將脆性原料放入中等油量的油鍋中，用旺火高油溫快速加熱的一種烹調方法。

9.蒸——在有壓力或沒有壓力的蒸汽裏製作。

10.燉——在能淹沒食物的足夠水中慢火燉製。

11.煨——在水將沸未沸的條件下用文火慢慢地煨煮。

(七)烹製時間

烹調製作時間是指做好菜單上某一道菜，並將其裝盤所需要的時間，菜餚的烹製時間取決於廚房的設備、廚師的工作效率、積壓訂單的多少和菜餚本身烹製方法所需花費的時間。掌握某種菜餚所需的烹製時間，可以幫助服務員在不同的情況下恰當地給客人推薦菜餚，例如，趕時間的客人，你得為他推薦烹製時間短的菜餚等等。對烹製時間的掌握要向廚師請教，平時注意觀察和積累。

常規菜食的烹製時間如下：

1.雞蛋：10分鐘。
2.魚（炸或烤）：10-15分鐘。
3.牛排（1吋厚）：
   (1)半生熟：10分鐘。
   (2)適中的：15分鐘。
   (3)熟透的：20分鐘。
4.牛肉排：20分鐘。
5.豬排：15-20分鐘。
6.野味：30-40分鐘。
7.炸雞：10-20分鐘。
8.蛋奶酥：35分鐘。

如果使用現代最新設備和烹調方法將大大地縮短菜餚的烹製時間。有些食品可以根據需求預測，事先做好，叫「預製食品」，當客人選定時，在微波爐中加熱，只需幾分鐘甚至幾秒鐘便可上檯。

(八)菜色的配料

無論是中餐還是西餐，許多菜都有一定的調味品，為色香味而配的汁料以及和主菜相配的配菜。根據約定俗成，服務員要知道哪些調

料需在上菜前上檯，哪些則應在上菜後服務，注意調味品的盛器要乾淨。

需要用手指幫助食用的菜餚如螃蟹、龍蝦等要配洗手盅，即在洗手盅裏倒入五成溫水，放入少許檸檬片、菊花瓣等。

四、餐前會議

在服務員已基本完成各項準備工作，餐廳即將開門營業前，餐廳經理或領班負責主持短時間的餐前會議，其作用在於：

1.檢查所有服務人員的儀表儀容，如：頭髮、制服、名牌、指甲、鞋襪等。
2.使員工在意識上進入工作狀態，形成營業氣氛。
3.再次強調當天營業的注意事項，重要客人的接待工作以及提醒已知的客人的特別要求。

餐前會議結束後，值檯服務員、引座員、收銀員等前檯服務人員迅速進入工作崗位，準備開門營業。

五、安全操作

創造一個井井有條、安全方便的工作環境，避免操作事故，是餐廳服務員的責任之一。安全操作既保護客人，也保護服務員自己。

安全注意事項包括：

1.在餐桌之間的走道上行走時，應從其他工作人員的右邊走過去。
2.在端托盤超越其他員工時，應小聲提醒對方留心。
3.推門前要特別小心，以免撞在他人身上。

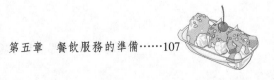

4.為了防止滑倒，服務員應穿矮跟的橡膠底鞋。

5.食品或飲料撒潑到地上後，要立即清除掉，如來不及清除，應先放一把椅子提醒他人，以免滑倒。

6.行走時要留心客人放在走道上的手提包或公文箱，有可能時應幫客人放置妥當。

7.托盤上菜時，如遇客人正準備起身或做其他動作，或談興正濃時，應輕聲說聲「對不起」提醒客人，以免被客人碰翻托盤。

8.裝托盤要合理，不要過滿，高的、後用的物品在靠身體的裏檔，矮的、先用的在外檔，壺嘴和把柄要放在托盤的邊沿之內。

9.托盤時應按照：理盤——清理托盤；裝盤——按上述合理方法裝盤；起托——用正確的方法、姿勢托盤三部曲進行。

10.重托時要彎曲膝蓋，用左手全掌放在托盤下面的中心部位，將托盤托上肩膀一樣高，這樣用腿力站起來的方法，可防止脊背扭傷。

六、操作衛生

餐廳服務員是面對面地為客人服務，在操作中保持個人的清潔衛生和操作衛生是十分重要的。它既會直接影響客人的健康，也會因為不衛生的操作而失去顧客，損壞餐廳的聲譽。

下列規則是操作中必須遵守的：

1.為了避免頭髮掉落到食品中或拖碰到食品，餐廳服務員不宜留長髮，女服務員可戴髮網，男服務員也要擦些護髮油，保持頭髮整齊。

2.保持工作服、圍裙和指甲始終都是乾淨的，以免把有害的細菌傳入食品，也避免影響客人的胃口。

3.在去過盥洗間後要洗手，收拾完用過的盤子和接觸現金後，也要儘可能勤洗手。

4.拿盤子時，拇指要緊貼盤邊。拿玻璃杯時，要只拿住底部或靠近杯底的部分，注意不要觸及到杯口邊。拿餐叉、餐刀等時，要拿餐具的把柄。手指不可接觸食品。

5.用消過毒的抹布擦餐桌和服務櫃檯，不可把口布、小毛巾當抹布用。

6.掉落地面的餐具必須換新的。

7.在餐廳裏不用手摸頭、挖鼻、挖耳和搔癢等，打噴嚏時，要用手巾紙或手帕捂口。

七、服務人員儀容準則

1.身體部分：
　(1)每日用肥皂清洗。
　(2)刮鬍後勿用氣味濃烈的香水。

2.手部：
　(1)輕常清洗，並保持乾爽。
　(2)如廁後立即洗手。
　(3)保持指甲的清潔。

3.足部：
　(1)每天換乾淨的襪子。
　(2)穿合腳的鞋子。

4.頭髮：
　(1)保持乾淨及正常的款式。
　(2)遵循規則（如戴髮網或帽子等）。

5.臉部：
　(1)勿濃妝豔抹。

(2)每天至少刷牙兩次。

(3)臉上的鬍子必須修剪整齊。

6.衣服：

(1)每日換穿乾淨的制服。

(2)制服如沾上油漬、污垢，應立即換洗。

7.珠寶首飾：

(1)只能配戴手錶與婚戒。

(2)禁止戴手鐲及項鍊等配件。

八、服務人員禮儀的規範

1.主動提供服務，以表現我們對其熱心的照顧。

2.對客人的要求應耐心且有禮地辦好。

3.不要離開你所服務的客人太遠，免得客人有任何需要時，沒有人去服務。

4.當客人用餐完畢之後，仍要注意勤加茶水，換煙灰缸，並收掉口布，以減低零亂的感覺。

5.隨時保持自然、親切的笑容，表達我們對客人的歡迎和感謝。

6.服務人員須隨時注意自己的身體語言及得體的對答。

是非題

(○)1.充分的餐前準備工作是良好的服務、有效經營的重要保證，因此是不可忽視的重要一環。

(○)2.服務員第一個開餐前的責任就是檢查其值檯的區域，檢查場地。

(○)3.一個餐廳至少要有一個餐具櫃，許多餐廳往往是一個服務區域一個餐具櫃。

(○)4.中餐廳的服務餐具櫃中的物品有所不同，除了擺檯用的各種中餐具外，應備有中餐的調料，如醬油、醋、胡椒和鹽。備有中餐的服務用品，如小毛巾、分羹匙，還備有茶和茶具。

(✕)5.餐廳裏的餐具櫃不容易被客人看得一清二楚，所以服務員不須保持餐具櫃整齊清潔。

選擇題

(2)1.方桌檯布以每邊下垂約 (1)50公分 (2)40公分 (3)30公分 (4)20公分最爲適宜。

(1)2.餐廳餐具儲存櫃的物品通常不包括 (1)冰塊 (2)乾淨的煙灰缸和火柴 (3)各種刀、叉、匙等餐具 (4)鹽瓶、胡椒盅、醋瓶和其他調料。

(3)3.菜單的種類，一般不包括 (1)午餐菜單 (2)兒童菜單 (3)肉類菜單 (4)早餐菜單。

(2)4.常規菜食的烹製時間何者有誤？ (1)雞蛋：10分鐘 (2)牛排（一英寸厚，半生熟）：20分鐘 (3)魚（炸或烤）：10-15分鐘 (4)蛋奶酥：35分鐘。

(3)5.下列敘述何者錯誤？餐前會議作用在於 (1)檢查所有服務人員的

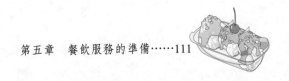

儀表儀容 (2)使員工在意識上進入工作狀態，形成營業氣氛 (3)提醒已知的客人的服飾 (4)餐前會議結束後，值檯服務員、引座員、收款員等前台服務人員迅速進入工作崗位，準備開門營業。

簡答題

(一)餐廳準備工作須準備哪些？
答：1.準備餐桌。
　　2.準備檯布。
　　3.準備餐具。
　　4.準備餐具櫃。

問答題

(一)營業前的檢查工作包括哪些？
答：1.營業前檢查工作依時完成後，經理依「中餐廳每日工作檢查表」上所列項目一一詳細檢查是否準備工作完成，確定準備工作完成。
　　2.檢查無誤，則在表上所列項目旁打✓。
　　3.若發現有未完成之工作，應督促負責的人員完成。
　　4.檢查完畢，填明日期、餐別（午餐或晚餐），檢查人簽名，如有任何附註事件，則在「備註」處註記。

第六章　餐飲服務的技能

餐飲業主要提供的產品有二，一是有形的菜餚與飲料等產品，另一則是無形的「服務」。然而不論是有形的產品或無形的服務，對顧客而言二者都很重要。精緻可口的餐飲是吸引顧客首次前往消費的主要原因，而服務品質的良窳則會影響顧客再次前往消費的意願。因此，餐飲與服務二者是相輔相成的，對餐廳經營者來說，餐廳經營的成敗，就完全看經營者能否訓練員工純熟的技能，親切地服務顧客。

第一節　桌巾的鋪設及更換

　　高級豪華的餐廳通常會使用亞麻布、棉或其他質料的桌巾。桌巾的鋪設，給人一種豪華、柔和、寧靜之感，且讓餐廳感覺起來較具水準。鋪設桌巾時，通常使用毛氈製品，用以減少在服務客人時，放置餐具所產生的聲音。這種減低聲音的桌巾，也會使客人的手肘感覺較

桌巾的鋪設，給人一種豪華、寧靜之感，且讓餐廳感覺起來較具水準。

舒服。

在餐廳中，有許多不同尺寸及形式的桌子及桌布，而且洗燙過後也有多種不同的摺疊方式。

一、檯布鋪設方法

1. 確定桌面之整潔。
2. 確定桌子是堅固、符合標準及平衡的。
3. 鋪設一塊乾淨的桌巾：
   (1)將折疊好之桌巾放於桌面。
   (2)將桌巾之頂邊蓋過桌邊而垂下。
   (3)然後再將另一邊朝自己拉好。
4. 鋪設桌巾時，將桌巾攤開蓋過桌面。
5. 將桌巾上有摺痕的部分撫平並調整其距離，使桌巾平衡於桌面。
6. 有些服務生將白色的布覆蓋於桌巾上，使其在服務時，桌巾沒有絲毫的污點、磨損。所以使用桌巾時，應於上面再覆蓋一塊布。
7. 最上層的那塊布，是給客人看的裝飾布，它覆蓋過桌巾。它有兩面：一面是好的，也就是面對客人的那面。有時因擺設之關係，客人僅看見一面。另一面是不好的，也就是有縫邊的那一面。
8. 桌巾經送洗後，通常會折疊成四個部分，像一個鏡框。長的那面包括一個縫邊、一個雙面摺疊及另一個縫邊；其他面則有兩個雙面摺疊。將雙面摺疊的那面，放在桌子較遠的那一邊，鬆開的那邊，則朝向桌面中央。
9. 用拇指和食指翻動頂端有縫邊的部分，使之蓋過桌子較遠邊而垂下，邊緣需平坦無摺痕。
10. 尋找餘留的邊，它應該在桌巾的底部。用拇指和食指，輕柔地

朝自己的方向拉過來,隨著桌巾的邊緣垂下而蓋過桌邊。

11.鋪設桌巾時,所有的邊緣應該是平滑且平行底邊,桌巾之邊緣
　　部分,應該總是垂下且面對地板的。

檯布鋪設方法如**圖6-1**所示。

1. 將檯布放在桌上。

2. 將檯布攤開。

3. 將檯布全部攤開。

4. 用拇指、食指夾住檯布,輕輕將
　 檯布提起。

5. 將四分之一檯布跨到對面桌緣。

6. 將下層檯布往回拉,檢查四邊長
　 度是否等長。

圖6-1　檯布鋪設方法

二、營業中的檯布更換

　　檯布必須經常地在營業中更換：當桌子有新客人就座時，或者是有嚴重的傾灑時就要鋪設新檯布。在這種情況下，更換檯布時必須將吵雜聲減至最小，而且最重要的是不可讓客人看到光禿禿的桌面。方法如圖6-2。

1.將桌面上所有物品移到服務檯上。

2.將檯巾布四角向中間摺成四方形。

3.對摺。

4.再對摺，移開。

5.將檯布由兩端向內拉，不可露出桌面。

6.將乾淨的檯布攤開。

圖6-2　檯布更換方法

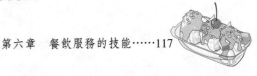

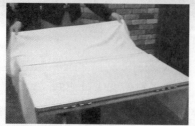 

7. 拇指、食指夾住檯布。　　　8. 將四分之一檯布掀開，蓋住另一
　　　　　　　　　　　　　　　　 端的髒檯布。

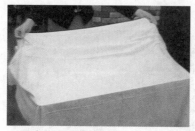 

9. 用小指勾住髒檯布，往回拉，同　10. 移開髒檯布，調整檯布，完
　 時蓋上乾淨的檯布。　　　　　　　 成。

（續）圖6-2　檯布更換方法

三、檯布收拾方法

　　當桌巾沒有送洗而是自己清理時，將不會被摺成一個像鏡框的樣子，而是摺疊縱長的一半再一半，一面將包含四個雙面摺疊；其他的部分將包含一個厚的摺疊。檯布收拾方法如**圖6-3**所示。

四、檯巾布鋪設程序

　　檯巾布鋪設程序見**圖6-4**。

1. 從中線提起。　　　　　2. 摺成四分之一。　　　　3. 再對摺。

圖6-3　檯布收拾方法

1. 將方形檯巾布攤開，站在桌角覆蓋在檯布上。

2. 拇指、食指夾住檯巾布，輕輕提起。

3. 將四分之一檯巾布跨到對面桌緣。

4. 將下層檯巾布往回拉，檢查是否平整。

圖6-4　檯巾布鋪設程序

五、半部分的桌巾

在一些較正式的餐廳裏,午餐和晚餐時,會有桌子用特別的、僅有半部分的桌巾覆蓋,而使一部分的桌面露出。攤開桌巾使之越過長方形桌之長度,或是鋪在正方形桌上,使之等距離,縫邊皆是要往下的。從地面看來,桌巾之邊緣需是等距離的。

六、服務巾的使用

服務巾是用來保護手部和腕部,以免在端熱盤時被灼傷。

1.沿左手及前臂放置服務巾,前臂從肘部至手開口部分朝內,同時不可超過指尖部分。
2.將服務巾張開以保護手部。
3.當持拿盤子或從左手接過盤子端至桌上時,服務巾可以做為保護之用。

第二節　口布摺疊

口布是放在桌上提供給客人使用的,對於整個環境及餐具擺設外觀上均有襄助的功能。口布的呈現方式取決於餐廳種類和服務的方式。口布摺疊最好簡單而容易,因為在處理上接觸較少。接觸愈少,口布愈符合衛生的要求,同時也比較省時。然而有些場所基於審美的理由,則需要比較精緻的摺疊方式。

以下詳細的說明中,展示了幾種比較常用的專業口布摺疊。不論

是漿過的亞麻質料或是紙製口布均可用來摺疊。

　　以專業化摺疊而成的口布，不需要依靠餐具或玻璃杯之協助，能夠自行站立。

　　口布通常放置在中央或左邊。最普遍的是放在叉子的左邊，然後打開放於左下方。當它們擺於中央時，應擺於每一座位之正中央位置。如果有使用準備盤時，口布通常擺於準備盤上面。底邊約距桌邊一吋。

　　當口布和墊布（口布可以是布或紙）一起擺設時，底邊應距桌邊約兩吋（墊布上方約一吋）。

　　有時口布可捲成圓形，放入玻璃製品中，也可再將麻布繫於玻璃製品上，當成裝飾品，這是相當引人注目的，而且並沒有限制口布的放置位置。

一、皇冠

1. 將口布對摺。

2. 將左方的布拉到上方對齊，將右方的布拉到下方對齊。

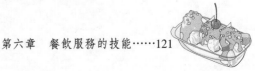

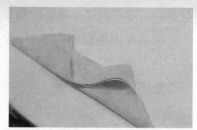

3. 翻面。

4. 將左方的布拉下。

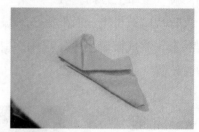

5. 將右方的布向左摺並插進去。

6. 翻面。

7. 將右方的布向左摺並插進去。

8. 攤開使其站立即完成。

二、星光燦爛

1. 將口布四分之一向中間摺。

2. 再將口布對摺。

3. 將口布分成八等分。

4. 將右側以斜角對摺。

5. 再將左側以斜角對摺。

6. 攤開使其站立即完成。

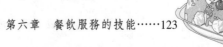

三、步步高升

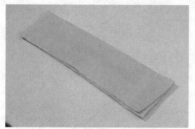

1. 將口布三等分摺起。

2. 將左右兩端各往中間摺兩摺。

3. 將口布向後對摺,往後拉即完成。

四、立扇

1. 將口布對摺。

2. 將口布放直。

3. 每隔三公分摺四摺。

4. 將口布對摺。

5. 將口布右上角摺往左下角。

6. 將口布立起即完成。

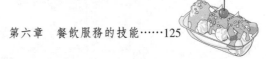

五、金字塔

1. 將口布四分之一向中間摺。

2. 再將口布二分之一對摺。

3. 將兩端向內往下摺成四十五度角。

4. 將尖端往下摺。

5. 將口布由右向左對摺。

6. 將口布立起即完成。

六、蠟燭

1.將口布四分之一向內摺。

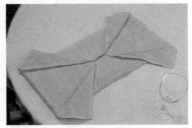

2.由中心將四角向外摺。

3.將下方往上捲起至二分之一。

4.將上方二分之一部分反摺成扇
　形。

5.將口布對摺。

6.放入杯中拉開即完成。

七、芭蕉扇

1. 將口布往下對摺。

2. 將口布放直。

3. 每隔三公分一摺。

4. 將口布放直。

5. 將尾端摺起三公分左右。

6. 放入杯中即完成。

八、蝴蝶

1.將口布四分之一向內摺。

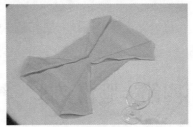

2.由中心將四角向外摺。

3.由下往上每隔三公分打摺。

4.將口布對摺。

5.放入杯中拉開即完成。

第三節　刀叉及杯盤擦拭方法

放置餐具之地方須乾淨。最基本的是餐具，其餘的是細節。乾淨和擦亮的餐具應排除以下幾點：

1.指紋。當觸摸有指紋，會破壞擦亮之餐具。
2.水變髒：洗餐具經過水洗之機器和讓水滴乾後再離開水區域。
3.食物殘渣：如果有可怕的殘渣留於盤子，沒有人敢用。

刀、叉及杯盤擦拭方法如圖6-5所示。

第四節　服務叉匙、餐盤之使用及收拾方法

一、服務叉匙使用方法

服務叉、匙的使用，在餐飲服務當中是很重要的技能，中西餐分菜服務時均需使用，必須有著熟練技巧。服務叉匙使用方法如圖6-6所示。

二、餐盤的握法

餐盤的握法如圖6-7所示。

1. 用乾淨口布將刀包裹起來，刀口向外，用右手擦拭。

2. 用乾淨口布將叉包裹起來，用右手擦拭。

3. 用乾淨口布將玻璃杯包裹起來，左手拿杯右手擦拭。

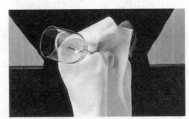

4. 用乾淨口布將杯包裹起來，用右手擦拭杯腳。

5. 用乾淨口布，用右手擦拭盤底。

6. 用乾淨口布，用右手擦拭盤面。

7. 用乾淨口布，用雙手包起整疊餐盤。

圖6-5　刀叉及杯盤擦拭方法

1. 在右手拇指和食指中放入服務叉，中指和食指間放入服務匙。

2. 服務叉、匙可以重疊使用。

3. 服務叉、匙也可以反方向使用。

4. 服務叉、匙可以單手服務。

5. 服務叉、匙也可以雙手服務。

圖6-6　服務叉匙使用方法

1. 雙手握整疊餐盤。

2. 單手握盤，拇指輕扣盤沿，其他
   四指扶在下沿。

3. 單手握雙盤，拇指輕扣上盤沿，
   其他四指扶在下盤底。

4. 單手握雙盤，拇指輕扣下盤沿，
   尾指扶在上盤底。

圖6-7　餐盤的握法

三、餐盤收拾方法

餐盤收拾方法如**圖6-8**所示。

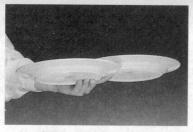

1.左手握盤，拇指輕扣上盤沿，其他四指扶在下盤底。

2.左手握盤，拇指輕扣下盤沿及餐叉柄，餐刀穿在餐叉下方，尾指扶在上盤底。

3.左手握盤，拇指輕扣盤沿及餐叉柄，餐刀穿在餐刀下方，其他四指扶在盤沿，第三個盤子靠在手臂上。

圖6-8　餐盤收拾方法

第五節　使用托盤的餐飲服務

一、托盤服務的概述

托盤服務是餐廳服務員在餐廳中用托盤送食物、飲料、餐具等的服務過程。在餐飲服務中，服務員常用左手托盤，右手為客人服務。

二、托盤服務的種類

1. 輕托服務。輕托服務是胸前托盤送食物、飲料、餐具等的服務過程。
2. 重托服務。重托服務是肩上托盤運送食物、餐具等的服務過程。

三、托盤服務的標準

(一)選擇合適的托盤

大方盤適用於運送菜餚、飲料、餐具等。中圓盤與中方盤適用於擺放和撤換餐具和酒具、斟酒、上菜等。小圓盤適用於遞送帳單等。

(二)將托盤整理乾淨

將托盤洗淨、擦乾，盤內鋪上乾淨的盤布或口布並鋪平拉直，使盤布與托盤對齊。這樣，可避免餐具在托盤中的滑動，增加摩擦力，同時增加了托盤的美觀與整潔。防滑的托盤可以不鋪口布。

(三)將物品合理的裝入托盤

將菜餚、酒水和餐具裝在托盤的過程稱為裝盤。裝盤時，為了方便運送和服務，避免服務中的差錯和事故，通常根據物品的形狀、體積和使用先後的順序，合理安排。在輕托服務中，將重物、高的物品放在托盤的裏邊（靠自身的一邊），先使用的物品與菜餚放在上層，或放在托盤的前部，後使用的物品放在下面或托盤的後部。而重托服務根據需要可裝入約十公斤的物品，因此，裝入的物品應分布均勻。

是非題

(○)1.餐飲業主要提供的產品有二，一是有形的菜餚與飲料等產品，另一則是無形的「服務」。

(×)2.餐飲品質與服務二者是毫不相關的。

(×)3.口布摺疊最好是精細而複雜的。

(○)4.口布是許多餐廳擺設的一部分。約距桌面三英寸，是一個有影響性的裝飾品。

(○)5.小圓盤與中方盤適用於擺放和撤換餐具和酒具、斟酒、上菜等。

選擇題

(2)1.有關玻璃杯的清洗，下列敘述何者有誤？ (1)宜用溫水清洗 (2)清洗後宜擦拭乾淨 (3)洗好後杯口向下擺放 (4)任其自然風乾。

(3)2.從美觀及客人的行動上考量，通常桌布的長度以垂下桌沿幾公分為原則？ (1)10-19 (2)20-30 (3)31-40 (4)41-50。

(1)3.餐廳服務的要領，下列何者不正確？ (1)熱菜須趁熱上桌，所以油炸食物必須加蓋上桌 (2)拿取餐具的原則，是客人會吃到的部位不可用手觸之 (3)上熱湯、熱咖啡和熱茶需提醒客人注意 (4)一般而言每個服務員約可服務四桌（十六位客人）。

(3)4.關於西餐的餐桌擺設，下列何者有誤？ (1)餐具擺設先外後內，甜點餐具先內後外 (2)兩側餐具不超過三件 (3)特殊餐具預先擺上 (4)左叉、右刀匙。

(2)5.餐桌的高度通常在 (1)61~66 (2)71~76 (3)81~86 (4)91~96 公分。

簡答題

(一)鋪換檯布後應當注意些什麼？

答：1.是否爲中心。

2.桌邊是否平行於地板。

3.是否有洞、扯裂，或沾污在桌巾上。如果有，再次替換它。

4.移動裝飾品於桌子的中心。

(二)簡述服務巾的用途為何？

答：服務巾是用來保護手部和腕部，以免在端熱盤時被灼傷。

(三)為何口布摺疊最好是簡單而容易的？

答：因爲在處理上接觸較少。接觸愈少，口布愈符合衛生的要求，同時也比較省時。

問答題

(一)何謂輕托服務與重托服務？

答：輕托服務：輕托服務是胸前托盤送食物、飲料、餐具等的服務過程。

重托服務：重托服務是肩上托盤運送食物、餐具等的服務過程。

(二)請敘述輕托服務與重托服務分別應如何裝盤？

答：在輕托服務中，將重物、高的物品放在托盤的裏邊（靠自身的一邊），先使用的物品與菜餚放在上層，或放在托盤的前部，後使用的物品放在下面或托盤的後部。而重托服務根據需要可裝入約十公斤的物品，因此，裝入的物品應分布均勻。

第七章　中式餐飲服務流程

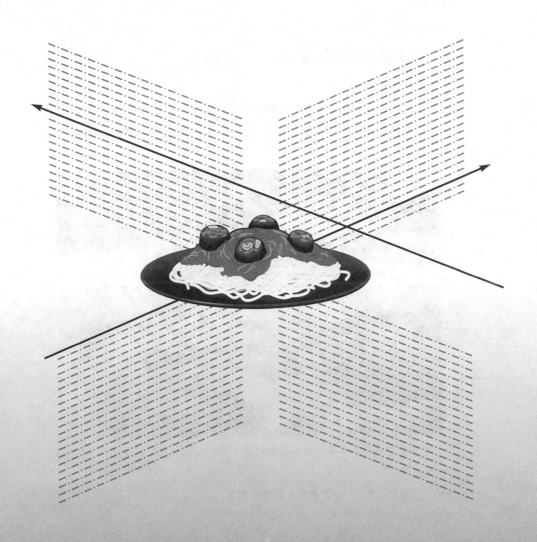

第一節　中華美食的特色和美

　　中華菜以其悅目的色澤、誘人的香氣、可口的滋味和美好的型態而飲譽世界，爲我國爭得「烹飪王國」的榮譽。中華美食之所以備受世人的青睞，是因爲中國烹飪具有一系列獨特的傳統技藝，其中最主要的是：原料多樣，選料認眞；刀工精細，技藝高超；拼配巧妙，造型美觀；注重火候，控制得當；調料豐富，講究調味；美食美器，相得益彰。

一、採購廚師合璧功——質地美

　　「大抵一席佳餚，廚師之功居其六，採購之功居其四。」所謂買辦，即是選購原料，大凡佳餚之成，總歸是原料選取與烹調兩個環節

中華美食形式多采多姿，內容豐富深厚。

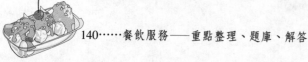

統一的成功，所謂質美，指的是：原料和成品的質地精粹，營養豐富；它貫穿於飲食活動的始終，是美食的前提、基礎和目的，我們說的「質」，是餚饌成品，即食品之質，而非單指原料的質。中華美食經過烹調的複雜過程，要儘可能完成原料質美向成品質美的轉化，這個轉化，既有烹調過程前可見美質的最大限度的保留，也含有烹調過程中原料深層未曾見美質的發掘，要經過原料選取、加工、組配、烹調等一系列複雜過程，而謹慎選料和巧妙烹調，則成了中華美食飲食文化的典型特徵。

二、十步之外頤逐然──聞香美

這裏的「香」，是聞香，指的餚饌散發出來的刺激食欲的氣味，所謂不見其形，先聞其香，「聞其臭者，十步以外，無不頤愛愛然」。很早以來，聞就成了中國古代餚饌美的一個重要的審鑑標準了。透過聞香，即便在未睹物之時，亦可判斷原料種屬、品類的優劣，預知烹調工藝及其成敗，從而略知「質」之品第了，袁枚的一首〈品味〉詩很能說明這個道理：「平生品味似評詩，別有酸鹹也不知。第一要看香色好，明珠仙霞上盤時。」聞香，在美食鑑賞家看來，是餚饌審美的一個重要指標。

三、秋雲琥珀明麗色──色澤美

餚饌在入口之前，聞香、看色是最基本的感觀鑑定程序，理想的餚饌色質，應是悅目爽神、明麗潤澤的色彩，既能充分保留原料優美的質色，也能體現烹調過程的科學與技巧，餚饌的美色，是原料以過熱加工後的色質，是原料先天質色的再現和再造過程。因而是原料選擇和熱加工技巧即「火候」因素兩個方面的考核。但同時我們也很清

楚，眞正使用單一原料烹製的餚品在不可勝數的中國菜餚中只占極少的部分，大多數成品都是兩種或兩種以上原料組配烹調的。

四、批抹精巧別心裁——形式美

形美要求的原則是：體現美食效果，服務於食用目的，富於藝術性和美感的形態與造型。這種形美的追求，是在原料質美基礎上並充分體現質美的自然形態美與意境美的結合。如烤鴨、清蒸鱘魚、紅燒鯉魚等等，均是取象或再現物料自然形態的明證。而漢中山靖王劉勝墓出土的「烤乳豬」，則可視爲較早的物證。當然，還是那些經過分割切配而改變原料自然形態的餚品居大多數，形製在這裏更爲豐富多彩、玲瓏變幻了。

五、綠葉紅花好襯映——餐具美

以飲食器具爲主的炊飲器具，是中國飲食文化審美的一個重要內容，其原則當是雅緻與適用的統一，飲食器具不僅包括常人所理解的餚饌盛器、茶酒飲器、箸匙等食具，而且包括有專用的餐桌椅等基礎性用具。「美食不如美器」，美器不僅早已成爲中國古人重要的飲食文化審美對象之一，而且很早便已發展成爲獨立的工藝品種類，有獨特的鑑賞標準。作爲飲食活動的基礎器具，餐桌椅的質地、式樣、工藝也都伴隨著中國飲食文化的鼎盛發展而形成了嶄新的時代風格。烏柏、檀、楠、樺、梨、紅、櫻、相思等珍貴木質及鏤雕鑲嵌的精工，不僅突出了這些器具的專用性，且使它們以自己的工藝特點和觀賞價值充分地顯示了美學價值的存在。

六、千變萬化致中和──味覺美

　　欣賞和追求美味是人之共性，但真正能達到「知味」這樣認識能力的人是不多見的。要注意兩個方面的問題：一是某一種具體物料的「先天」自然美質的味性，二是諸種具體物料在組配的「調」的過程中實現的複合味性，總之是飽口福、振食欲的美味。美味，是進食過程中美食效果的關鍵。辨味既屬一種凡人皆有的生理功能，又屬非凡人所能深得其中之味的特別技能，一種高層次的文化賞鑑能力。辨味，是鼻、眼、舌、神的綜合審鑑活動，透過嗅香、察色、看形、品味和領悟味韻最終完成。

七、脆爽滑嫩均適宜──口感美

　　任何一品餚饌都會給人一定的口感，即它的理化屬性給進食者的口腔觸覺。從飲食審美的角度來認識這種口腔觸覺、食物口感，我們稱之為「適口性」，簡稱之為「適」。我們可以細微和具體地區分出酥、脆、鬆、硬、軟、嫩、韌、爛、糯、柔、滑、爽、潤、綿、沙、疲、冷、涼、溫、熱、燙等不同的口感。這不同的適口性，取決於原料先天之質和烹調處理兩個因素，從烹調角度說，就是取決於「火候」的利用和掌握。

八、湍緩起伏如流泉──節奏美

　　中華美食講究舒情適意、歡愉悠然的節奏，講究筵宴空間和時間設計的舒展款洽，概括為一個字，就是講究「序」，講究序的節奏美。這種序的節奏美，體現在一桌筵席或整個筵宴餚饌在原料、溫

度、色澤、味型、適口性、濃淡的合理組合，餚饌進行的科學順序，宴飲設計和進食過程的和諧與節奏化程序等，序的注重，是在飲食過程中尋求美的享受的必然結果，不僅餚饌的變化程度具有鮮明的節奏，而且這種節奏還與宴飲者的生理、心理變化諧同，使與宴者悠哉游哉地徜徉陶情於「吃」文化的享樂之中。

九、花間樓上暢酬酢──環境美

優雅和諧、陶情怡性的宴飲環境，猶如戲劇演出的舞臺和佈景，是中國古人的又一美文化的審鑑指標。宴飲環境可分為天工、人工、內、外、大、小等不同類型。飲食生活被人們作為一種文化審美活動之後，「境」就自然成了其中的一個美學因素。人工宴飲環境的美學追求，主要是上層社會的私家宮室、市肆飲食樓店以及名勝風景文化點的公共建築樓、榭、亭、閣等。而後者一般屬於兼用性的。

十、勸珍驚蓋皆盡歡──情趣美

宴飲首先是攝食的生理和物質活動，但中國飲食文化審美的宴飲更是一種心理和精神活動，愉快的心情和高雅的格調是中國古代美食家們追求的進食文化氣氛和最高享受，在物質享受的同時要求精神享受，最終達到兩者融洽結合的人生享受之目的。美食家和飲食理論家們，就非常注重從藝術、思想和哲學的高度來審視、理解與追求「飲食」這一活動，而作為民族文化重要組成部分的飲食文化，它的發展及其特點，是美食家們辛勤創造的結晶。

第二節　中餐服務流程

中餐廳是旅館餐飲部門所經營的眾多的特色餐廳之一，中餐廳顧名思義是供應中餐的場所。由於中國菜餚在世界上所享有的盛譽，在許多國家的旅館中都設有以供應中國菜為主的中餐廳，而我國的旅館中，幾乎無一例外地都擁有一個或幾個中菜餐廳，向國內外遊客介紹當地的特色菜餚。因此，加強對中餐廳的服務和流程的管理，是我國旅館餐飲部門的一項重要工作，是改善服務質量、提高旅館聲譽的重要方面。

一、餐廳佈置與氣氛

中菜餐廳的佈置要與其他反映本國和本地區特色的餐廳如日本餐廳、法國餐廳一樣，能反映出中國的民族特色。通常富有地方情調的裝潢佈置，給顧客留下深刻的印象。中餐廳的佈置應注意的問題如下：

(一)確定餐廳的主題

每個餐廳的佈置都是圍繞著一個中心進行的，無論是色彩運用，還是傢具、燈光、字畫等等，都要能夠發揮反映主題、烘托氣氛、使主題更加突出和鮮明的作用。

作為餐廳主題的題材非常豐富，尤其是中華民族悠久的歷史、源遠流長的幾千年文化、地大物博的疆域和歷代風流人物，都是我們取之不竭、用之不盡的良好題材。選題所涉及的範圍，歸納起來有：

■某特定的歷史朝代

　　盛唐酒樓、明宮餐廳、清朝仿膳等等。這類主題的餐廳，經過精心佈置，將帶有濃厚的歷史韻味。因此，在菜餚選擇、牆壁空間裝飾、服務設計等方面，都應表現其歷史風貌。

■特定的地方菜色

　　中國地域廣大，烹飪上形成多種「幫派」，成為眾多的菜色，而其中最具代表性的是：廣東菜、四川菜、淮陽菜和北京菜等。通常情況下，一個餐廳都要選擇眾多菜色中的一種，作為制定菜單、裝飾佈置和服務組織的依據，形成一個以地方菜色為主題的特色餐廳。

■以風景名勝為餐廳佈置的主題

　　如長城廳、西湖廳、莫愁軒、敦煌宮、鍾山廳等。這類餐廳的佈置裝飾應透過能夠點題的壁畫、雕像和其他突出的裝飾品來使餐廳名副其實，這種選題的另一個好處是能夠讓遠道而來的國內外賓客在享受美味佳餚的過程中，領略到當地名勝的風光，也是一種旅遊宣傳。

■以花草植物為主題

　　如蘭圃、桃園、梅苑、松廬等。以此為主題，通常在對題的盆栽、木刻、壁畫、燈飾、樑柱上下功夫，讓人有置身其境的感覺。

■以著名歷史傳說為主題

　　如桃花源、嫦娥宮、西廂廳等等，這類歷史題材的餐廳主題通常是透過木刻、門廊雕飾、壁畫、印刷品等來表現和深化的。對於熱愛中國歷史文化、以增長知識為動機的旅遊者來說，是深受歡迎的。

■以歷史文學人物為主題

　　如四美廳（王昭君、西施、貂嬋、楊貴妃）、馬可波羅廳、木蘭廳等，其裝飾多以雕塑為主，配之以壁畫和印刷品等等渲染氣氛，達到應有的效果。

　　在選擇主題、進行餐廳佈置裝置時，應注意下面兩個問題：一是根據所接待的顧客對象的不同，選擇適合其需求的主題，也就是要充

分考慮市場的因素，所選擇的主題要能符合目標市場的需求。二是選擇主題，進行餐廳裝潢佈置要注意創造一種意境，講究獨特的風格，同時富有情趣，要避免平淡、低俗，和過分的誇張。

(二)餐廳佈置的方法

餐廳佈置所使用的方法很多，圍繞餐廳的主題，我們可以從下列幾個方面下功夫去烘托氣氛：

■色彩

色彩是構成餐廳氣氛的基本因素。餐廳色彩的選用，既要顧及整個旅館的基本色調，又要形成自己獨特的風格，一旦選擇確定了餐廳的色彩基調，其傢具、門窗、飾物和餐具等都應當與之相襯托。中餐廳的色彩多採用暖色，尤以紅木色、咖啡色、醬黃色和金黃色為佳。

■燈光與燈飾

中餐廳的燈光同樣應以暖色為主，要求柔和，強度適中，要避免用日光燈，因為日光燈的光線會使女士們的化妝失去應有的效果。中餐廳的燈飾常以宮燈和燈籠為標誌，而傳統的花燈節上五彩繽紛的花燈會給管理者更多的靈感，使餐廳燈飾更加富有情趣。

■傢具

傢具的選用要符合餐廳所要表現的主題和時代特色，中餐廳的傢具多以紅木和仿紅木等木質傢具為主，尤其是椅子，與主題的關係甚大，應謹慎選擇。

■壁畫和字畫

應圍繞主題，精心製作，掛字畫是中餐廳的特色之一，內容要與餐廳的主題緊密相連，數量適中。壁畫也應反映中國繪畫藝術，內容與主題相配。

■屏風與隔板

屏風既是一件具有民族特色的工藝品，可用來裝飾點綴，又具有其本身的使用價值，用來分隔空間，還可起到障景的作用。固定的隔

板，也常常加以雕飾，使之能反映中國傳統的雕刻藝術，內容與屏風一樣，圍繞餐廳主題來選擇。

■飛簷翹角、雕樑畫棟和牌坊

這是將中國傳統的建築藝術用於現代餐廳裝飾的方法，主要目的仍是渲染中餐廳的氣氛，使其個性更加鮮明，使人一目瞭然，許多旅館還特地在中餐廳內部飾以完全為創造意境而設計的景致。

此外，中餐廳內部所用的物品、餐具、布件、天花板和地板、地毯等，都可用來突出餐廳主題，中餐廳作為一種產品，其整體形象必須統一，包裝應富有民族特色，並以其獨特的產品形象來吸引客人，取得最佳的經營效果。

(三)服裝

統一、整潔、得體的服裝，是提高餐廳水準、強化餐廳形象的重要方面，也常常是人們評價餐廳管理水準的依據之一。中餐廳服務員的工作服選擇要考慮以下幾方面的問題：

中餐廳的佈置。

1.色彩：應與餐廳的基色一致、協調，多選用莊重、典雅、熱烈的色彩，常用的有黑色、金黃、紅色等等。

2.式樣：要根據餐廳主題所反映的時代特色，選用中國傳統的民族服裝。常見的女式服裝是旗袍。

3.中餐廳服裝除了要美觀、大方以外，還要方便操作、行走和進行各種服務活動，盲目模仿古代服裝和長袖、寬腰、拖地長裙等是不適當的。

4.服裝的選料應洗滌方便、耐髒和不易起皺的為佳，要始終保持服裝的整潔和衛生。

(四)娛樂

在餐廳中安排適當的娛樂活動是應客人需求而產生的一種流行的服務形式。餐廳的種類不同，其娛樂活動的形式也各異，在中餐廳中的娛樂包括：

■背景音樂

直接播放旅館的電台音樂，注意選擇其中的音樂，音量加以控制，過響會變成噪音而取得相反的效果。

■器樂演奏

採用各種形式的獨奏、合奏以娛賓客，注意製造出清新、優雅和民族氣息較濃的氣氛，不要過於熱烈、奔放。

■藝術表演

為客人演唱歌曲，甚至受團體用餐者的預約，還表演其他形式的民族藝術，如舞蹈。如果鼓勵客人點歌，則可在餐桌上設置點歌卡。

(五)市場調查

為了保證餐廳受到客人歡迎，達到預期的經營效果，在營業前和經營過程中不斷進行市場調查是非常必要的，因為只有瞭解了目標市

場上客人的要求，才能投其所好地安排服務項目，有目標和方向地改進服務方式，提高服務品質。

餐廳所需進行的市場調查主要有：

■客源的構成

即餐廳所接待的顧客類型，可以從各種不同的角度去劃分。而對餐廳有用的分類的結果，應能瞭解到：消費動機、消費水準、消費傾向和顧客的潛在要求。

■競爭分析

俗話說知己知彼，才能百戰百勝。市場調查要能充分瞭解同行競爭者。競爭對手的長處固然要學習吸取，但更主要的是要有大膽創新、領導同行的魄力。

■新產品開發可能性的分析

一個餐廳，如果失去了新產品的開發能力，就等於被綑住了手腳，等待僵死。只有不斷調查，尋求機會，把握客人的需求，及時推出新的產品，才有活力，永遠立於不敗之地，同時贏得聲譽，使經營取得成功。

(六)餐廳狀況檢查表

餐飲的質量標準有其特殊性，與其他行業的產品相比較，它更加重視客人在使用其產品——消費過程中的感受，而這種感受又與消費場所、環境、氣氛有著密切的關係，餐飲部門的管理人員負責向客人提供優質產品，除了精美的食品、優良的服務外，還包括優美舒適的環境。因此，在加強餐飲質量控制的過程中，餐廳狀況檢查表就是有效的控制方法之一。

二、服務標準作業流程

餐廳的服務計畫是為了使各餐廳餐式的擺檯佈置、服務方式、服

務程序均達到標準、統一，以保證餐廳的服務計畫品質和水準。

(一)中式早餐的擺檯

中式早餐擺檯時，個人席位上的餐具包括：骨碟、口布、筷子、筷架、茶碗碟、調味碟、小飯碗、調羹等。

公用的餐具、調味品有：四味架（醬油、醋、胡椒、鹽）、牙籤盅、煙灰缸等，基本擺檯的要求是：

1.餐具距桌邊應保持1至2公分的距離。

2.有店徽的餐具，應將店徽擺正，面對著客人。

3.筷子包上筷套，擱在筷架上。

4.每位客人面前的餐具擺放位置要一致，規格統一。

5.圓桌擺餐具時，間距要相等。

6.口布摺好放在骨碟中。

早餐擺檯格式見**圖7-1**。

(二)中式午、晚餐的擺檯

中餐午、晚餐的個人席位擺檯餐具有：骨碟、口布、筷子、筷

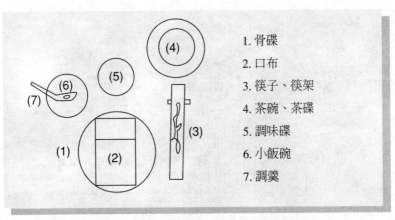

1. 骨碟
2. 口布
3. 筷子、筷架
4. 茶碗、茶碟
5. 調味碟
6. 小飯碗
7. 調羹

圖7-1　中式早餐個人席位示意圖

架、水杯或啤酒杯、茶碗、碟、調味碟、小湯碗、調羹、湯匙等。中式午、晚餐擺檯格式見圖7-2。

公用餐具包括：公筷、公匙（根據餐桌上席位數擺放，一般二至四人公用一副）、煙灰缸、牙籤盅、四味架（醬油、醋、胡椒和鹽）。

(三)團體用餐服務

團體用餐服務在我國旅遊飯店中占有極其重要的地位，這是由目前客源的組成所決定的。在每年所接待的旅遊客人中，旅行團的比例很大，所以要提高餐飲服務品質，必須重視團體客人的接待。

團體用餐既與一般餐廳服務接待有相同的地方，又有其特殊性，相同的地方，如檯面佈置和基本服務步驟等，這裏就其特殊性作幾點說明：

1. 團體用餐的計畫性比較強，一般都是事先確定標準、人數、用餐時間等等。
2. 要充分瞭解團體客人的組成、飲食習慣、禁忌和各種特殊要求。
3. 根據旅行路線，掌握旅行前幾站的用餐情況，合理調節菜單。

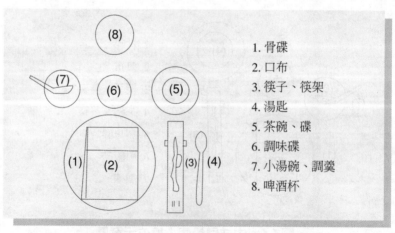

1. 骨碟
2. 口布
3. 筷子、筷架
4. 湯匙
5. 茶碗、碟
6. 調味碟
7. 小湯碗、調羹
8. 啤酒杯

圖7-2　中式午、晚餐個人席位示意圖

4.團體用餐可以擺在一個獨立的餐廳，或者有所分隔地集中在餐廳的裏側一角。

5.團體用餐的餐桌事先應根據人數佈置好，桌上擺上團體名稱卡。

6.團體用餐的基本步驟和程序是：

(1)客人進入餐廳，禮貌地向客人問好，問清團體名稱，核對人數，迅速地引領客人到準備好的餐桌入座，要避免讓大批客人圍在餐廳門口，影響其他客人。

(2)到達該團隊的餐桌後，要熱情招呼客人入座，為年老和行動不便的客人拉椅讓座。

(3)迅速遞上香巾，尤其是對遊覽回來尚未及進房的團體客人更顯得重要。

(4)準備茶水，迅速給客人斟茶，根據需要，最好應備有冰茶。

(5)將廚師精心烹飪的菜餚按桌端上，主動向客人介紹當地的特色菜餚，增添愉悅的氣氛，解除旅遊的疲勞。

(6)為客人分菜、分湯。

(7)徵求客人對菜餚的意見，收集客人的特殊要求，以便迅速請示落實。

(8)根據需要為客人換骨碟，添酒水飲料。

(9)客人用餐完畢後，再遞上香巾，斟上熱茶。

(10)客人離座時，應為年老行動不便的客人拉椅、扶持，多謝客人光臨。

(11)引座員在餐廳門口笑臉送客，向客人道再見。

(四)標準取菜服務卡

取菜服務卡主要用來幫助服務人員瞭解、熟悉菜單，掌握有關菜餚的製作知識，會使用適當的容器和餐具等等，使餐廳服務規格化，

同時，它是用來作為服務培訓和考核的重要內容和方法。

三、餐廳工作排班

在服務過程中，通常至少有兩個領班負責一個班次的服務活動，以每個服務櫃檯為中心，將整個餐廳又分為幾個服務區域，每個服務區域由值檯服務員、走菜服務員和初級服務員組成。

在這個組織結構中，餐廳經理負有全部責任和權利，對上向餐飲部門經理彙報，對下向全體服務人員負責。助理經理是他／她的助手，負責協助餐廳經理的工作，授權指揮和指導領班及服務員的工作。

(一)班次安排

合理的班次安排，對於有效地組織餐廳服務活動、提高工作效率、取得最佳經濟效益都有十分重要的意義。班次的安排要根據各餐別服務活動的特點、營業時間、服務人數和工作任務等因素綜合考慮，做到安排合理，能夠充分發揮每個服務人員的作用，服務時間和班次安排，要以方便客人、滿足顧客需求為出發點。

餐廳班次安排方法常見有兩種：一是「兩班制」，二是「插班制」。

■兩班制

即將所有餐廳服務人員對半分，一部分上早班，開早餐和午餐，另一部分上晚班，開晚餐和宵夜，隔週轉換，這種方法簡便、好記，但在非營業時間會出現人浮於事的現象，而在就餐的高峰時，人手又顯得不足，故對人手較少、接待任務重的餐廳不太適宜。

■兩頭班制

是根據一天三餐中的高峰時間為依據，將餐廳服務人員分成人數不同的多個小組，高峰時人員比較集中，非營業時間裏，只留少量幾

個服務員做準備和收尾工作，而讓大部分服務員得到休息。這種排班的方法能夠適應大多數餐廳服務活動的需求，充分利用現有的服務人員，保證經營活動的順利進行。

(二)制定工作職掌

工作職掌（job description）是現代管理中的一個有效的工具，在除了旅館業以外的其他行業中也早已得到使用，它概要地列出每個職位的工作職責範圍、主要工作任務和責任以及報告流程。

工作職掌包括的項目有：

1. 職務名稱：如餐廳經理、助理經理、領班、引座員、服務員等。
2. 所屬部門：即其主管部門，在旅館中，餐廳的主管部門為餐飲部。
3. 直接上司：是該職位的主管，應向其會報工作。
4. 直接下屬：標明該職位直接領導的部門和屬員，這樣就清楚地勾畫出某職位的上、下級關係和管理層次。
5. 基本職責：是工作職掌書的主要部分，列明該職位的主要工作任務和部門對他／她的要求，應當具體、明瞭、不含糊其辭。
6. 權利：標明該職位在多大的範圍內和程度上擁有其指揮、監督權，這是和所擔負的責任成正比的，是其完成基本職責的保證，有時權利是以口頭協議的方式授權的。
7. 與其他部門的聯繫：是該職位所負的協調的責任，包括與同級之間，與其所在部門有工作聯繫的機構之間的溝通和交流，來保證本部門工作的順利開展。

工作職掌書是一種形式，目的是要明確職責，其上級部門還要不斷加以檢查、督促，同時作為選拔適當的人才的一種考察依據和進行職業培訓的內容。

(三)制定餐廳經營手冊

餐廳經營手冊是餐廳經營管理的計畫書，它根據實際經營活動的需要，對各項管理工作的計畫、實施作周密的安排，以保證各項工作的順利進行。

餐廳經營手冊是以書面的形式確定餐廳的經營方針和方法，是取得主管認可、授命實施的管理依據，有其本身的嚴肅性。

餐廳經營手冊是現代管理的一種形式，它根據餐廳的經營方針，制定一系列相適應的管理措施、服務程序和方法，來保證服務質量的統一、持久，而不會因為偶然因素的變化而全面地改變。

餐廳經營手冊也是餐廳活動控制的一種依據。在管理過程中，它可以被用來作為檢查、對照的準繩，是質量控制的一種工具。

餐廳經營手冊還是進行培訓的教材。尤其是在新員工入職時，將有助於他們全面瞭解餐廳的概況，熟悉餐廳的服務業務、服務方法和程序，對老職工也可以起到考核、檢查的作用。總之，它有利於維持餐廳的服務品質，是餐廳管理的有效工具。

餐廳經營手冊所包含的內容有：

1. 餐飲部簡介：包括餐飲部的組織結構、人事情況、各餐廳簡介（容量、服務時間、菜餚品種特色、娛樂活動、預訂方法和電話號碼等）。
2. 本餐廳簡介：位置、電話號碼、營業時間、預訂方法、人員服裝、組織結構圖、經營方針、宗旨、餐廳經營目標等等。
3. 餐廳紀律、規章制度。
4. 餐廳組織中之各級工作職掌書和工作細則表（每項工作的具體步驟和注意事項）。
5. 本餐廳的菜單。
6. 標準取菜規格單（早、中、晚餐各一份）。

第三節　中餐廳服務程序

中餐服務的程序如下（圖7-3）：

1. 帶位。

2. 攤口布。

3. 遞送菜單。

4. 點菜。

5. 上前菜。

6. 上湯。

圖7-3　中餐服務流程

7. 上菜。

8. 上魚。

9. 上水果。

10. 上甜點。

11. 結帳。

12. 送客。

（續）圖7-3　中餐服務流程

一、接待工作

    1.從客人欲踏進餐廳前，餐廳之領檯或領班人員，均應在指定之接待位置大門兩側旁歡迎客人之光臨，如有特別貴賓來臨，主管也應列位等待貴賓來臨之接待工作。

    2.接待工作之重要性乃是接待人員之表現，代表著該單位及餐廳

之水準形象與榮譽，而在高品質水準之服務要求下，接待是第一位與客人接觸之關鍵人物，因此我們將本餐廳的標準表現出來，讓前來之客人最先感觸，那就是好的服務開始。

3.接待的方式除接待之站立位置外，應注意的接待方式是用眞誠之心，所自然表現出的歡迎，而不是一種形式上的歡迎，那就是本餐廳之標準禮貌身體語言，微笑並微微彎曲身體問候客人及表示歡迎之意（Good afternoon, sir. Welcome!等歡迎用語）。

4.問候客人，同時以快速眼光掃描一下前來之客人人數，並立即詢問客人有幾位，或以確認之方式詢問客人「二位嗎？」，但是不要只看見一對夫婦，或是只有一位客人時還問客人「請問有幾位？」。你可以用確認之方式來詢問他，以表明你的眼光是銳利的，同時也千萬不要以爲面前所看到的客人，是全部一起的客人，就引導客人就座，造成接待之不正確，因此接待之詢問技巧也是相當重要，對先到達的客人應先予以安排就座，其餘後到之客人，如未能有人員及時予以引導就座，就必須以禮貌歉意之口吻，向客人表示「對不起，請稍候！」（Excuse me, sir, one moment please. I'll be right back.）引導先到之客人就座後，再立即回到餐廳門口或接待室，引導次到之客人就座。

二、安排客人就座

1.領檯或接待員引導客人就座前，除應注意禮貌外，對客人座位之安排，也應特別技巧性地給予安排，如年輕夫婦或情侶，應安排在餐廳之角落較不明顯處，年紀較長之客人應安排燈光較亮或冷氣不太強及較安靜之處，千萬不要將以上所述之客人安排在一群人或年輕人較多吵雜的座位區，避免影響客人之用餐情緒與氣氛。

2.在座位旁等待服務工作之服務人員，也應面帶微笑禮貌地向前

來之客人問候。如知道前來客人之尊姓大名，更應給予禮貌之稱呼，如王先生、陳董事長、林總經理，或對較年長之女士，可稱呼夫人等之問候，使前來的貴賓有被重視的感覺。

3.當客人就座時，除領檯或接待之人員外，責任區內之服務人員，也應立即協助領檯或接待人員，拉椅子並請客人就座，有女士在場應給予女士優先就座服務。其次男士或是有年長者之優先順序，對於行動不便之來賓，更應給予最妥善之照顧與安排。

4.對隨行來之小孩也應準備小孩坐之高椅，安排在適當之位置（不要在上、下菜之處），避免發生危險之意外。

三、點菜前之服務應注意事項

1.客人就座後，服務人員立即倒茶水、遞送酒單與菜單予客人，同時詢問客人是否需要飯前酒之服務，將酒水準備妥後，然後接受客人的點菜。

2.在點菜前移動增減客人應使用之餐具，做適當之安排並利用托盤處理之。

3.推薦銷售開胃小菜或由主管主動贈予客人食用，同時攤開口布及送上小毛巾給客人，用餐時使用。

四、推薦與接受客人點菜

1.點菜工作均由領班級以上幹部負責，組長也可視情況予以協助點菜。

2.要如何給予客人點菜與推薦？必須在營業前與廚房主廚聯繫研究，當日菜色可能變化（如缺貨）或是欲促銷之菜色，唯有事

前之瞭解，才能在點菜時給客人滿意的安排。

3.菜單內容大致分為酒席類與小吃類兩種。

4.酒席類菜單因性質不同，菜色安排上亦有所不同，如喜宴、壽宴、生日宴、一般聚餐及正式宴會之菜單安排等。

5.小吃類可依餐廳之性質及服務方式分為一般點菜及特別安排之套餐（set menu）等方式予以客人介紹之。

6.菜單之介紹除提供餐廳內較特殊或較有特別口味之菜色外，其介紹之內容，必須要考慮到客人希望用餐之意願及較能接受之菜色，同時包括了合理的價錢及用餐人數等之顧慮，否則較不易掌握客人用餐之意願，而影響餐廳之銷售目標及效果。

7.對菜色之內容應瞭解其烹飪之方式，配合客人之嗜好，予以調配合適口味之佳餚，如蒸、炒、炸、燴、滷、燉、烤、煮等等之烹飪方法，帶給客人在食的方面有更美好之口味與食之享受。

8.對菜色烹調方法之安排，絕對不做相關或是重複之調配，避免影響客人之食慾，例如以不同之魚、蝦、肉或蔬菜等材料或以不相同之方式烹調。

五、三聯點菜單如何開立

1.將客人所訂之菜色，依客人所交待之烹飪要求，記在點菜單上，並按出菜之順序，詳細填入點菜單內，並依點菜單開立之規定，確實將桌面人數、菜單名稱、分量、人數及負責開單人員的名字，一併詳細填入點菜單內，經確認後打上時間，交給出納人員簽字認可，開立點菜單，點菜任務即已完成。

2.將三聯點菜單之第一聯，交給點菜人員送入廚房，做為廚房工作人員備餐之依據，第二聯為出納入帳之用，第三聯置於客人之餐桌上或服務檯旁，做為上菜服務核對確認之用。

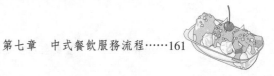

六、傳菜及上菜前後之服務工作要求

1. 傳菜人員及現場服務人員，應先瞭解客人所點的菜色，分量及先後的上菜順序與廚房密切配合，對客人用餐之時間均需確實掌握，避免上菜時機不對，太快或太慢，影響客人用餐之情緒。

2. 傳菜人員應事前準備傳菜時所需之大小托盤及配合上菜時所需使用之器皿，如保溫用之盤、蓋等及上菜時所須附帶之佐料。

3. 傳菜用之托盤務必隨時擦拭，保持乾淨及美觀。

4. 上菜前服務人員先詢問主人用餐時間之長短，配合出菜之時間予以服務（房間服務在餐桌上均已放妥貴賓用餐時間卡，以提供貴賓用餐時之時間予廚房配合）。

5. 上菜前，先服務客人所要求準備之酒水，如啤酒倒入所準備之啤酒杯，紹興酒或花雕酒倒入公杯內再由公杯分別斟入所預先準備之小酒杯，公杯應以兩人使用一個公杯為服務之標準，公杯內之酒以不超過七分滿為標準，以方便客人倒入個人所使用之小酒杯而不易溢出來，服務人員得視客人飲用之情形，隨時予以添加。喝紹興酒類的客人如需檸檬或話梅等添加物時，服務人員仍應立即給予服務添加之。

6. 上菜前之準備工作就緒後，只等待傳菜生將菜單所列之順序逐項傳送上桌，並由服務人員再給予客人服務之。

7. 當服務人員將菜準備上桌前，必須先核對傳菜生所傳到的菜是否與菜單上所列正確無誤，或無任何之疑問時，始可上桌。

8. 服務人員上菜前先將上菜之位置騰出，位置應在主人座位之右前方處，然後再由主人之右側將菜端上，但必須先讓主人過目後上桌，並將該菜之菜名清楚地唸出並簡單加以說明，讓所有客人瞭解，然後再依所上菜色之內容，在主人或主客處，予以

服務之，避免上菜位置不正確，造成客人用餐時不便。

9.所有菜餚均由主人右側上菜後，再將該菜色利用桌上之轉檯轉至主客面前，再由服務人員順時鐘由主客之位置，依次予以分菜服務之，只有湯類應在主人處派妥後，再依主客順序服務之。

10.分菜時服務人員應特別留意客人對該菜色之反應，是否有忌食者，或對該項菜色有異議時，服務人員均應給予最適當之處理，反應給主人或餐廳之主管，予以配合處理之，使每位用餐之客人，均能獲最滿意之服務。

11.每道菜於客人用畢後，即更換乾淨之碗盤，以便配合另一道新上菜色使用，收回之髒盤由傳菜生上菜後回程時順便帶回。

12.每道菜在分派完畢後，如仍有剩餘物時，則應移置於適當較小之盤內再放回轉檯，客人需要時可再取食，應替客人多做顧慮（尤其房間之VIP服務應特別注意）。

13.客人用餐時服務人員得隨時隨地注意客人的一舉一動，給予最迅速、最需要之服務，如酒水、點煙等等。

14.對客人所要之飲料如須再增加時，必須徵求主人的意見與決定方可補充，不得自作主張，避免讓客人覺得有強迫推銷之感。

15.客人用餐完畢時，應詢問餐飲是否滿意或足夠與否，做為下次服務之檢討與改進之依據。

16.更換新的茶水（溫度要熱）或是以較特別之中國的功夫茶招待客人，使客人飯後更覺得愉快滿意，更提高了服務的品質與效果。

七、客人用餐後之服務工作

1.清理客人面前使用過之餐具，及不必要留下之飲料或食物，並同時詢問主人對未喝完之飲料酒水及未吃完的食物之處理方式

予以配合，先予以辦退或打包，做事前之服務；儘量避免客人離去前再做類似之處理，耽擱客人離去之時間。

2.對客人用餐完畢前之所有點菜單之核對與確認，準備隨時配合客人結帳之要求。

3.客人欲結帳時，服務人員應向主人說明今日宴席所飲用之酒水情形，及一些特別要求服務項目，如代支及代買等服務費用之確認，以便買單時與客人做必要之核對。

4.服務人員將確認之點菜單（包括酒水之飲料單等）第三聯送櫃檯出納人員與出納的第一聯菜單互相核對是否有誤，再次確認避免不必要之錯誤發生，而影響客人對整個完美服務之品質有所不滿。

八、如何送客

客人準備離去時所有之服務人員，尤其是客人桌之服務人員或是貴賓室之服務人員，應暫時停止工作站立門口或桌邊，向離去之客人做有禮貌之答謝，同時誠心誠意向客人表示歡迎再來之熱忱。

九、整理及善後工作

1.按準備工作時的態度與方法，有條有理地將餐廳內所使用過之一切器皿及餐具做整理，並送洗滌。

2.洗滌後之乾淨器皿與餐具應放回原處或按規定再予以擺妥，準備第二次或是次日營業前之準備，並做檢查，一切就緒後服務之工作即告完成。

是非題

(○)1.飲食的根本和最終目的,是爲了滿足進食者獲得足夠量的合理營養,也即達到養生的需要。

(○)2.盤飾是進食過程中美食效果的關鍵。

(○)3.中餐廳的色彩多採用暖色,尤以紅木色、咖啡色、醬黃色和金黃色爲佳。

(×)4.接待工作之重要性乃是接待人員之表現,代表著該單位及餐廳之水準形象與榮譽,而在高品質水準之服務要求下,領班是第一位與客人接觸之關鍵人物。

(○)5.公杯應以兩人使用一個公杯爲服務之標準。

選擇題

(4)1.餐廳在裝潢時所考慮的因素,下列何者不在其列? (1)顏色 (2)燈光 (3)家具 (4)停車場。

(3)2.有關合菜菜單的定義,何者敘述錯誤? (1)售價固定 (2)一種有限制的菜單 (3)菜餚有較大的選擇性 (4)菜都在某一特定時間準備好了。

(2)3.一般菜單可分爲單點、套餐及合用菜單,這種分類是根據 (1)季節 (2)經營的需求 (3)就餐習慣 (4)宗教信仰。

(1)4.下列有關中國地方菜之敘述,何者有誤? (1)湖南菜以燻及醃爲主 (2)四川菜其單項口味偏重辣、酸、甜、香、鹹五味 (3)上海菜之選料多重海鮮 (4)北平菜選料、烹調、火侯、刀工處處講究。

(2)5.上菜與收盤的順序下列何者有誤? (1)主賓需先服務 (2)男主賓需優先女士 (3)年長者優於年輕者 (4)主人殿後。

簡答題

(一)形美要求的原則為？

答：體現美食效果，服務於食用目的，富於藝術性和美感的形態與造型。

(二)中餐廳的佈置應注意的問題有哪些？

答：1.確定餐廳的主題。

2.餐廳佈置的方法。

3.服裝。

4.中餐廳菜單。

5.娛樂。

6.市場調查。

7.餐廳狀況檢查表。

問答題

(一)縱觀中國古代飲食文化，其審美思想主要體現在十個方面，可稱之為「十美風格」，為哪十美？

答：採購廚師合璧功——質地美。

十步之外頤逐然——聞香美。

秋雲琥珀明麗色——色澤美。

批抹精巧別心裁——形式美。

綠葉紅花好襯映——餐具美。

千變萬化致中和——味覺美。

脆爽滑嫩均適宜——口感美。

湍緩起伏如流泉——節奏美。

花間樓上暢酬酢——環境美。

勸珍驚盞皆盡歡——情趣美。

(二)在選擇主題、進行餐廳佈置裝置時，應注意哪兩個問題？

答：一是根據所接待的顧客對象的不同選擇適合其需求的主題，也就是要充分考慮市場的因素，所選擇的主題要能符合目標市場的欣賞需求。二是選擇主題，進行餐廳裝潢佈置要注意創造一種意境，講究獨特的風格，同時富有情趣，要避免平淡、低俗，和過分的誇張。

(三)詳述餐廳所需進行的市場調查主要有哪些？

答：1.客源的構成：即餐廳所接待的顧客類型，可以從各種不同的角度去劃分顧客的類型，而對餐廳有用的分類的結果，應能瞭解到：消費動機、消費水平、消費傾向和顧客的潛在要求。

2.競爭分析：俗話說知己知彼，才能百戰百勝。市場調查要能充分瞭解同行競爭者。競爭對手的長處固然要學習吸取，但更主要的是要有大膽創新，領導同行的魄力。

3.新產品開發可能性的分析：只有不斷調查、研究客人的喜好與轉變，才能不斷推陳出新、保持活力，使餐廳永續經營。

第八章　西式餐飲服務流程

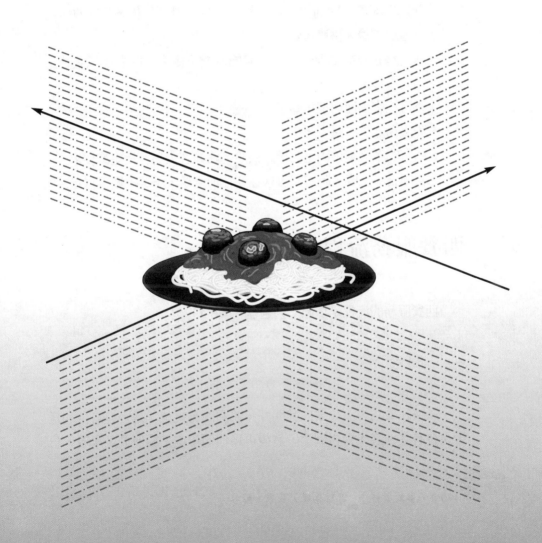

顧客進入餐廳進餐，享受美味菜餚以及愉快輕鬆的用餐環境。有技巧的服務生，不管是哪一種服務型態，必須規劃進餐的體驗，如此顧客的期望才能被滿足。

每一個餐飲服務業，都會建立餐廳的服務規則。以下的一些原則，通常是被認可的：

1. 所有的食物都由客人的左邊，以服務生的左手供應。在法式服務中，餐廳的政策可能會指示，所有的食物需由客人的右邊以右手供應。

2. 所有的飲料由客人的右邊以服務生的右手供應。一些餐飲將湯歸類爲液體，因而視之爲飲料。所以，湯可以依餐廳的政策由右邊或左邊來供應。

3. 除了麵包及奶油盤以外，所有的髒盤子由客人的右邊以服務生的右手移走。

4. 不可在客人面前擦拭盤子。

5. 先服務女士、長者及小孩。

6. 所有的菜必須依固定的順序供應，除非客人另有指定或要求。

7. 當服務一桌客人時，記得永遠要往前直走，千萬不要倒退走。

西餐服務流程

西餐服務的流程是依照下列過程（**圖8-1**）：

一、問候

領檯在看到客人後要向其問好，並詢問有幾位、是否有訂位和是否還會有其他客人會再到達，然後再爲他們帶位，給他們菜單看，告

1. 帶位。

2. 攤口布。

3. 遞送菜單及點菜。

4. 遞送酒單及點酒。

5. Show酒。

6. 開酒。

7. 品酒。

8. 上麵包。

圖8-1　西餐服務流程

9. 上沙拉及湯。

10. 上主菜。

11. 上甜點及飲料。

12. 結帳。

（續）圖8-1　西餐服務流程

知領班，幾號桌的客人已到，請其注意。

在其他餐廳，其經營方式是由領班或服務人員向客人問好及帶位，給菜單接受其點菜。

記著，衷心的微笑是最好的歡迎。微笑表示了我很高興你在這裏，而不用說一個字。即使你很疲累，也要強迫自己微笑。

侍者和服務團體對客人形成真正的第一印象。若是工作人員使客人覺得舒適，工作人員照顧周到且有效率，餐廳很清潔，食物是熱騰騰的、美味的、擺設得很好，那麼有很大的機會，客人會享受他們的食物，而且再度光臨。

若食物是很差的，即使最好的服務也不能挽救它，但是惡劣的服務卻可以破壞好的食物。有關迎接客人的步驟如下：

1.微笑。

2.表達適當的口語歡迎。

3.幫忙安置客人的外衣和包裹。

二、帶位

在許多的餐廳,任何人都可以帶客人到位子上去。在有些餐廳,
是由服務的成員(領班、服務生、服務人員)在迎接客人後帶位。不
論由誰帶位,應用相同的通則:

1.帶位時女士優先於男士,年長女士優先於年輕女士。

2.帶位之後馬上服侍客人,首先要微笑,接著要歡迎,表示出客
人是很重要的,而且你很高興他們在這裏。

3.再次微笑,衷心的微笑是無價的。

帶位的某些技巧如下:

1.拉出最佳的座位——例如面對窗戶有視野的座位。

2.提供給二個人團體中的女士或是較大團體中的最年長的女士。

3.幫助其他女士入座,假如這群體中的男士沒有幫她們。

4.在牆邊的桌子,推開桌子遠離走道或沙發座位,如此一來顧客
中的女士們可以優雅地入座。

5.將餐桌還原與牆壁對齊,帶男士入座。

6.假如椅子不夠這群人坐,拿最近的沒人坐的椅子到桌子旁,給
那些站著的客人坐。

三、雞尾酒

假如適逢進餐時間,可建議一杯雞尾酒,也可以建議其他飲料
(如在早餐或早午餐,建議現榨的柳橙汁)。當建議雞尾酒時,「要建

議一種」，不要只問「你想要飲料嗎？」這很容易被客人回答：「不要。」而你就失去了銷售的機會。你可以推銷某些特別的東西：「我可以建議我們新鮮製造的草莓汁雞尾酒嗎？這些草莓是本地生長的而且十分美味。」若是使用建議的程序，這是建議客人，他們應該喝杯草莓雞尾酒，或是任何你建議的。假如客人回答：「不，我不這麼認為。」這個客人可能是拒絕草莓汁雞尾酒，而非飲料，這提供你其他的銷售機會：「那麼，或許你想要嚐嚐看我們著名的本地出產的Glug Bear，它比大部分瓶裝或生啤酒更有味。請問你想嚐一杯看看，或是來其他的？」這問題給客人兩個選擇：這個建議的啤酒（或是其他被建議的）或者是點其他的。

假如客人討厭酒精飲料，試試看礦泉水、碳酸飲料、果汁，特別是現榨果汁。帳單會隨著冰的新鮮草莓雞尾酒而快速增長，而不會隨開水快速增加。

1.記錄所點的飲料。
2.出示菜單給每個客人，女士優先。
3.描述當日特別餐。
4.當需要時，安靜且不冒失地更改或加上額外的餐具。
5.爲每位客人倒一杯冰水。
6.傳送雞尾酒或其他點的飲料到適當的位置。

在某些餐廳中，習慣上在雞尾酒之前會先供應肉湯給客人。肉湯可以覆蓋胃部及減輕酒精之影響。由於肉湯既是食物又是飲料，所以直接放在供應盤上，由右邊或左邊服務皆可。

此時，助理服務生可以供應小圓麵包。因爲麵包及奶油盤是在整套餐具之左邊，所以小圓麵包係由左邊服務。注意供應小圓麵包時，叉子及湯匙的使用。相同的技巧亦使用於俄式服務中。

客人要點雞尾酒時，如果餐廳有特製品，應記得提出來。當客人點叫時，要重複其名稱。離開餐桌時，保持視線和全桌客人接觸，對

主人說：「我將立刻帶您所點的東西回來。」

供酒時，唸出雞尾酒的名稱，如此可以立刻澄清任何在訂單上的混淆。由客人的右方服務，將之放在整套餐具之右邊或直接放在供應盤上。如果沒有設置供應盤，則將雞尾酒直接放在客人正前方。

四、遞送菜單及接受點菜

供應過雞尾酒後，將菜單陳示給客人。菜單可由經理、領班或服務生來陳示。儘可能在客人的左方，以左手陳示菜單。如果這種方式不方便，則改用任何可以減少打擾客人之方法來陳示菜單。此時，讓客人知道在此用餐時間，有哪些特色菜正在促銷。對於菜單中不清楚的或陌生的項目，應給予客人完全的解說。當回答尖銳的問題，例如：「今天的湯如何？」時，必須誠實，不可消極地回答。如此才能在客人及服務員之間建立信任感。

觀察桌子一段合理的時間（約五至十分鐘）之後，殷勤地詢問「是否準備點菜了？」，如果客人需要較多的時間，則退開等幾分鐘再回來。

一般訂單是由右方接受，但就像所有的用餐程序一樣，以任何最不打擾客人的方式接受訂單。當雙人桌的客人要求點菜時，以眼光接觸來看誰先點菜。傳統上，男士會爲女士點菜，然後再點他自己的。然而，這是不一定的，特別是今天社會標準正在改變。當兩位客人是相同性別時，通常是長者先點菜，然後年少者再點。如果是一群有四位或更多客人時，通常各點各的。由主人左邊的客人開始，按你的方向，順時針沿著桌子接受點菜，主人是最後一個點菜的。

座位號碼通常是由餐館指定給特定的位置。在進餐過程中，點菜單的接受必須參考這些號碼而進行。無關於點菜單接受的順序，客人坐在二號桌，就在帳單上記錄二號。

客人每點一項就重複一次其名稱，以確定你記錄下正確的選擇。

確實在客人的帳單上記下其特別的要求、時間的喜好、烹調的程度。

五、解釋菜單

　　熱心地解釋特餐及菜單。客人通常會接受熱心的建議，因此儘量使所有餐點聽起來是開胃的，而且是真正美味的。

　　客人或許準備好點菜，或是他們需要一些關於菜單上項目的解釋。領班及服務員應該完全知道菜單每道菜的發音及描述，包括原料及調配方法。最重要的，每日特別餐必須經由工作人員看過及品嚐過，如此他們才能正確地形容它。

　　誠實地回答客人的問題，但不要說菜單上任何一道菜的不好。依據營運的計畫及推銷的政策來做建議，在每個可能情況下推銷特別餐，當客人並不趕時間時，可以推銷桌邊現煮的烹調。

六、點單

　　點菜單是專業的學問及藝術，能夠達到點單又快又正確，而且對待客人禮貌周到。

　　當點菜單時，要記住幾點重點：

1.女士優先，除非有位明顯的主人要為這桌點餐。不要急促，要有禮。
2.保持對話的語調，即使非常忙和吵，也不要大聲喊，也不要要求客人大聲說出他們的點單，寧可靠近每位客人。如果有需要重複確認，以談話的語調及音量詢問客人的點單。
3.一般來說，在六人或以下的客人，先請一位女客人點餐再請另一位女士和他們的小孩點餐，然後再請男士點餐。
4.如果超過六人以上，先從一位女士開始，順時鐘方向循著桌子

順序點餐，不必注意到年齡或性別的問題。

比較特殊的情形如下：

1. 客人是一位男士和一位女士，若在正式的地點，先詢問男士，女士應已將所點的餐告訴男士。在比較輕鬆或偶然的環境，先詢問女士的點餐。
2. 在兩位同性別的客人時，各人點自己的主菜，除非一位點了二位所需的餐。問餐時不需太敏捷，如果其中一位不是主人，那麼先向年紀較長的一位問餐。
3. 在團體中，先向主人問餐，他會替所有人點餐，或是站在每個人的右邊點餐，開始從一個人逆時鐘方向點餐，最後才點主人。
4. 不要忘記在服務的過程中，應以女士優先，其次才是圓桌中較長老的人。
5. 當不確定誰是主人時，可由最年長的女士來點菜。
6. 接受客人點菜時須站在點菜顧客的右方，聲音適量，相反的，若從餐桌較遠的一方大聲地詢問客人的點菜，此舉是非常違反職業道德的。
7. 親切款待客人意指對客人提供服務，不要妄想要求客人讓你服務過程容易些，你應該在餐桌附近走動以便於為客人提供服務，切記應是去配合客人而不是客人來配合你。

(一)填寫菜單

填寫客人所點的菜單時必須要清楚、明顯有系統，且讓其他人（包括前場及後場人員）也都能明瞭。負責接受點菜的人必須清楚知道每桌所訂的餐點，廚房人員必須知道客人所需的調理方式，牛排是要全熟或半熟，要求的是哪一部分的肉。假如接受點菜的侍者未書寫

清楚，那麼客人就必須再次接受詢問：「要何種牛排？」、「牛排須如何調理？」及面對服務生頻繁的詢問：「這是誰的牛排呀？」

避免這類情形的發生，下列幾點從業人員應特別注意：

1.書寫點菜單時須清楚、易讀。

2.當你在接受點菜時，收集全部有關的資訊，避免再次詢問客人。

3.當客人有訂位時，就不必再詢問客人了，最好是有一套顧客的訂位系統，在系統之下詳細顯示顧客所需。

4.有一套點菜系統，清楚記錄餐廳各桌的訂菜情形，如此一來，每位侍者都能服務於任何餐桌。

5.在服務過程中應以女士優先。

6.若註明開胃菜的順序，會讓服務的侍者上菜更容易些。

7.記錄顧客所點的菜可使用縮寫或符號密碼，但必須讓其他工作人員也都明瞭。

  Chicken——ch

  French Fries——ff

  Filet Mignon——fm

  Butt Steak——stk, butt

  Strip Steak——stk, strip

  Chopped Steak——stk, chop

  Rare Cooked——r

  Medium Cooked——m

  Well Cooked——w

  Tossed Salad——toss

  Thousand Island Dressing——1000

  French Dressing——Fr

  Bacon, Letture & Tomato Sandwich——BLT

Hamburger——Hb

Casserole——Cass

Tetrazzini——Tet

Coffee——Cof

在點菜之際，將座位號碼記下來，再來是餐飲方面的記錄，也要注意到客人有無特別之需求，如要特別的醬汁，要某程度的烹調技術，如三分熟、五分熟……，將這些標示於餐點之後，以免弄錯。

(二)點開胃菜

通常在派對時，都會點上一、兩樣開胃菜，可能是湯、沙拉，而其順序不一定，而不論選擇先後，都要能夠按照客人的意思上菜。一般所使用的方法：

1.註上一個星號「★」：指點了二個開胃菜的話，第一個上的開胃菜。

2.註上二個星號「★★」：指第二個上的開胃菜。

注意到，在加註星號時，大多寫在菜單上的餐點項目旁，讓他人更清楚易懂所點的餐點，及其額外的附註，如此一來，便可使得所點餐點更加正確，也能避免服務順序的混亂。

(三)填寫菜單的技巧

依客人的位置及點開胃菜之系統方法：

1.在填寫菜單時，需等客人先就定位後，如此可讓侍者好寫菜單，例如：日期、桌號、服務人員之代號、姓名、位置……。

2.使用桌位號碼系統。

3.別弄亂其椅子號碼，因其通常作為送菜之依據，如：若有二位客人，則男士坐一號椅、女士坐二號椅，則點菜時，是先二號

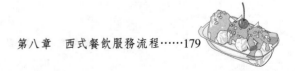

椅，服務也是一樣，總而言之，皆以女士優先。

4. 填寫菜單之時，客人所點的餐，以及桌號、椅號等等相互配合，則更能減少錯誤發生。

5. 在有較多女士的圓桌時，因圓桌較易受限制，所以在服務客人之時，更要小心，如：記住椅號……，並且是以女士優先服務。

6. 不論是男士或女士點菜，皆須注意一下開胃菜之先後，就如上面所說，詢問客人是否有特別需求，例如：蛋、肉的烹調方式之不同；若不詢問的話，則廚師們可能直接以他們慣有的方式烹調，但客人可能不喜歡。

7. 在填寫菜單時，以簡略之文字、符號標示，而且又能讓服務、內場人員都瞭解、清楚。

8. 要十分清楚菜單內容，其所附註事項也一同寫下，以便服務，假設有一情況：客人點的是鮭魚，然而若有三位客人都點了鮭魚，但有不同的烹調方式（燒烤、去皮用沸水煮過、小串烤）的方式，則這些都需一一記下，以防止錯誤。

9. 在大桌人數時，點菜更須小心，全部點好後，最好再重複唸一次，以防止點錯菜之情形發生。

在尚未完全點好菜時，不可離開桌旁，並且有疑問時，再一次詢問客人一次，避免錯誤，且能儘量縮短客人等候服務的時間。

若在晚餐、午餐點菜時，不妨推銷雞尾酒（酒類），使其餐飲有其完整性，並且可以技巧性介紹一些酒給客人。

在完全確定點餐之後，訂單的人可將點的東西輸入電腦中，然後電腦會通知廚房要準備的項目，此種方法可以控制食物的使用量和盤存及賣的東西。

七、遞送酒單及接受點酒

接受食物訂單之後，即可由葡萄酒服務員、外場經理、服務生領班、領班或服務生陳示酒單給主人。陳示酒單必須在點菜之後，是因為酒的選擇係依食物的選擇而定。

切記，酒單陳示愈特別，則愈能有效地銷售。如果客人只點了一種酒，可建議一種特別的酒或含多種酒的用法，例如半瓶白酒及半瓶紅酒代替一整瓶的白酒或紅酒。如此可為客人創造一個新的品酒經驗，卻不必增加其花費，一定可以提高這一餐的價值。可建議客人在開始用餐時飲用些清淡的酒，主菜時可能點些醇厚的，當然，甜點時最好能點香檳酒。

八、就餐服務

(一)開胃菜

在供應開胃菜之前，所有需用到的器具必須先擺放在正確的位置上。乾淨的扁平餐具必須放在乾淨的餐盤及餐巾上，由助理服務生帶至餐桌上。開胃菜餐叉是放在正餐叉之旁邊。如果以酒搭配開胃菜，它必須在食物之前供應，這一點通常由接受點酒之服務員來完成。

酒倒好之後，在客人左邊以左手供應開胃菜，供應時以女士優先。附帶之調味料由助理服務生在客人左方供應。檢查麵包及小圓麵包，如果需要，可在此時再補足。

使用品質出類拔萃的材料製作開胃菜是件很重要的事，因為這道菜將為整餐飯樹立起風格，讓客人對食物有良好的第一印象。

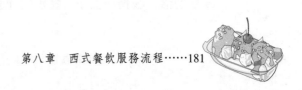

(二)湯

由助理服務生將適當的湯匙擺放在正餐餐刀的旁邊。完成後，即開始供應湯。湯，雖然是液體，但習慣上被認為是食物的一種，所以由客人的左方供應。通常髒盤子及扁平餐具由客人右方移走。

當食慾滿足了，服務員必須以才能及風格來陳示菜餚，如此不但能保持客人對餐食的高度興趣，亦能使服務員有相同感受。

(三)沙拉

在前面已經解釋過，蔬菜應在主菜之後供應。因為蔬菜可以減輕及緩和主菜對胃之影響，在主菜之後吃些蔬菜可幫助客人準備吃甜點。主菜前供應的三種菜累積起來有相當的量，所以延後沙拉的供應，可以讓客人更能享受主菜。但依照慣例，大部分的美式餐廳仍在主菜前供應沙拉。

與供應開胃菜及湯一樣，所有需要的餐具應該在供應沙拉之前即擺放好。沙拉叉是放在正餐叉的左邊。如果沙拉需要使用刀子，則將其放在正餐刀的右邊。沙拉由客人之左方以左手服務。此時應供應胡椒研磨器或放置在桌上之左側。

沙拉吃完後，即開始為主菜準備桌子。所有在吃沙拉時用過的盤子、扁平餐具及玻璃器皿都要移走。一般來說底盤是在此時端走。許多餐廳，尤其是那些使用昂貴的底盤的餐廳，在上開胃菜之前即端走了底盤。

(四)主菜

主菜是一餐中的頂點，通常會花費較多的時間來享用。為了最適宜的享受，桌邊應充滿從容的氣氛。

味覺已滿足，渴已解了。此時，重新燃起客人吃其他菜之興趣的工作便落在服務身上了。特別的陳設，像是鐘形菜、紙包菜、火焰菜

及桌邊烹調都對這一點有幫助。無論如何，一個簡單但設計良好，在色澤、質地及外形上皆惹人喜愛的盤子，由侍者以相當的才能及風格陳示，通常都能將客人的注意力引回到進餐的焦點上。

如果有酒來搭配主菜，則應在此時斟出。首先，讓主人品嚐以評定酒的品質。然後，先倒酒給女士，接著倒給男士，最後才倒給主人。

主菜使用之扁平餐具，需在客人登場前即先擺設好，現在不應該需要再擺設。如果主菜需要任何特別的器具，例如龍蝦叉，需在主菜端至用餐室前即擺放好。如果需手推車來準備、完成或裝盛主菜，必須確定在車上準備好所有需要用到的服務器具。

將主菜陳示於桌旁，如此客人才可看到盛菜盤的配置。食物裝盤時，動作要迅速而優雅。主菜先排盤好，然後再放其他的配菜，例如蔬菜及洋芋。食物應以易於讓客人吃及切割的方式擺放在盤子上。主菜這個項目不可擺置得使客人因切割主菜，傷及配菜。一般來說，主菜是放在盤子中央稍低的位置。如果配菜是放在個別的盤子裏，則它們在主菜之後才端上桌子。

在客人開始進食之後，此時餐館的政策可能會指示服務生以口頭的方式徵詢客人是否滿意。侍者較合宜的態度及注意力可以充分地發現任何問題。當主菜進行時，記得如果有需要時，要添加小圓麵包及再倒酒。當客人吃完主菜後，以與先前幾道菜相同的方式清理桌子。

在乾酪及水果手推車向客人陳示前，助理服務生應將刀子及叉子擺放在適當的位置上。以清爽、有組織的方法來配置手推車。檢查你的準備工作，切乾酪及切水果的刀子，一碗用來清洗水果的清水，服務用叉子及湯匙、盤子及清潔的餐巾。

(五)水果及乾酪

讓每一位客人選擇水果及乾酪。小心地切割客人要的乾酪並裝盤。葡萄之類的水果需要清洗。使用一隻叉子取出一小串，在乾淨的

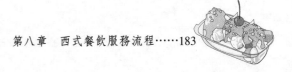

水中泡一下，然後放在鋪有清潔的亞麻布餐巾、適當尺寸的盤子上，由客人的左方供應。

　　客人吃完水果及乾酪後，在甜點供應時不需用到的一切東西都需自桌上清走，如鹽及胡椒、麵包及奶油盤與刀、麵包籃、奶油碟、先前菜餚附帶之酒杯，及任何其他髒的扁平餐具及盤子。

　　供應甜點之前，應該先從客人的兩側清掉桌上的麵包屑。當清除時，可使用特製的刮麵包屑器及刷子。另一種變通的處理方法是使用摺疊好之亞麻布餐巾，將麵包屑拂拭進一個六吋大小的盤子裏。但是，如果不需要，就不用清除麵包屑。在其他進餐時間中，如果有需要亦可以相同方法清除菜屑。當桌布在進餐過程中變得污穢，而更換桌布不易時，可以暫時使用半塊桌布或餐巾來彌補這個問題。

(六)餐間清潔餐桌的服務

　　在用餐的過程中，有許多用過的餐具必須撤下，所以就會有侍者推餐車前來收拾。清潔服務技巧如下：

1.當客人快用完餐時，侍者應站在用餐的第一個客人右手邊準備收拾。

2.在收拾餐具時，應緊握餐具，用無名指、中指、拇指緊緊扣住餐盤而不要推到盤中的食物。

3.收拾餐具，目光應在餐盤的下端，直到收到餐車內。

4.交付盤子用右手。

5.叉子放在盤子內，用左手的拇指放好。

6.放置刀子應在叉子之下，如果這餐沒有使用的話，則應撤離而擺設要使用的器具。

7.應順時針方向移動。

8.放置第二個盤子在你的右方。

9.從另一個盤子中搬移刀叉，首先，放置在原來的餐具中，位置

都需要放好。

10. 儘可能使用走道的空間去收取更多的食物，及放置在較遠的盤中。

11. 收集的食物從第一盤到第二盤，為了快速清理，如果食物是容易腐壞的，直接收集到下一個盤子，如果不是則趕快收取。

12. 如果所有的餐具都已經整理完了，則應放在你的左手臂疊成一堆，然後送走。

13. 緊握住這些器具，將這些餐具送到清潔餐車上。

14. 相同尺寸大小的盤子應該疊在一起。保持剩菜在最上面的盤子上，如果盤子大小不同的話，則應把小的盤子放在大盤子的上面，或是擺在中心點。

15. 器具應仔細地放置在盤子的邊緣。

(七)清理餐具的細節

1. 清理所有的餐具時，站客人的左手邊，在移去主菜盤子之後，不要在客人面前取回刀、叉或玻璃用具及瓷器。

2. 清理所有的瓷器時，如果餐檯很大的話，則應收拾主菜盤及餐具，然後再收拾盤子、麵包、鹽及其他次重要的餐具。

(八)收拾餐檯

1. 清理盤子及器具。

2. 收拾玻璃器具，在客人的右手邊，使用右手依順時針方向收拾，處理高腳杯時應抓住其柄，而無柄形式的杯子，則應小心拿好。

3. 將所有的玻璃器具放置在托盤上比較好，許多玻璃器放在一起更顯得出其專業，如果要清潔大桌子，也可使用橢圓形的盤

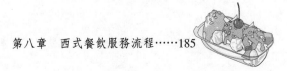

子。

4.如果瓷器及玻璃器具混合使用，那麼，則應將玻璃及盤子放置在一起，且圍在盤子周圍。

九、甜點

以出色的甜點作為一餐的結束，和以美味的開胃菜作為一餐的開始是一樣的重要。酷愛甜食的美國人，使得甜點成為極受歡迎的一道菜。由於大部分的甜點都能提供利潤，使得這項餐食的銷售相當符合管理部門的要求。

為了增加銷售甜點的機會，任何形式的糖、沙拉、調味汁、烤小羊肉用的薄荷滷、甜的發酵麵包或變甜的蔓越桔、小紅莓等等必須剔除在正餐菜單之外。一個簡單而有效的甜點銷售法，就是把甜點排除在菜單之外。甜點的陳示，或甚至於對甜點的想像愈奇特，就愈能有效地推銷。如果甜點同樣印在菜單上，會提醒客人剛吃過的食物之熱量及花費。所以，一份簡單的甜點卡或分開的甜點菜單，可以激發客人的興趣而準備選買。一個甜點推車，可以在視覺上刺激及誘惑客人點它，這種方法甚至更有效。

在餐廳內的一個區域作為火焰甜點之用，以慈惠客人圍觀，同時也給予服務生清理桌子的機會。當客人點的甜點準備製作時，就通知他們，如此客人便可以欣賞這場表演。

在甜點陳示及供應前，桌面必須先擺設好。將必須用到的扁平餐具放置於適當的位置。如果原來桌子上餐具擺設已包括了甜點用的扁平餐具，則將它們移放至恰當的位置上。自客人的左方將叉子放好；自客人的右方放置湯匙。如果有葡萄酒或香檳酒搭配甜點，則於此時供應。

展示甜點推車前，先檢查看看所有的食物是否都是促進食慾且整潔地準備好。確定推車上儲放所有必需的服務設備，包括了服務用

匙、服務用叉、餐巾、甜點盤及切割用的乾淨刀子。放一罐溫水在推車上，可以提供一些助益。在分割蛋糕或派之前，將刀子浸在溫水中一會兒可以防止糖衣黏在刀子上。

陳示甜點推車並讓客人做一個選擇，將點叫的甜點裝盤後由客人的左方供應。

十、飯後飲料

熱的飲料，譬如茶或咖啡，及飯後飲料，例如精選的康尼雅克（cognac，在康尼雅克產之白蘭地酒）、甘露酒或飯後酒，通常在滿意的一餐之後，讓客人享用。各種精選的咖啡及茶，可以儲存及控制於食品室或廚房的冷食區中。提供各式各樣的咖啡，有強火烘焙的一種義大利式濃咖啡espresso，有輕微烘焙的，甚至去咖啡因的沖泡咖啡，可以在滿足客人需要之外，也製造用餐快感。亦可精選盒裝或罐裝的香草或一般的茶，提供給客人。含烈酒的熱飲料，像布魯洛特咖啡或愛爾蘭茶，可以代替味道強烈的甜點。這種形式的選擇可以提高平均帳單及增加這一餐的圓滿。供應餐後飲料前，將所有必須的扁平餐具、杯子及附加物送至桌上。

十一、煙草

由於現代的通風設備及空氣潔淨系統良好、生活形式的改變及吸煙的女性增加，現在男士及女士都可在用餐室中吸煙。但是，愈來愈多有健康意識的人，抗議在餐飲設施內公開吸煙，促使許多業者在用餐室中設立特別的吸煙區。有些地方政府甚至通過法令，強制設立分離的吸煙區。在有爭議的地區，推薦使用空氣潔淨器，將對不吸煙者的刺激減低至最低程度。

當提供香煙或雪茄時，煙灰缸及火柴應放在每一套餐具的右邊，或者只放一個煙灰缸，但要便於兩個客人共同使用。當客人要求香煙時，依下列步驟進行：

1.陳示香煙及火柴在小盤子上。
2.當客人拿起香煙時，伸手拿起火柴。
3.點燃香煙。
4.供應雪茄給客人，通常是使用手推車，車上備有雪茄、杉木片、雪茄夾子、煙灰缸及火柴。進行雪茄服務的方法：
　(1)陳示雪茄。
　(2)讓客人做選擇。
　(3)解開雪茄包裝。
　(4)遞雪茄給客人。
　(5)點燃杉木片。
　(6)使用杉木片點燃雪茄。

更換弄髒的煙灰缸時，必須防止煙灰弄污桌布。以下是其方法：

1.以清潔的煙灰缸覆蓋在髒的煙灰缸上。
2.將清潔的與髒煙灰缸一併移開。
3.放開髒煙灰缸，將清潔的煙灰缸放回桌上。

十二、結帳

當一頓飯差不多吃完時，不可以因為最後一道菜已經供應，就不理睬客人。許多餐廳指示服務人員只在客人要求的時候去陳示帳單。雖然如此，如果顯而易見客人在等待他們的帳單時，應趨前並詢問是否需要更進一步的服務。顧客結帳流程見**圖8-2**。

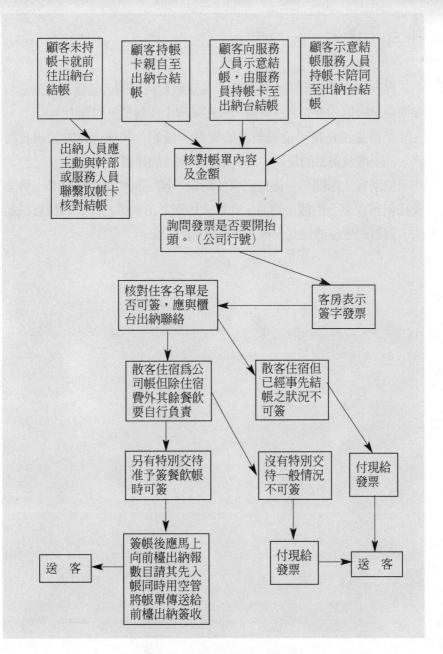

圖8-2　顧客結帳流程圖

十三、送客

　　點明向客人收到的金額總數，並致歉暫時離開。收據及零錢必須如同陳示帳單一樣的方法交還，放在帳簿中或盤子上的餐巾中。

　　準備提供任何可能被要求的資料，例如：其他可用的設備及服務、洗手間及電話的位置，及對市內娛樂區的建議。

　　協助客人離開，一如他們來的時候一樣。幫忙拿小件行李、外套及任何留在桌上的個人物品。向客人告別必須與最初問好一樣眞誠動人。眞誠的態度能建立一種友善及持久的印象。

是非題

(○)1.湯爲菜餚的一種，所以應由客人的左邊以左手供應。

(○)2.服務順序爲：女士，長者，小孩。

(○)3.儘可能在客人的左方，以左手陳示菜單。如果這種方式不方便，則改用任何儘可能減少打擾客人之方法來陳示菜單。

(×)4.在填寫菜單時，若以簡略之文字、符號標示，會讓其他的服務、內場人員都無法理解。

(○)5.有關分叉匙的使用方法，分叉應置於分匙下方。

選擇題

(2)1.有關建議式推銷，下列何者敘述有錯？ (1)儘量用選擇句 (2)儘量用一般疑問句 (3)多用描述的語言 (4)掌握好時機並根據客人的習性來推銷。

(3)2.開香檳酒時，最好把瓶子傾斜幾度？ (1)75度 (2)65度 (3)45度 (4)25度。

(2)3.西餐最早起源於 (1)法國 (2)義大利 (3)希臘 (4)美國。

(4)4.義大利菜承自 (1)印加文化 (2)雅典文化 (3)希臘文化 (4)羅馬文化。

(1)5.早餐蛋中over hard 表示 (1)兩面煎熟 (2)蛋捲 (3)水波蛋 (4)兩面嫩煎。

簡答題

(一)為客人點菜順序為何？

答：1.宴會團體先從主人開始，然後依順時針方向逐次點菜。

2.如為夫婦或情侶，以男士為先點菜。

3.如無法分辨主人，則可視誰先準備點菜，然後該客開始依順時針方向逐次點菜，或由年長者開始點菜。

問答題

(一)帶位有哪些應注意的技巧？

答：1.拉出最佳的座位，例如面對窗戶有視野的座位。

2.提供給二個人團體中的女士或是較大團體中的最年長的女士。

3.幫助其他女士入座，假如這群體中的男士沒有幫他們。

4.在牆邊的桌子，推開桌子遠離走道或沙發座位，如此一來顧客中的女士們可以優雅地入座。

5.將餐桌還原與牆壁對齊，帶男士入座。

6.假如椅子不夠這群人坐，拿最近的沒人坐的椅子到桌子旁，給那些站著的客人坐。

(二)填寫菜單時有哪幾點是需要特別注意的？

答：1.書寫菜單時須清楚、易讀。

2.收集全部有關的資訊，避免再次詢問客人。

3.當有客人訂位時，就不必再詢問客人了，最好是有一套顧客的訂位系統，在系統之下詳細顯示顧客所需。

4.有一套點菜系統，清楚記錄全部餐廳各桌的訂菜情形，如此一來，每位侍者都能服務於任何餐桌。

5.在服務過程中應以女士優先。

6.若註明開胃菜的順序,會讓服務的侍者上菜更容易些。

7.記錄下顧客所選擇的菜在記錄單,是處理的常規,通常將會有一些概略的改變,使用縮寫或符號密碼,讓其他工作人員也都明瞭。

(三)每日營業前的簡報內容有哪些?

答:簡報主要內容如下:

1.服裝儀容檢查。

2.昨日營業情形(營業額、食物、酒類平均消費額……等)。

3.客人之讚譽、抱怨及應如何保持及處理方法。

4.今日所推出特別菜餚及應如何做促銷。

5.今日訂餐情形(人數、桌位、姓名、習性)。

6.其他特別注意、加強事項……等。

7.公司規定新政策、新事項之事宜。

第九章　飲料服務

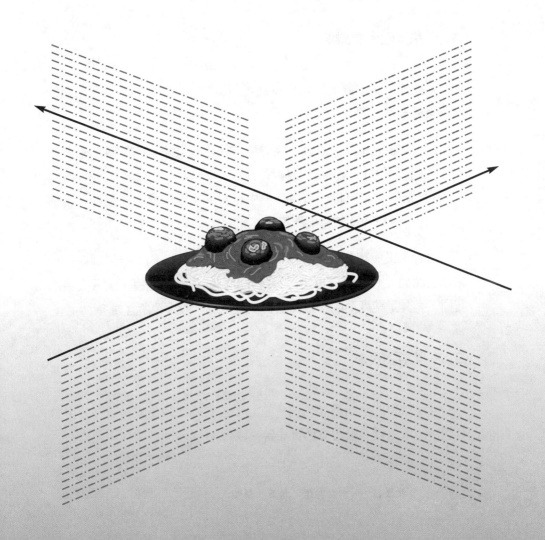

第一節　飲料的分類

一、碳酸飲料

碳酸飲料的主要特色是將二氧化碳氣體與不同的香料、水分、糖漿及色素結合在一起,所形成的氣泡式飲料。

二、果蔬汁飲料

果蔬汁飲料主要是以水果及蔬菜類植物等為製造的原料。果蔬汁飲料又可分為二類:

1.以濃縮果汁為主原料,經過稀釋後再包裝銷售的飲料,主要產品有柳橙汁、葡萄汁及檸檬汁等。
2.以新鮮水果直接榨取原汁為主原料,主要產品有芒果汁、番茄汁、蘆筍汁及綜合果汁等。

由於水果與蔬菜含有豐富的維他命及礦物質,因此自然健康的形象早已深植人心,而這也使得果蔬汁飲料能很輕易地獲得消費大眾的認同,尤其是純度高的果蔬汁飲料,更是為一般大眾所喜愛。

三、乳品飲料

乳品飲料的營養價值極高,它除了含有維他命及礦物質外,更含有豐富的蛋白質、脂肪及鈣質等營養成分。

四、機能性飲料

機能性飲料除了滿足消費者「解渴」與「好喝」的需求外,更以能為消費者補充營養、消除疲勞、恢復精神體力或幫助消化等為號召,來提高飲料的附加價值。目前市場中的機能性飲料可依它們所強調的特色分為:

(一)有益消化型飲料

有益消化型飲料在產品中的主要添加物有二種,一是以添加人工合成纖維素,增加消費者對纖維素的攝取,來達到幫助消化的目的。另一種則是添加可使大腸內幫助消化的bufidus菌活性化的Oligo寡糖,來達到促進消化的目的。

(二)營養補充型飲料

現代人由於生活忙碌,因此造成飲食不正常而導致營養攝取的不

各式酒精飲料。

均衡。爲了滿足消費者對特定營養素的需求，業者開始在飲料中添加不同的元素，最常見的有維他命C、β胡蘿蔔素、鐵、鈣、鎂等礦物質。

(三)提神、恢復體力型飲料

這類型飲料主要是強調在飲用後能在短時間內達到提神醒腦、恢復體力的效果。常見的添加物有人參、靈芝等。

(四)運動飲料

運動飲料除了強調能在活動過後達到解渴的效果外，並以能迅速補充因流汗所流失的水分及平衡體內的電解質爲訴求，使它在運動休閒日受重視的今天，已成爲一般大衆在活動筋骨之後，首先會想到的解渴飲料。

五、茶類飲料

目前市場中的茶類飲料又有中西式之分：

1. 中式的茶類飲料：主要以烏龍茶、綠茶及麥茶爲代表。
2. 西式的茶類飲料：主要是以檸檬茶、花茶、果茶、紅茶及奶茶等爲代表。

六、咖啡飲料

目前市場中的咖啡飲料可分爲：

1. 口味較甜的傳統式調合咖啡。
2. 風味較濃醇的單品咖啡飲料，例如藍山、曼特寧等。

七、包裝飲用水

台灣由於工業發達，造成環境污染進而影響到飲用水的品質，消費者為了健康且希望能喝得安心，因此對於無污染的礦泉水、冰川水及蒸餾水等產生了消費的需求，使得包裝飲用水的市場成長快速，也被業者視為是一個極具潛力的市場。

第二節　葡萄酒

一、葡萄酒的起源

葡萄酒在近二、三十年來才於世界各地被廣泛注意和研究。從七○年代開始，聰明的酒商便開始在全世界找尋適合的土壤、相同的氣候，種植法國、德國的優質葡萄品種，採用相同的釀造技術，使整個世界葡萄酒事業興旺起來。尤以美國、義大利採用現代科技、市場開發技巧，開創了今天多彩多姿的葡萄酒世界潮流，也讓我們深深體會葡萄酒的藝術。

葡萄適應環境的能力很強，要釀造葡萄酒也很容易，早在史前時代就已經有葡萄酒存在了，但是有關葡萄的種植和釀造的技術卻非常多元、繁複。十九世紀巴斯德就開創了現代釀酒學，雖然百年來各種釀造法推陳出新，但許多傳統的釀造技術仍然被完整地保留下來，有些方法至今依舊是製造佳釀的不二法門。縱觀全球，很難再找到其他產品像葡萄酒的生產這般複雜多變且古今雜陳。

決定葡萄酒特性和品質的三大因素分別是自然條件、人為種植與

釀造技術，和葡萄的品種，三者缺一不可。

二、釀酒葡萄的種植條件與地理分佈

(一)葡萄酒的主要種植區

　　歐洲擁有全球三分之二的葡萄園，以氣候溫和的環地中海區為最主要產地。在法國東南部、伊比利半島、義大利半島和巴爾幹半島上，葡萄園幾乎隨處可見。同屬地中海沿岸的中東和北非也種植不少葡萄，但由於氣候和宗教的因素，並不如北岸普遍，以生產葡萄乾和新鮮葡萄為主。法國除了沿地中海地區外，南部各省氣候溫和，種植普遍，北部地區由於氣候較冷，僅有少數條件特殊的產地。氣候寒冷的德國，產地完全集中在南部的萊茵河流域。中歐多山地，種植區多限於向陽斜坡，產量不大。東歐各國中，前南斯拉夫、保加利亞、羅馬尼亞和匈牙利是主要生產國。

法國波爾多一級酒莊葡萄酒。

前蘇聯的葡萄酒產區主要集中在黑海沿岸。北美的葡萄園幾乎全集中在美國的加州，產量約占90%，西北部、紐約州及墨西哥北部的Sonora也有種植。亞洲葡萄酒的生產以中國大陸最為重要，葡萄最大種植區在新疆吐魯番，但以生產葡萄乾和新鮮葡萄為主，釀酒葡萄則集中在北部山東、河北兩省。日本、土耳其（葡萄乾生產大國）和黎巴嫩都有少量的生產。

南半球葡萄的種植是歐洲移民抵達之後才開始的，在南美洲以智利和阿根廷境內、安地列斯山脈兩側為主要產區。此外巴西南部也有大規模的種植。除了地中海沿岸的北非產區外，非洲大陸的葡萄種植主要集中在南非的開普敦省。在大洋洲部分以澳洲新南威爾斯南部和南澳大利亞西南部為主。另外紐西蘭北島和南島北端也大量種植。

(二)葡萄樹生長的天然條件

葡萄樹適應環境的能力很強，生長容易，但是要種出品質佳且有獨特風味的釀酒葡萄卻需要多種自然條件的配合。葡萄像一具同時具有觀測氣候和地質分析功能的機器，收集種植環境的氣候和土質的特性，然後用釀成的葡萄酒記錄下來。

(三)適合葡萄樹生長的氣候

全球大部分的葡萄園都集中於南北緯三十八度至五十三度之間的溫帶區。影響葡萄成長的氣候因素有很多，但以陽光、溫度和水最為重要，它們對各種不同葡萄品種的影響也不相同。

■陽光

葡萄需要充足的陽光，透過陽光、二氧化碳和水三者的光合作用所產生的碳水化合物提供了葡萄成長所需要的養分，同時也是葡萄中糖分的來源。

■溫度

適宜的溫度是葡萄成長的重要因素，從發芽開始，須有10℃以上

的氣溫，葡萄樹的葉苞才能發芽，發芽之後，低於0℃以下的春霜即可凍死初生的嫩芽。枝葉的成長也須有充足的溫度，以22℃至25℃之間最佳，嚴寒和炎熱的高溫都會讓葡萄成長的速度變慢。

■水

水對葡萄的影響相當多元，它是光合作用的主要因素，同時也是葡萄根自土中吸取礦物質的媒介。

■土質

葡萄園的土質對葡萄酒的產地特色及品質有非常重要的影響。一般葡萄樹並不需要太多的養分，所以貧瘠的土地特別適合葡萄的種植。

以下介紹幾種在葡萄園中常見的土質：

1. 花崗岩土：此種土質多呈砂粒或細石狀，排水性佳，屬酸性土，非常適合種植麗絲玲和希哈等品種，法國隆河谷地北部的著名產地羅第丘的薄酒來特級產區等都以此類土質為主。

2. 沉積岩土：各類不同的沉積岩上皆含有大量的石灰質，其中屬侏羅紀的泥灰岩、石灰黏土和石灰土以勃根地的金丘縣和夏布利兩個產區最具代表性，特別適合夏多內和黑度諾品種的生長。而屬白聖紀的白聖土則以出產氣泡酒的香檳區最具代表。

3. 礫石及卵石地：屬沖積地形，養分少、排水性高，易吸收日光，提高溫度非常適合葡萄生長。礫石土質以波爾多的梅多（Medoc）產區最為著名；卵石土質則上河谷地的教皇新城最具代表性。

三、葡萄酒的釀造

製造葡萄酒似乎非常容易，不需人類的操作，只要過熟的葡萄掉落在地上，內含於葡萄的酵母就能將葡萄變成葡萄酒。但是經過數千

年經驗的累積，現今葡萄酒的種類不僅繁多且釀造過程複雜，有各種不同的繁瑣細節。

(一)發酵前的準備

■篩選

採收後的葡萄有時挾帶未熟或腐爛的葡萄，特別是不好的年份，比較認真的酒廠會在釀造時做篩選。

■破皮

由於葡萄皮含有丹寧、紅色素及香味物質等重要成分，所以在發酵之前，特別是紅葡萄酒，必須破皮擠出葡萄果肉，讓葡萄汁和葡萄皮接觸，以便讓這些物質溶解到酒中。破皮的程度必須適中，以避免釋出葡萄梗和葡萄籽中的油脂和劣質丹寧，影響葡萄酒的品質。

■去梗

葡萄梗中的丹寧收斂性較強，不完全成熟時常帶刺鼻草味，必須全部或部分去除。

■榨汁

所有的白葡萄酒都在發酵前即進行榨汁（紅酒的榨汁則在發酵後），有時不需要經過破皮去梗的過程而直接壓榨。榨汁的過程必須特別注意壓力不能太大，以避免苦味和葡萄梗味。傳統採用垂直式的壓榨機，氣囊式壓榨機壓力和緩，效果佳。

■去泥沙

壓榨後的白葡萄汁通常還混雜有葡萄碎屑、泥沙等異物，容易引發白酒的變質，發酵前需用沉澱的方式去除，由於葡萄汁中的酵母隨時會開始酒精發酵，所以沉澱的過程需在低溫下進行。紅酒因浸皮與發酵同時進行，並不需要這個程序。

■發酵前低溫浸皮

這個程序是新近發明還未被普遍採用。其功能在增進白葡萄酒的水果香並使味道較濃郁，已有紅酒開始採用這種方法釀造。此法需在

發酵前低溫進行。

(二)酒精發酵

葡萄的酒精發酵是釀造過程中最重要的轉變，其原理可簡化成以下的形式：

葡萄中的糖分＋酵母菌＋酒精（乙醇）＋二氧化碳＋熱量

(三)發酵後的培養與成熟

■乳酸發酵

完成酒精發酵的葡萄酒經過一個冬天的儲存，到了隔年的春天溫度升高時（特別是20℃至25℃）會開始乳酸發酵，其原理如下：

蘋果酸＋乳酸菌＋乳酸＋二氧化碳

由於乳酸的酸味比蘋果酸低很多，同時穩定性高，所以乳酸發酵可使葡萄酒酸度降低且更穩定不易變質。並非所有葡萄酒都會進行乳酸發酵，特別是適合年輕時飲用的白酒，常特意保留高酸度的蘋果酸。

■橡木桶中的培養與成熟

(四)澄清

■換桶

每隔幾個月儲存於桶中的葡萄酒必須抽換到另一個乾淨的桶中，以去除沉澱於桶底的沉積物，這個程序同時還可讓酒稍微接觸空氣，以避免難聞的還原氣味。這個方法是最不會影響葡萄酒的澄清法。

■黏合過濾法

基本原理是利用陰陽電子產生的結合作用產生過濾沉澱的效果。通常在酒中添加含陽電子的物質，如蛋白、明膠等，與葡萄酒中含陰

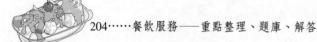

儲酒區。

電子的懸浮雜質黏合，然後沉澱達到澄清的效果。此種方法會輕微地減少紅酒中的丹寧。

■過濾

經過過濾的葡萄酒會變得穩定清澈，但過濾的過程多少會減少葡萄酒的濃度和特殊風味。

■酒石酸的穩定

酒中的酒石酸遇冷（-1℃）會形成結晶狀的酒石酸化鹽，雖無關酒的品質，但有些酒廠為了美觀因素還是會在裝瓶前用-4℃的低溫處理去除。

四、世界主要典型葡萄品種

(一)慕司卡（Muscat）

慕司卡白酒的香與味頗具特色，容易辨認，其獨特之香味來自葡萄本身之果糖，如其糖分在發酵時全部轉換爲酒精，其香味也隨之消失，是故大部分慕司卡白酒都故意釀成甜酒以保留其芳香氣味。

由於慕司卡白酒酒精含量不高，芳香甜潤，故適合純飲或作爲餐前酒，宜選用淺酒齡之慕司卡以享用其清新香味。

全世界的產區都有種植慕司卡，值得一提的是法國隆河區（Rhone）之Muscat de Beaumes-de-Venise法定產區是允許添加葡萄烈酒以提高其酒精濃度，而又能保留其蜂蜜香甜、水梨果香，但同樣適合選用淺酒齡者飲用。

(二)麗絲玲（Riesling）

麗絲玲是十大典型葡萄品種之一，原產自德國，也是德國酒之代名詞，在世界各較寒冷產區都有種植，但各產區甚至酒廠所釀製的風格都不一樣。我們一般所熟識之麗絲玲白酒都是泛指帶甜味在餐前或餐後所喝之白酒，但因爲其與甜味常連在一起，所以未能受所有飲家之偏愛。

(三)蘇維翁・白朗（Sauvignon Blanc）

產自法國Loire，是Sancere和Pouilly-Fume產區的唯一法定白葡萄品種。Fume的意思就是煙燻（smoky）味，毫無疑問的，一瓶上好的蘇維翁・白朗白酒會帶來煙燻的香味，這種香味令人聯想到剛烤熟的吐司和咖啡豆香，不過離開了Loire，煙燻味也離開了。蘇維翁・白朗

另給人一種非常鮮明的是青草和果仁香味，然而並不是每個人都喜歡其香草味，所以形成兩極化，喜歡的人很喜歡，不喜歡的人可能以後會放棄它。

(四)夏多內（Chardonnay）

如果卡本內·蘇維翁是葡萄酒之皇，那夏多內一定是葡萄酒之后。全世界的葡萄酒產區很少沒有釀造夏多內白酒的（管制生產國家例外），因其對各類土壤、天氣適應力都很強而又容易釀造。有數個原因令夏多內這樣受全世界各業者和消費者歡迎：首先是在行銷上，只要有Chardonnay的字在標籤上，就是銷售的保證。不同氣候的產區和不同酒齡的夏多內，都有不同風格，加上橡木桶的醞藏搭配，讓Chardonnay如魚得水般倍添風味，它可以在濃淡不同類型中表現其優點。

(五)甘美（Gamay）

甘美品種釀造的酒，丹寧含量低，果味尤以草莓的果香特別濃郁，口感非常柔順，顏色紫紅並在酒杯中呈現紫蘿蘭的豔麗顏色。

法國薄酒來（Beaujolais）產區全部種植甘美品種，是法國最暢銷的紅酒之一。由於法國人很留意每年在薄酒來區甘美品種的品質，故每年秋收後便以獨特的釀製方法，生產薄酒來新酒（Beaujolais Nouveau），於每年十一月的第三個星期四，推出這種Nouveau新酒，讓大家先品嚐當年的薄酒來，現已成為流行風氣，全世界都以先飲為快。

(六)碧諾瓦（Pinot Noir）

碧諾瓦是法國勃根地紅酒所採用的唯一紅葡萄品種，尤以金山麓區特級葡萄園所釀造之紅酒，遠自中世紀開始便名聞各地。一瓶出色的碧諾瓦，會讓其他產區或葡萄品種酒黯然失色，是所有酒農的希望

和挑戰。

碧諾瓦可說是勃根地區的代名詞，在世界各地都略有種植，但以加州那帕山谷最為成功。紐西蘭的氣候也非常適合種植，但這些新興國家有如美國奧勒岡州一樣，在種植了差不多二十年之後，才開始發現出現難題，是故一瓶高品質之碧諾瓦紅酒，價錢雖然昂貴，仍然是非常值得的。

(七)梅洛（Merlot）

梅洛以前常活在卡本內‧蘇維翁之陰影下，其主要功能用作調配卡本內‧蘇維翁，以柔和卡本內‧蘇維翁之高丹寧，其酒勁也增強卡本內‧蘇維翁之整體結構美。但自從Chateau Petrus（採用差不多全部梅洛釀造）名聞四海後，梅洛開始備受注目，加州酒廠從七〇年代開始也生產單一品種之梅洛葡萄酒，而且相信這酒最少可在瓶中存活超過五十年。

梅洛葡萄果粒比卡本內‧蘇維翁粗大而皮薄，故其品種酒丹寧量不高，但酒精感豐富而甜潤，顏色轉變速度快速，是法國博多St-Emilion和Pomerol主要品種之一。

(八)卡本內‧蘇維翁（Cabernet Sauvignon）

卡本內‧蘇維翁可能是目前世界上最有名、評價最高的葡萄品種酒，其原產地為法國波爾多區之菩勒（Pauillac）。因其對各種天氣和土壤都能適應良好，故各地產區都普遍種植和釀造卡本內‧蘇維翁葡萄酒（英、德、盧森堡和葡萄牙例外），其中以法國波爾多區的卡本內‧蘇維翁葡萄酒更是各地酒廠爭相摹倣之對象。

卡本內‧蘇維翁最理想的生長條件為排水良好的土壤（以碎石土層為最佳），溫度適中，海洋的影響也頗重要，涼爽的夜晚和充足的陽光讓葡萄均衡生長和完全成熟。

(九)希哈

法國隆河谷地產區北部是其原產地，也是最佳產地（傳說自伊朗傳入）。希哈適合溫和的氣候，於火成岩斜坡表現最佳。酒色深紅近黑，酒香濃郁，豐富多變，年輕時以紫羅蘭花香和黑色漿果為主，隨著陳年慢慢發展成胡椒、焦油及皮革等成熟香。口感結構緊密豐厚，丹寧含量驚人，抗氧化性強，非常適合久存陳年，飲用時須經長期橡木桶中培養。

(十)蘇維翁（Sauvignon）

原產自法國波爾多區，適合溫和的氣候，土質以石灰土最佳，主要用來製造適合年輕時飲用的干白酒，或混和瑟美戎以製造貴腐白酒。

蘇維翁所產葡萄酒酸味強，辛辣口味重，酒香濃郁、風味獨具，非常容易辨認。

(十一)瑟美戎（Semillon）

原產自法國波爾多區，但以智利種植面積最廣，法國居次，主要種植於波爾多區。雖非流行品種，但在世界各地都有生產。適合溫和型氣候，產量大，所產葡萄粒小，糖分高，容易氧化。

(十二)卡本內—弗朗（Cabernet Franc）

原產自法國波爾多區，比卡本內·蘇維翁還早熟，適合較冷的氣候，丹寧和酸度含量較低。年輕時經常有覆盆子或紫羅蘭的香味，有時也帶有鉛筆心的味道。

(十三)金芬黛

十九世紀由義大利傳入加州,目前為當地種植面積最大的品種,主要用來生產一般餐酒和半甜型白酒,甚至氣泡酒。具有豐富的花果香,陳年後常有各類的香料味。乾溪谷、亞歷山大谷為最佳產區。

(十四)白梢楠

原產自法國羅亞爾河谷的安茹,適合溫和的海洋性氣候及石灰和矽石土質,所產葡萄酒常有蜂蜜香,口味濃,酸度強。其干白酒和氣泡酒品質不錯,大多適合於年輕時飲用,較優者也可陳年。另外白梢楠也適合釀製貴腐甜白酒。在法國安茹和都蘭是主要產區。南非開普敦和加州也相當普遍,但常用來製造較無特性的一般餐酒。

(十五)米勒—圖高(Muller Thurgau)

全球最著名且種植最廣的人工配種葡萄,一八八二年由米勒博士在瑞士圖高用麗絲玲和希爾瓦那配成。不僅成熟快、產量高,且耐多種病蟲害。可惜其酸度、品質及耐久存都遠不及麗絲玲。

五、欣賞葡萄酒

酒的顏色和葡萄的品種、釀造法、年份有關,而且還會隨著酒的年齡改變。僅是透過葡萄酒的顏色,我們就已經可以掌握許多葡萄酒的特性。品酒的時候,無需急著試酒味,也不用急著聞酒香,得先把酒的「面貌」仔細地看個清楚。

除了顏色之外,透過視覺,我們還可以觀察出許多葡萄酒的特質。

(一)澄清

年輕的葡萄酒都很澄清,但這不見得和品質有關,陳年的紅酒就經常會在瓶中留下酒渣。這些沉積物是酒中的丹寧和紅色素聚合沉澱所造成,不會影響酒的品質。

(二)氣泡

氣泡酒的氣泡和酒的品質有關,高品質的氣泡酒氣泡通常比較細小。香檳等在瓶中二次發酵的高級氣泡酒,氣泡通常比在酒槽中二次發酵的氣泡酒還要細緻。此外,氣泡的產生還必須講究是否夠快,夠持久。

(三)濃稠度

搖晃酒杯之後,杯中的酒會在杯壁上留下一條條的酒痕,品酒者把它叫作「酒的眼淚」。這種現象常被用來評估酒的濃稠性,酒愈濃稠酒痕留得愈久。

(四)顏色

觀察葡萄酒可以從顏色的濃度和色調的差別兩方面著眼。依據顏色來分,葡萄酒可以分成紅、白、玫瑰紅三大類。

■白葡萄酒

白酒的顏色可以從無色、黃綠色、金黃色一直變化到琥珀色,甚至棕色。干白酒的顏色通常比較淺,年輕時常帶綠色反光,呈淡黃色,而且隨著酒齡逐漸加深。

■紅葡萄酒

紅酒之間顏色的差別更大,從黑紫色到各種紅色都有,甚至有些紅酒顏色還會褪成琥珀色。一般而言,當紅酒年輕峙,顏色愈深濃,酒的味道愈濃郁,丹寧的含量通常也愈高。因為紅酒的顏色和丹寧主

要來自發酵時浸皮的過程，所以通常葡萄皮的顏色愈深，浸皮的時間愈長，酒的顏色也就愈深。

■玫瑰紅酒

顏色介於紅酒和白酒的玫瑰紅酒在口味上與白酒比較接近。粉紅、鮭魚紅、橘紅、淡芍藥紅等都是常見的顏色。其中用紅葡萄直接榨汁的玫瑰紅酒顏色比較淡，味道和白酒很接近。

第三節　葡萄酒服務方式

葡萄酒由於有許多不同的種類和風味，所以能夠配合各種不同狀況的需要，搭配日常餐點，增加食物的美味，款待貴賓，慶祝節目或紀念日上增添宴會的氣氛，甚至刺激食慾，除此之外，葡萄酒也是宗教儀式中不可缺少的重要角色。

一、驗酒

當客人要葡萄酒時，服務生或酒吧侍者，將葡萄酒拿著給客人過目，標籤要向著客人，主人便有機會看一看服務生所拿的酒，是不是他所點的酒。給客人驗酒（過目）是飲酒服務中一個非常重要的禮節，絕不能忽視及馬虎，這種驗酒的動作是一種對客人的尊敬，不管客人對酒是否認識，應確實做到，如此會增加用餐的高尚氣氛。

二、酒杯

餐廳裏需要三種型態的酒杯，以因應佐餐酒、泡沫酒和飯後酒之用。

對佐餐酒用的酒杯而言，大小比形狀更為重要，一般來說，容量約為九盎司或稍大，因此在注入六盎司的酒之後，還留有一些空間供酒香凝聚其上。太小的酒杯不適用於佐餐酒，容量太小的杯子對用餐者來說是很掃興的，因為它無法提供顧客綜合視覺、嗅覺和味覺的滿足感，因而無法增進用餐的情趣。

三、酒杯佈置

在餐桌上擺酒杯最簡單的原則如下：所有的酒杯都放在開水杯的右方。如果有兩個以上的酒杯，則依使用的順序自右至左排列。這樣的排列方式可方便侍者將酒倒進最近的酒杯，也便於當顧客用完配酒的菜時將酒杯收走。

實際的擺放情形如下（自右至左）：

1.泡沫酒杯、佐餐酒杯、飯後酒杯、開水杯。
2.泡沫酒杯、白葡萄酒杯、紅葡萄酒杯、開水杯。
3.白葡萄酒杯、紅葡萄酒杯、飯後酒杯、開水杯。

四、品酒的方法

將酒杯端起，對準燈光，查看顏色是否正常。紅酒應該清澈亮麗如寶石，呈紅色或暗紅色，白酒應該呈琥珀白，玫瑰紅應該呈現淡玫瑰紅。然後輕搖杯中酒，一面聞其味道是否正常，一面觀察其體質（body）。喝入口中，在口中輕啜，不得一口嚥下，應用舌尖分辨甜度（圖9-1）。

圖9-1　品酒的方式

五、接受點酒

　　葡萄酒服務員之職位，在現在的餐廳中真的是很少見。但它仍是烹調藝術中不可輕忽的一部分。無論在哪裏，人們變得更加注意到葡萄酒及其對食物及娛樂的烘托效果。巧妙的供酒服務不僅帶來再度光臨的生意，還可以啓發客人的知識及增加慶祝的氣氛。

　　不論由葡萄酒服務員或服務生來實行，酒單以優雅及謙恭的方式被接受。當趨近餐桌時，酒單應放置在右手上，不是在手臂之下。除非之前已確認某人是這一餐的主人，否則應將酒單陳示給整桌客人。

　　握持白酒酒杯，每一個杯子被握在前一個杯子之下。鬆開杯子時則以相反的順序。

　　步驟 1.在食指及中指間握第一個杯子的底部。

　　步驟 2.將第二個杯子滑入第一個杯子之下，以小指及無名指握
　　　　　住。

　　步驟 3.將第三個杯子滑入前一個杯子之下，以中指及無名指握
　　　　　住。

　　步驟 4.第四個杯子握在大拇指及食指之間。

　　步驟 5.第五個杯子握在食指及中指之間。

步驟 6.第六個杯子握在第一個杯子之前，小指及無名指之間。

六、供應葡萄酒

在供應前要確定葡萄酒是在適當的溫度下：

1.白酒：45°F至55°F（7.2℃至12.8℃）；理想溫度是48°F（8.9
　℃）。
2.紅酒：60°F至75°F（15.6℃至23.9℃）；理想溫度是68°F（20
　℃）。
3.香檳酒：38°F至42°F（3.3℃至5.5℃）；理想溫度是40°F（4.4
　℃）。

這些溫度的建議可以進一步細加區分：就紅酒而言，愈新的紅
酒，供應溫度應愈低；愈陳的酒，供應溫度應愈高。白酒及醇厚的甜
酒應該要比精緻而淡的酒更冰一點來供應。有時薄酒來紅酒要低溫供
應。當然，沒有葡萄酒是應該加熱後供應的。

七、供應紅酒

供應紅酒時請依照這些步驟：

1.自主人的右方向主人陳示瓶子以求認可。如果被認可了，則繼
　續進行下一步；如果不被認可，則作適當的修正。
2.在餐桌上或餐桌旁的手推車上開酒。
3.如果需要，則將酒傾斜。
4.倒出足夠的葡萄酒（1 oz）在主人的杯中以供鑑賞。當傾倒時，
　將標籤朝外，以使客人易於看到標籤。快倒完時，旋轉瓶子以
　使標籤朝向主人。旋轉的動作亦可以防止葡萄酒從瓶子的邊緣

滴下。

5.將葡萄酒放在桌子中央使之氧化。

6.沿著桌子，順時鐘方向供應葡萄酒給客人。傳統上，先供應給女士，然後才是男士。如果流行較不拘禮的態度或風格，則依其座位的順序順時鐘方向即可。倒入杯中約三分之一滿或二至三盎司。在倒酒時應握住瓶子，如此每一位客人都可以看到標籤。最後才供應給主人。

7.把酒平均分給所有的客人。時時補充杯中的酒，只要瓶中還有酒，就不該有杯子空著。

8.將酒瓶留置在餐桌上，直到客人離開或供應新的酒。

9.不要完全倒空一個瓶子，以免倒出沉澱物。

10.建議再開第二瓶。

八、白酒及玫瑰紅酒

　　白酒及玫瑰紅酒在供應前應被冷藏過。如前所述，供應這些酒的溫度區間是自45°F至55°F（7.2℃至12.8℃）。過冷將會減少葡萄酒的芳香。

(一)開葡萄酒前

　　將葡萄酒的冰桶填入四分之三滿的冰塊及水。在冷卻器（cooler）中，十五分鐘時間將能充分地冷卻白酒或玫瑰紅酒。供應白酒或玫瑰紅酒時，依照這些步驟：

1.將葡萄酒冰桶放置在主人的右方。

2.自主人的右方陳示葡萄酒以請求認可。

3.將葡萄酒放回冰桶中。

4.打開葡萄酒。

開葡萄酒前，先將葡萄酒放入冷卻器中冷卻。

5.倒出足夠的葡萄酒於主人的杯中讓其品嚐。

6.除了白酒及玫瑰紅酒是保存在冷卻器中以代替放置在桌上外，其餘的分配及供應方式皆與紅酒相同。

　　供應冷卻過的葡萄酒時，在每一次倒酒時要把冰過的瓶子外的水擦掉。握冰過的瓶子時，手和瓶子間要隔著一條餐巾，這樣可以避免你的手使冰過的葡萄酒溫度升高。

(二)打開葡萄酒

　　下列打開葡萄酒的方法，需要使用到服務生的開酒器。欲打開葡萄酒需：

1.在瓶子的端緣之下切開箔片。

2.取走箔片。

3.擦拭瓶口。

4.用手指稍微把軟木塞向下推，以弄破軟木塞與瓶子之間的封蠟。

5.以小角度插入開酒器，並以一個有力的旋轉將之弄正。

6.旋轉開酒器直到螺旋物之刻痕只剩二個被留在軟木塞之外。

7.將開酒器的槓桿放置在瓶子的端緣上。

8.以左手握住開酒器的適當位置，垂直地拉起開酒器弄鬆軟木塞。

9.解開槓桿，旋轉開酒器。

10.慢慢地拉出軟木塞。

11.聞聞軟木塞是否有任何醋味（如果有粗劣的味道則立刻拿另一瓶來）。

12.將軟木塞自開酒器上取下，並放置在主人的杯子之右方。

13.擦拭酒瓶的端緣及開口。

九、香檳酒的服務方法

氣泡的香檳酒，無論在任何場合都是葡萄酒的王牌。香檳酒無論在哪一餐（早、午或晚餐）都可以飲用，香檳酒必須加以冷卻，酒所含有的二氧化碳發生作用，使其呈現一種前導的氣味及冒氣泡。

(一)開香檳酒前

把冷卻過的香檳酒端進餐廳，並放進小冰桶後，置於客人右邊的小圓桌上面或冰桶，其處理方法與白葡萄酒完全相同，其次，把未開過的香檳酒，給客人過目，然後再度放進小冰桶裏冷卻，把冷卻過的香檳酒杯擺在桌上，使客人們期待飲酒之樂趣。

(二)開香檳酒時

因為瓶內有氣壓，故軟木塞的外面有鐵絲帽，預防軟木塞被彈出去，這個保護軟木塞的鐵絲及錫箔紙必須剝除，先把瓶頸外面的小鐵絲圈扭彎，一直到鐵絲帽裂開為止，然後把鐵絲及錫箔剝掉，當你在剝除鐵絲帽時，以四十五度的角度拿著酒瓶，並用大拇指壓著軟木塞。

用餐巾包著酒瓶，並保持四十五度的傾斜角度，用左手緊握軟木塞，將酒瓶扭轉，使瓶內的氣壓，很優雅地將軟木塞拔出來，繼續數秒，保持四十五度的角度拿酒瓶，防止酒從酒瓶中衝出來，開酒時扭轉瓶子而非軟木塞的原因，是防止扭斷軟木塞，扭斷了軟木塞，就很難拔掉，開酒時，如手不控制，而讓軟木塞彈出去，會令客人討厭又容易發生危險，要注意瓶塞的彈出，並且絕對不可把酒瓶口向著客人。

(三)開香檳酒的步驟

1.把瓶口的鐵絲及錫箔剝掉。
2.以四十五度的角度拿著酒瓶，拇指壓緊軟木塞並將酒瓶扭轉一下，使軟木塞鬆開。
3.一俟瓶內的氣壓彈出軟木塞後，繼續壓緊軟木塞並繼續以四十五度的角度拿酒瓶。
4.倒酒要分二次，先倒三分之一，俟氣泡消失後，再倒滿三分之二。

(四)倒酒

　　先把餐巾拿掉，這條餐巾是當你在開酒瓶的時候，預防酒濺到你的身上，並使你手握容易，然後倒給主人少許請其嚐嚐，經主人認可後，開始倒酒，動作分為兩次，先倒大約酒杯容量的三分之一，俟氣泡消失後，再倒滿三分之二至四分之三，其餘的服侍工作與白葡萄酒一樣。

第四節　啤酒

一、啤酒的歷史

　　在所有與啤酒有關的記錄中，就數倫敦大英博物館內那塊被稱爲「藍色紀念碑」的板碑最古老。這塊板碑乃是紀元前三〇〇〇年前後，住在美索不達米亞地方的幼發拉底人留下來的文字板，從板中的內容，我們可以推斷啤酒已經走進他們的日常生活之中，並且極受歡迎。另外，在紀元前一七〇〇年左右制定的漢摩拉比（Hammurabi）法典中，也可找到和啤酒有關的條項，由此可知，在當時的巴比倫，啤酒已經占有很重要的地位了。往後，也就是紀元六〇〇年前後，新巴比倫王國已有啤酒釀造業的同業組織，並且開始在酒中添加啤酒花。

二、啤酒的製法

　　先將大麥麥芽磨成粉末，然後與副材料玉蜀黍、澱粉等一起進行醣化作用。之後，將醣化完成的碎麥芽過濾成麥汁，再添些啤酒花進去煮沸，如此不但可以減少啤酒的混濁現象，更能讓它產生一種獨特的苦味及芳香。接著，先讓它冷卻，然後將除去渣滓的清澄麥汁移到發酵大槽內，添加啤酒酵母後，放在低溫下發酵十日左右，如此一來就可以製出酒精約在4.5%上下的新鮮啤酒。將新鮮啤酒送到儲酒室的大槽內，用0℃的低溫讓它緩慢地醞釀，則其味道及香味不但會加深，而且二氧化碳也會溶於液體之中。充分醞釀後的啤酒必須在低溫

下再過濾一次，然後裝瓶，放在60℃下加熱殺菌並出貨。不過，山多利出產的生啤酒卻不經過加熱手續，而是用顯微濾過器（micro filter）去除酵母，在這種技術下，消費者就可以喝到具有生啤酒風味的瓶裝啤酒了。

三、啤酒的種類

啤酒可依產地、原料酵母的種類、發酵法、麥汁濃度、色澤上的差別等分成許多種類。

■生啤酒（draught beer）

啤酒發酵後，經過濾並加碳酸氣。但未經過加溫殺菌程序者為生啤酒。生啤酒味道鮮美、可口，但至多只能保存一個星期。

■熟啤酒、儲藏啤酒（lager beer）

1.底部發酵：

(1)Pilsener：此酒是源起於捷克皮爾森的淡色啤酒，台灣啤酒即屬此類型，儲存時間為二至三個月。

(2)Dortmund：也是淡色啤酒，啤酒花用量比Pilsener少，儲存時間略長，約三至四個月。

(3)Munich：為深棕色帶麥芽香的啤酒，略帶苦味，苦味較弱，儲酒時間三至五個月。

(4)Vienna：琥珀色，酒精濃度略高的啤酒，無麥芽味或甜味，啤酒花的苦味也較淡。

(5)Bock：深褐色，酒性較烈的啤酒。

(6)Dry：乾啤酒，低卡路里，高酒精含量，濃烈的啤酒。

2.上面發酵：

麥酒（ale）：為傳統英國式啤酒，與Tiger啤酒的差別在於採用上面酵母發酵，儲酒期較短，一般顏色較深，麥芽香味較濃。

■黑啤酒、烈酒（stout）

一種顏色最深的麥酒（ale）型啤酒，帶甜味、焦味和強烈麥芽香味，啤酒花用量較高，泡沫持久性良好。

四、啤酒飲用方法

■溫度

1.夏天6℃至8℃。

2.冬天10℃至12℃。

啤酒愈鮮愈香醇，不宜久藏，冰過飲用最為爽口，不冰則苦澀。

溫度過低無法產生氣泡，嚐不出其特有的滋味，飲用前四至五小時冷藏最為現想。

■汽泡的作用

1.汽泡在防止酒中的二氧化碳失散，能使啤酒保持新鮮美味，一旦泡沫消失，香氣減少，則苦味必加重，有礙口感。

2.斟酒時應先慢倒，接著猛衝，最後輕輕抬起瓶口，其泡沫自然高湧，一口氣或大口一飲而盡，則是炎夏暢飲啤酒的一大享受。

第五節　白蘭地和威士忌

一、白蘭地

　　白蘭地這個名稱不僅限於葡萄，凡是一切由水果發酵、蒸餾而成的酒都稱爲白蘭地。白蘭地若以原料來分類，則可分成兩大類，一是由葡萄製成的葡萄白蘭地（grape brandy），一是由其他水果製成的水果白蘭地（fruit brandy）。

■葡萄白蘭地

　　通常白蘭地即是指葡萄白蘭地而言。現在，生產白蘭地的國家除了法國之外，還有西班牙、義大利、希臘、德國、葡萄牙、美國、南非、蘇俄、保加利亞……，而法國康尼也克地方（Cognac）與阿羅曼尼也克地方生產的白蘭地尤其著名，一九〇九年法國國內對於康尼也克及阿羅曼尼也克的名稱定有嚴格的限制，除了法律所規定的種類外，其他法國生產的葡萄白蘭地都統稱爲Eau de vie 或法國白蘭地（French brandy）。

　　康尼也克：康尼也克地方出產的白蘭地其正式名稱爲Cognac。除了以法國西部康尼也克市爲中心的夏蘭德（Charente）及夏蘭德・馬利泰姆（Charente Maritimes）這兩個法定的縣市所製的白蘭地之外，其他的一概不許以康尼也克稱之。

　　阿羅曼尼也克：阿羅曼尼也克地方出產的白蘭地其正式名稱爲Eau de vie de vin d'Armagnac。和康尼也克一樣，除了法國西南部的阿羅曼尼也克、傑魯縣（Gers）全縣，以及蘭多縣（Landes）、羅耶加倫（Lotet Garonne）等法定生產地域外，一概不許冠以阿羅曼尼也克

的名稱。

■水果白蘭地

通常，人們稱呼葡萄白蘭地時僅以白蘭地稱之，所以由葡萄以外的任何水果製成的白蘭地則統稱爲水果白蘭地。

蘋果白蘭地（apple brandy）：使蘋果發酵後製出蘋果汁（cidre，英文拼爲cider），再加以蒸餾而成的一種酒。它的主要產地在法國北部及英國、美國。在法國，這種酒稱爲Eau de vie de cidre，其主要產地是諾曼地，尤其是卡巴多斯（calvados）的蘋果白蘭地——Eau de vie de cidre de Calvados，在世界上非常著名。

櫻桃酒（kirschwasser）：用櫻桃製成的白蘭地稱爲櫻桃酒。在德語中，kirsch這個字乃是櫻桃的意思，而wasser則表示水之意。在法國，它的正式名稱爲Eau de vie de cerise，而一般都以櫻桃酒（Kirsch）稱之。它的主要產地在法國的亞爾沙斯（Alsace）、德國的士瓦茲沃特（Schwarzwald）、瑞士、東歐等地。一九二一年法國政府下令保護「櫻桃酒」這個名稱。

李子白蘭地（plum brandy）：由黃色西洋李發酵、蒸餾而成的Mirabelle，以及由紫色的紫羅蘭李子製成的Quetsch都稱爲李子白蘭地。在東歐，Mirabelle又稱爲Slivovitz、Tuica、Rakia等。在日本，爲了不致和利口酒類的梅子白蘭地混淆，通常都以Mirabelle、Quetsch稱之。

二、威士忌

(一)威士忌的語源

威士忌的語源是源自蓋爾語的Uisge-beatha，Uisge-beatha這個字演變成Usgebaugh，然後簡化成Usky，再轉爲whisky，最後演變成whiskey。原來的Uisge-beatha等於拉丁語的Aqua Vitae，它的意思是生

命之水。

(二)威士忌的種類

　　威士忌通常都是依據產地來分類，一般說來共有蘇格蘭威士忌（Scotch whisky）、愛爾蘭威士忌（Irish whisky）、美國威士忌（American whisky）、加拿大威士忌（Canadian whisky）、日本威士忌等五種。這些威士忌不但產地不同，在原料、製法、風味等方面也都有所差異。關於世界五大威士忌的原料、混合法及蒸餾法，請參閱**表9-1**。其實，威士忌的定義極為困難，大抵上而言，凡是用大麥麥芽來醣化穀類使它發酵，等糖變為酒精之後再蒸餾，然後放進橡木製的桶子裏釀成的酒都稱為威士忌。

　　whisky與whiskey：現在一般人所使用的威士忌拼音有whisky與whiskey兩種。大體上而言，蘇格蘭威士忌是使用ky，而愛爾蘭威士忌則使用key，日本及其他國家用ky。美國習慣上是ky與key併用，但法律用語則為ky。

表9-1　威士忌的種類

	原　料	混合法	蒸餾法	主要的商標
蘇格蘭	大麥麥芽、玉米	麥芽威士忌＋玉米威士忌	單式蒸餾器連續式蒸餾機	丹布魯、海格等
愛爾蘭	大麥麥芽（不用泥炭）、大麥、玉米、其他	純威士忌＋玉米威士忌	單式蒸餾器（大型）連續式蒸餾機	塔拉馬留
美國（波本）	玉米、裸麥、大麥、麥芽、其他	玉米威士忌則不混合（指純波本威士忌而言）	連續式蒸餾機	晨光牌、老傑特、Ｉ・Ｗ・哈伯、恩吉安德艾治等
加拿大	玉米、裸麥、大麥麥芽、其他	基酒威士忌＋以裸麥為主的加味威士忌	連續式蒸餾機	加拿大俱樂部等
日本（老牌）	大麥、玉米	玉米威士忌＋麥芽威士忌	單式蒸餾器連續式蒸餾機	老牌、帝沙普等

表9-2　美國威士忌的種類

大　分　類	中　分　類	細　分　類
威士忌 　裸麥威士忌 　波本威士忌 　玉米威士忌 　小麥威士忌 　麥芽威士忌 　裸麥麥芽威士忌	純威士忌	純威士忌混合種（A blend of straight whisky）
	純裸麥威士忌、純波本威士忌、純玉米威士忌、純小麥威士忌、純裸麥麥芽威士忌	純裸麥威士忌混合種、純波本威士忌混合種、純玉米威士忌混合種、純小麥威士忌混合種、純麥芽威士忌混合種、純裸麥麥芽威士忌混合種
	混合威士忌	混合裸麥威士忌（以下則依上述爲準則如波本、玉米……等）
	美國混合威士忌	
	陳年威士忌	
	烈威士忌	
	淡威士忌	

■麥芽威士忌（malt whisky）

　　僅用大麥麥芽（malt）製造的威士忌稱爲麥芽威士忌。這種威士忌的製造過程是，用泥炭（peat）的燻煙來烤乾麥芽，使它具有特殊的燻煙香味，然後將peated malt醣化、發酵，放在單式蒸餾器內蒸餾。

■美國威士忌（American whisky）

　　所有美國出產的威士忌都稱爲美國威士忌。通常我們所飲用的美國威士忌共有純波本威士忌（straight bourbon whisky）、純裸麥威士忌（straight rye whisky）、美國混合威士忌（American blended whisky）三種，不過美國國內法對於威士忌酒的定義與製造法定有詳細的規定，**表9-2**即是主要的威士忌酒一覽表。

第六節　琴酒和蘭姆酒

一、琴酒

(一)琴酒的語源

　　琴酒的創始者西爾培斯教授替自己製成的藥酒取了一個具有杜松漿果之意的法國名字——喬尼威（Genievre），並在來登市內公開販賣，後來傳入英國遂改名為琴酒。

(二)琴酒的種類

　　杜松子是屬於松柏類的常綠樹，為了使琴酒散發出獨特的香味，它的果實（杜松漿果）乃是不可或缺的原料，同時琴酒（gin）的語源也是源自杜松漿果（juniper berry）這個字而來的。

　　琴酒可分為荷蘭式琴酒（杜松子酒）及英國式琴酒兩大類。辛辣琴酒最具有英國式琴酒的風味，另外，帶有甜味的老湯姆琴酒、香味馥郁的普里茅斯琴酒，以及散發水果清香的加味琴酒等，也都屬於英式琴酒之列。在德國，也有一種稱之為史坦因海卡的琴酒。

■辛辣琴酒（dry gin）

　　一般所說的琴酒乃是指辛辣琴酒而言。它是以裸麥、玉米等為材料，經過醣化、發酵過程後，放入連續式蒸餾機中蒸餾出純度高的玉米酒精，然後再加入杜松漿果等香味原料，重新放入單式蒸餾器中蒸餾。其實，我們可以說，辛辣琴酒的風格是由玉米酒精決定的，而香味則能添加它的特性。

■杜松子酒（Geneva）

荷蘭式的琴酒被冠以杜松子酒、Jenever、Dutch Geneva、Hollands、Schiedam等稱呼。它是採用大麥麥芽、玉米、裸麥等為原料，將之醣化、發酵後，放入單式蒸餾器中蒸餾，然後再將杜松漿果與其他香草類加入該蒸餾液中，重新用單式蒸餾器蒸餾而成的酒。這種方法製出來的酒除了具有濃郁的香氣外，還帶有麥芽香味。杜松子酒較適合純飲，而不適合做為雞尾酒的基酒。

■老湯姆琴酒（old Tom gin）

在辛辣琴酒內加入1％至2％的糖分則可製出老湯姆琴酒來。十八世紀時，倫敦的琴酒販賣店往往在自己的店門口放置一架雄貓形狀的販賣機，只要將硬幣投入雄貓的口中，帶有甜味的琴酒便會出現在雄貓的腳部，這種販賣方式很受大眾的歡迎。

■普里茅斯琴酒（Plymouth gin）

十八世紀後，在英格蘭西南部的普里茅斯軍港所出產的香味濃郁的辛辣琴酒，被稱為普里茅斯琴酒。

■史坦因海卡（Steinhager）

在德國製造的荷蘭琴酒系列之琴酒稱為史坦因海卡。在數世紀之前，該酒創始於德國威西法里亞州的史坦因海卡村，故而以此命名。它的製造過程是，將發酵完成的杜松漿果放入單式蒸餾器中蒸餾後，再加入玉米酒精，重新蒸餾一次。

■加味琴酒（flavored gin）

這是一種以水果，而不是以杜松漿果來增加香氣的甜味琴酒。在日本及美國，它被視為利口酒的一種，可是歐洲諸國大都將它歸屬於琴酒。

二、蘭姆酒

(一)蘭姆的語源

　　十八世紀時，壞血病猖獗於英國的水兵間，某位海軍大將用蘭姆酒給他們喝，因而治癒了這種疾病，於是這位大將贏得了「老蘭米」（Old Rummy）的稱呼，而該飲料也改稱為蘭姆（rum）。在當時的俗語，rum具有very good的意思。由於土著們是生平頭一次飲用蒸餾酒，所以大都喝得醉醺醺的，非常興奮（rumbullion），故而一般人使用rumbullion的開頭幾個字rum做為該酒的酒名，而現在蘭姆的法語拼音rhum，西班牙拼音ron，皆是由英語轉變而來的。

(二)蘭姆的種類

　　一般而言，蘭姆都是依據風味與色澤來分類，並皆可分成三類。就風味上而言，它分成了清淡蘭姆（light rum）、中性蘭姆（medium rum）及濃蘭姆（heavy rum）等三種；就色澤上而言，它分成無色蘭姆（white rum）、金色蘭姆（gold rum）及黑色蘭姆（dark rum）。

■清淡蘭姆

　　這種酒味道精美、風味清淡，很受世界人士的歡迎。拿它來和蘇打水、湯尼汽水（tonic）、可樂等清淡飲料或種種利口酒混合也不失其獨特的風味與香氣，同時它也是調配雞尾酒時不可欠缺的基酒。

■中性蘭姆

　　它是介於濃蘭姆與清淡蘭姆之間的一種酒。這種酒不但保有蘭姆原有的風味與香味，而且不像濃蘭姆一樣帶有雜味，很適合做雞尾酒的基酒。它的製造過程是，加水在糖蜜上使其發酵，然後僅取出浮在上面的清澄汁液加以蒸餾、桶存；在蒸餾法方面，舊英屬殖民地通常採用單式蒸餾器，而舊西班牙殖民地採用連續式蒸餾機。

■濃蘭姆

在所有的蘭姆中，這種酒的風味不但十足，色澤亦呈褐色。它的製造過程是，將採自甘蔗的糖蜜放置二至三日使其發酵，然後再加入前次蒸餾時所留下的殘滓或甘蔗的蔗渣使其發酵，如此就能使濃蘭姆發出獨特的香氣。

第七節　伏特加和龍舌蘭

一、伏特加

(一)伏特加的語源

拉丁語將用葡萄、大麥製成的蒸餾酒稱為Aqua Vitae，也就是生命之水的意思。這句話被翻譯成各國語言，法語是Eau de vie，愛爾蘭及蘇格蘭原先稱Uisge-beatha，之後再轉為「白蘭地」（brandy），而俄國則是從「瑞茲泹尼亞・沃特」轉變成「伏特加」（vodka），在北歐它則稱為Aqua Vitae。

(二)伏特加的製法

將麥芽放入裸麥、大麥、小麥、玉米等穀物或馬鈴薯中，使其醣化後，再放入連續式蒸餾機中蒸餾，製出酒精度在75％以上的蒸餾酒來，之後，再讓蒸餾酒緩慢地通過白樺木炭層，如此一來，製出的成品不但幾乎達到無味、無臭的境界，其顏色也會呈無色透明狀，這種酒是所有酒類中最無雜味的酒。不但如此，在製造的過程中，只要原料，蒸餾裝置的構造、運轉條件，炭層的品質及炭層的層數，甚至通

過炭層時的速度等有些微的差池，就會影響到品質的好壞。

(三)伏特加的種類

■淡味伏特加（mild vodka）

　　指一九七八年山多利所出售的伏特加（樹冰）而言。以往，世界人士所飲用的上等伏特加，其酒精度通常在40至50度之間，而「樹冰」的酒精度則比它更低些。這些酒因為具有輕淡的風味，很適合女性飲用，所以日本的伏特加市場一下子便熱絡起來。它不但適合當做雞尾酒的基酒，也可以純飲或加冰塊飲用。一九八三年，酒精度20度的「山多利淡味伏特加樹冰」開始公開出售。

■加味伏特加（flavored vodka）

　　蘇俄及波羅的海沿岸所製造的伏特加往往添加許多香料，故而稱之為加味伏特加。

二、龍舌蘭酒

(一)龍舌蘭的語源

　　位於馬德雷山脈（Sierra Madre）北側的哈里斯克州之Tequila村乃是龍舌蘭語源的發祥地。Tequila村原來的名字叫米奇拉（Miquila），後來才改名為Tequila。米奇拉乃是阿斯提卡族的一支，當西班牙人可提斯（Cortes）帶兵入侵時，他們逃到這兒建立村落，於是該村落就稱為米奇拉村。

(二)龍舌蘭的製法

　　它的原料是Agave Tequilana，為龍舌蘭的一種，成長期間約八至十年。將直徑七十公分至八十公分，重量在三十公斤至四十公斤之間

的球莖用斧頭敲開，放入大的蒸氣鍋中蒸餾（以前是放入石室中用蒸氣蒸），如此一來莖中所含的菊糖成分就會分解成發酵性的糖分。自鍋中取出的Agave Tequilana之莖，由於醋化的關係呈褐色色澤，若將它放進滾轉機內壓碎、絞榨，再澆上溫水，則能充分地絞出殘留的糖分。

(三)龍舌蘭的種類

蒸餾後的龍舌蘭依儲藏、有無醞釀及醞釀時間的長短而分成三大類。

■無色龍舌蘭（white tequila）

又稱為銀色龍舌蘭（silver tequila）、龍舌蘭布蘭克（tequila blanco），是一種無色透明的酒，具有強烈的香味，它乃是最像龍舌蘭的一種龍舌蘭。本來龍舌蘭完全不必醞釀，不過有很多的龍舌蘭製法是，原酒經過三個禮拜左右的桶存後，再通過活性炭層，使其成為無色、清淡的精製品。一般而言，後者通常都當做雞尾酒的基酒來使用。

■金色龍舌蘭（gold tequila）

又稱為雷波得龍舌蘭（Tequila Reposado）。由於蒸餾後放在桶中儲藏、醞釀，所以呈黃色，且含淡淡木材香味，須儲藏二月以上。

■龍舌蘭阿尼荷（Tequila Anejo）

依規定要桶存一年以上，它是一種口味清淡的酒。

第八節　利口酒

一、利口酒的製法

利口酒是一種將果實、花、草根、樹皮等香味放入烈酒中使其具

有甜味、色澤的酒。由於製法上的差異，它可分成蒸餾法、浸泡法、香精法（essence）三大類。

(一)蒸餾法

又可分為兩種方法，一是將原料浸泡在烈酒中，然後一起蒸餾；一是取出原料，僅用蒸餾浸泡過的汁液。不管哪一種方法，蒸餾後都須添加甜味與色澤。這種方法主要是用在香草類、柑橘類的乾皮等原料上，由於必須加熱，故又稱為加熱法。

(二)浸泡法

將原料浸泡在烈酒或加糖的烈酒後，抽出其香精的一種方法。這種方法主要是用在蒸餾後有可能變質的果實上，由於不必加熱，故又稱為冷卻法。

(三)香精法

將天然或合成的香料精油加入烈酒中，以增加其甜味與色澤的一種方法。因為利口酒是由貴族、諸侯、修道院的僧人等製造並流傳下來的，所以它的製法都不公開。現在的利口酒製法往往是從三種基本製法演變而來的，所以不同公司所製出的產品都會有些差異。

二、利口酒的語源與稱法

利口酒（liqueur）這個稱呼似乎是由拉丁語Liquefacere（溶化）或Liquor（液體）轉變而來的。法國稱它為Liqueur，德國稱它為Likor，英國及美國稱它為cordial，cordial這個字含有提起精神、使心情愉快的意思。不過，在英國國內，不加酒精的果子露（syrup）往往也稱為cordial，這點要小心些。

另外，有很多種利口酒都冠以Creme de的稱法。Creme是英語cream的法語拼音。本來，法國公司生產的高級利口酒都冠以這個稱呼，現在這個字則指糖度高、風味強烈的利口酒而言。另外，法國將酒精度在15%以上、香精分在20%以上的酒稱為利口酒，而香精分在40%以上的則冠以Creme的稱呼。Creme de的一部分是原料名稱用的。所以說，冠以Creme這個名稱並不表示該酒中含有奶油，或該酒呈奶油狀。

三、利口酒的種類

　　要將利口酒分類實在是一件很困難的事。以原酒這點而言，利口酒使用的原酒包含很廣，有白蘭地、櫻桃酒、蘭姆、威士忌、伏特加、琴酒、中性烈酒等；在香味與口味上，它使用的材料種類可說是千奇百怪，包羅萬象，如香草、果實、草根、樹皮、種子、花、堅果類、咖啡、蜂蜜、砂糖等。現在，我們暫且將它分成香草‧藥草系列、果實‧種子系列、苦藥系列、其他系列（蛋、奶油、人參）等。

(一)香草‧藥草系列的利口酒

■苦艾酒（absinthe）

　　法國將它唸成阿布桑德，英國唸成阿布琴斯，日本則唸成阿布山。它是一種利用烈酒抽出苦艾（wormwood）成分的利口酒。absinthe這個名字即是由苦艾的學名Artemisia Absinthium而來的。

　　進入二十世紀後，苦艾被視為有礙健康的一種植物，因此全世界的利口酒都改用大茴香（aniseed）為主要原料。

■白薄荷酒（white peppermint）、綠薄荷酒（green peppermint）

　　以薄荷葉為主要香料的清爽利口酒。它的法國名稱為Creme de Menthe。將薄荷葉內所含的薄荷香精放入水蒸氣中一起蒸餾，等取到薄荷油精後，再加入烈酒及甜味，這就是白薄荷酒的製造過程；在白

薄荷酒中添加綠薄荷的色澤，就成為綠薄荷酒了。由於薄荷香精能提神、幫助消化，所以很多人在大魚大肉後都喜歡用它做為餐後酒。漢密士綠薄荷酒、漢密士白薄荷酒都是屬於這類酒。

■紫羅蘭酒（violet）

利用紫羅蘭花的色澤與香氣所製成的利口酒帶有美麗的紫色色彩。它的製造過程是，將紫羅蘭的花卉浸泡在烈酒中，抽出其色澤與香氣，再加上甜味。由於它的香味與色澤，有的人也稱之為「可飲用的香水」。

■加里安諾（Galliano）

該酒以一八九〇年衣索匹亞戰爭中的英雄古塞普‧加里安諾（Guiseppe Galliano）的名字命名的。它產自義大利，二十世紀初葉才開始問世。在製造過程方面，先將大部分的藥草、香草浸泡於烈酒中，而小部分則用蒸餾的方式處理，最後將浸泡過的烈酒與蒸餾完成的蒸餾液混合，並添加大茴香、香草、藥草等香料，如此一來黃色並帶甜味的利口酒就完成了。

(二)果實‧種子系列的利口酒

■無色柑香酒（white curaçao）、藍色柑香酒（blue curaçao）、橙色柑香酒（orange curçao）

柑香酒是一種以柑橘的果皮來增添風味的利口酒。據說，在十七世紀的時候，荷蘭人從荷屬的古拉索島帶回苦橙子（bitter orange）的果皮，將它放入烈酒中蒸餾，並添加甜味，完成後則借用古拉索島的島名替它取了個curaçao的名字，於是柑香酒就正式問世了。

■茴香酒（anisette）

它是一種以大茴香來增添風味的甜利口酒。由於這種酒通常都呈無色透明狀，所以別名稱為無色苦艾酒（white absinthe）。有的茴香酒加水後會和苦艾酒一樣呈白濁狀，故而也有人稱它為Anis Anise。

■桃子白蘭地（peach brandy）

又稱為桃子利口酒（peach liqueur）。製法是將桃子浸泡在烈酒中，使其產生桃子的香氣與味道，然後再加入白蘭地等混合而成。

■櫻桃白蘭地（cherry brandy）

它是以櫻桃製成的利口酒，又稱為櫻桃利口酒（cherry liqueur）。製法是將櫻桃浸泡於烈酒中，如此一來類似杏仁味道的香味便會從種子內溶出，使酒中帶有新鮮的芳香味，將這種液體取出，經過長時間的儲藏後，再加進白蘭地與甜分，則風味絕佳的櫻桃白蘭地就誕生了。在這種酒中，漢密士櫻桃白蘭地、彼得‧西潤（Peter Heering）等都相當有名氣。

■草莓利口酒（strawberry liqueur）

草莓利口酒是一種將草莓浸泡在烈酒中，然後抽出其色澤與香味的粉紅色利口酒，這種酒又稱為草莓白蘭地（strawberry brandy）、佛雷茲利口酒（Liqueur de Fraise）、Creme be Frasise。Fraise乃是法語，它專指草莓而言。漢密士草莓酒即是草莓利口酒的一種。

■可可酒（cacao）

將可可豆浸泡在烈酒中，等抽出其風味與成分後再添加白蘭地及甜分，使它成為色香俱全的利口酒。漢密士可可酒即是屬於這種酒。

第九節　服務酒類飲料

一、為餐桌服務調製飲料

1.酒保們必須自服務生那裏收到訂單便箋及自預計帳機收到收據

才開始製作飲料。收據是確認訂單已編入客人帳單。訂單便箋的小紙片及來自預計帳機之收據皆被分類在一起，且除了酒保之外，其他人皆被禁止與之接觸。

2.所有取自酒吧的飲料，必須放在酒吧托盤（bar tray）上來搬運。

3.不要以另一個廠牌來代替。如果客人點了一種特別的牌子，本餐館沒有販賣或是無存貨時，應將之提出讓客人知道，並且詢問其是否想要另選一種。

4.要在桌邊客人面前混合飲料（mix drinks），像蘇格蘭威士忌及蘇打水（Scotch and soda）。服務生選擇裝了冰塊的正確杯子、拌棒（stirrer），把已開罐的適當調配料及所要求品牌的酒倒入計量杯（jigger glass）或二盎司的酒杯。在桌邊，服務生詢問客人是否想要把飲料混合。如果是，則服務生將酒倒入杯中，然後倒入調配料直到混合的液體裝至杯子一半。這杯飲料與剩餘的蘇打水一起放在客人的右邊。如果點的飲料與水調配，也是同樣的程序。

在酒吧客人面前調製飲料。

二、在酒吧客人面前調製飲料

在客人面前調製飲料時，依照這些步驟：

1. 親切地問候客人，始終帶著微笑並提供你的服務。
2. 自客人那裏取得訂單。
3. 把訂單記在帳上。在帳單角落上記下酒吧座位的號碼（bar stool number）並圈出來。
4. 把帳單放在客人附近，面朝上。
5. 準備飲料，不要隱蔽瓶子的標籤，並就在客人面前倒出。就算客人坐在吧台前也一樣。
6. 以雞尾酒餐巾放在杯子之下來供應飲料。
7. 拿起帳單。
8. 在帳單上記下價錢。
9. 將帳單還給客人。

第十節　咖啡和茶

一、咖啡

咖啡是熱帶的常綠灌木，可生產一種像草莓似的豆子，一年成熟三至四次。它的名字是由阿拉伯文中Gahwah或Kaffa衍生而來。衣索匹亞西南部據說是首先把咖啡當成飲料的地方。

阿拉伯人的傳說是，卡爾迪（Kaldi），一名阿比西尼亞（Abyssinian）牧羊者，看到他的羊吃了這種草莓樣的東西，且注意到

隨後山羊不尋常的輕率舉動。後來Kaldi也種了這種似草莓的豆子，並經驗到一種使自己愉快的感覺。結果，由於消息傳播各地，僧侶們將豆子浸泡在熱水中，而咖啡就這樣約在西元八五○年時被發現了。

(一)咖啡的儲存方法

儲存及保有咖啡時應注意的要點有：

1.將咖啡儲存在通風良好儲藏室中。
2.研磨好的咖啡，使用密閉或真空包裝，以確保咖啡油（coffee oil）不會消散，導致風味及強度的喪失。如果咖啡不是很快就要用到，可以保存在冰箱中。
3.循環使用庫存物，並核對袋子上之研磨日期。
4.儲存咖啡不要靠近有強烈味道的食物。

盡可能只在需要時，才將咖啡豆研磨成咖啡粉。咖啡與胡椒子一樣，在研磨後很快即喪失其芳香。同時使用剛磨好的咖啡，永遠都是最好的。

(二)咖啡的種類

因產地的不同，以及長期的育種改良，咖啡的品種繁多，有的香醇，有的濃苦，各有特色。其名稱多半以產地和品種區分，一般餐飲業常見的有下列幾種：

1.藍山：為咖啡聖品，清香甘柔滑口，產於西印度群島中牙買加的高山上。
2.牙買加：味清優雅，香甘酸醇，次於藍山，卻別具一味。
3.哥倫比亞：香醇厚實，酸甘滑口，勁道足，有一種奇特的地瓜皮風味，為咖啡中之佳品，常被用來增加其他咖啡的香味。
4.摩卡：具有獨特的香味及甘酸風味，是調配綜合咖啡的理想品

種。

5.曼特寧：濃香苦烈，醇度特強，單品飲用爲無上享受。

6.瓜地馬拉：甘香芳醇，爲中性豆，風味極似哥倫比亞咖啡。

7.巴西聖多斯：輕香略甘，焙炒時火候必須控制得宜，才能將其
　特色發揮出來。

　　爲了帶出咖啡豆之風味及品質，咖啡豆必須加以適當的烘焙。烘焙太輕微會產生一種味淡及無特色的產品；焙煎得較黑則有較強及較不苦的風味。美國的烘焙是最輕微的，義大利的埃斯普雷索（espresso）是最黑的，在二者之間有許多不同的種類，例如：維也納（Vienna）、法國（French）及紐奧爾良（New Orleans）。

　　早在一九○○年間，路德維芝・羅利阿斯・阿傑曼（Ludwiz Roelius Agerman）博士發展了一種以化學的溶劑石油精（benzine）來蒸未烘焙過咖啡豆的製程。在焙煎時，可自咖啡豆中抽出咖啡因的這種方法，他以法文稱之爲sans caffine，即「沒有咖啡因」之意。

　　去咖啡因咖啡（decaffeinated coffee），可以咖啡豆、顆粒狀或粉末的形式來發售。理想上應以剛沖泡的（fresh brewed）形式來供應。如果熱飲是在備餐室（pantry）中製備，這種方式是易於採行的。如果使用即溶包（instant packet），應該倒在一個預熱過的咖啡壺中，並在廚房中加入熱水。這個壺子與一個加熱過的杯子放在一個墊布上來供應。有些餐館在用餐室中供應這種即溶包與水，以便向客人保證是去咖啡因的產品。但是這個方法不被推薦，因爲大部分的客人喜歡以較好的方式被服務。

　　小心遵循下面步驟，將可以確保有最好的咖啡調製：

1.使用剛烘焙及研磨好的高品質咖啡豆。

2.選購適合咖啡機用的研磨顆粒。

3.確定所有的設備及壺子都是乾淨的。

4.採用受推薦的咖啡與水之比例。

(三)咖啡沖調法

咖啡專賣店或是其他餐飲店常使用的沖調法可分爲過濾式、蒸餾式、電咖啡壺及咖啡機四種,分述如下:

■過濾式沖調法

無論是用濾紙或濾袋,其方法一致的。在濾紙內放入咖啡粉後,將剛煮沸的水由過濾器的中心緩緩注入,當咖啡粉末完全被浸時,表面完全膨脹起來,隨後便開始一滴滴地過濾出汁。

濾紙的沖水過程一般分爲三個階段。第一段使用的水量最少,約只有20%,作用只在把粉末弄溼;咖啡吃水後表面全脹起來,待表面平復下去時,再進行第二次沖水,分量約30%,沖法一樣要均勻而慢;最後一階段沖水,水量約是50%。

■蒸餾式沖調法

蒸餾式沖調的器具,重點在玻璃製的蒸氣咖啡壺和其虹吸作用,透明玻璃可以很清楚地看見沖泡咖啡的全部過程。英國的拿比亞在西元一八四〇年因實驗的試管觸發靈感,創造金屬材質製作的眞空式咖啡壺,成爲今日蒸餾式咖啡壺的前身。烹煮時咖啡粉裝在上壺,下壺則裝水,將下壺壺身充分拭乾後,再以酒精燈或瓦斯加熱,等水滾開時便直接插入裝好咖啡粉的上壺。等下壺的水全部升到上壺後,將火轉小,並輕輕攪拌咖啡粉兩至三圈,力量不要太大,然後移開火源。這時上壺的咖啡開始流入下壺,即可倒入杯中飲用。此種用虹吸原理煮出的咖啡較香濃,但一次只能煮少數幾杯,較不適合消耗量大的餐廳。

■電咖啡壺沖調法

這是最簡單又方便的過濾沖調法,廣受餐飲業之喜愛。使用時,先將咖啡豆置於碾碎機內攪磨,然後加冷水於水箱,蓋上蓋子,通上電流,即會自動沖泡過濾,滴入底部的壺內。此種沖調法可以大量供應,缺點是咖啡擺放時間若太長會變質、變酸。

■咖啡機沖調法

　　八○年代在國內大為風行的義大利咖啡，最與眾不同的地方是煮咖啡的機器。利用「在密閉容器內，以高溫的水，高壓通過咖啡粉，瞬間萃取咖啡」的基本原理烹煮咖啡。著名的espresso義式小杯咖啡是典型產品，坊間現在也有兼打泡沫牛奶的機器，帶動cappuccino之流行風潮。

二、茶

　　茶樹多生長在溫暖、潮濕的亞熱帶氣候地區，或是熱帶的高緯度地區，主要分布在印度、中國、日本、印尼、斯里蘭卡、土耳其、阿根廷以及肯亞等國家，其中則以中國人飲用茶的記錄最早。

　　茶園中的茶樹通常被栽植成樹叢的形狀以利採收，但野生茶樹可長至三十呎高，傳說中國人會訓練猴子去採茶。當茶樹的初葉及芽苞形成時，就可將新葉摘取加工製作。雖說一年四季都有新葉長成，可供採收，但是專家們認為最理想的採取季節應該是四月及五月的時候。

(一)茶的種類

　　根據《現代育樂百科全書》中記載，茶葉依據發酵程度的差異可分為不發酵茶、半發酵茶和全發酵茶三種，不論製作方式、外觀、口感都各具特色（**表9-3**）。

■不發酵茶

　　不發酵茶就是我們稱的綠茶。此類茶葉的製造，以保持大自然綠茶的鮮味為原則，自然、清香、鮮醇而不帶苦澀味是它的特色。不發酵茶的製造法比較單純，品質也較易控制，基本製造過程大概有下列三個步驟：

表9-3　主要茶葉識別表

類別	發酵程度	茶名	外型	湯色	香氣	滋味	特性	沖泡溫度
不發酵	綠茶 0	龍井	劍片狀（綠色帶白毫）	黃綠色	菜香	具活性、甘味、鮮味。	主要品嚐茶的新鮮口感，維他命C含量豐富。	70℃
半發酵（或清茶）	烏龍茶（或清茶） 15%	清茶	自然彎曲（深綠色）	金黃色	花香	活潑刺激，清新爽口。	入口清香飄逸，偏重於口鼻之感受。	85℃
	20%	茉莉花茶	細（碎）條狀（黃綠色）	蜜黃色	茉莉花香	花香撲鼻，茶味不損。	以花香烘托茶味，易爲一般人接受。	80℃
	30%	凍頂茶	半球狀捲曲（綠色）	金黃至褐色	花香	口感甘醇，香氣、喉韻兼具。	由偏於口、鼻之感受，轉爲香味、喉韻並重。	95℃
	40%	鐵觀音	球狀捲曲（綠中帶褐）	褐色	果實香	甘滑厚重，略帶果酸味。	口味濃郁持重，有厚重老成的氣質。	95℃
	70%	白毫烏龍	自然彎曲（白、紅、黃三色相間）	琥珀色	熟果香	口感甘潤，具收斂性。	外形、湯色皆美，飲之溫潤優雅，有「東方美人」之稱。	85℃
全發酵	紅茶 100%	紅茶	細（碎）條狀（黑褐色）	朱紅色	麥芽糖香	加工後新生口味極多。	品味隨和，冷飲、熱飲、調味、純飲皆可。	90℃

1.殺菁：將剛採下的新鮮茶葉，也就是茶菁，放進殺菁機內高溫炒熱，以高溫破壞茶裏的酵素活動，中止茶葉發酵。

2.揉捻：殺菁後送入揉捻機加壓搓揉，目的在使茶葉成形，破壞茶葉細胞組織，使泡茶時容易出味。

3.乾燥：製作不發酵茶的最後步驟，是以迴旋方式用熱風吹拂，反覆翻轉，使水分逐漸減少，直至茶葉完全乾燥成爲茶乾。

■半發酵茶

　　半發酵茶是中國製茶的特色，是全世界製造手法最繁複也最細膩的一種茶葉，當然，所製造出來的也是最高級的茶葉。

　　半發酵茶依其原料及發酵程度不同，而有許多的變化，基本上來說，不發酵茶是茶菁採收下來後即殺菁，中止其發酵，而半發酵茶則是在殺菁之前，加入萎凋過程，使其進行發酵作用，待發酵至一定程度後再行殺菁，而後再經乾燥、焙火等過程。中國著名的烏龍茶爲半發酵茶的代表。

■全發酵茶

　　全發酵茶的代表性茶種爲紅茶，製造時將茶菁直接放在溫室槽架上進行氧化，不經過殺菁過程，直接揉捻、發酵、乾燥。

　　經過這樣的製作，茶葉中有苦澀味的兒茶素已被氧化了90%左右，所以紅茶的滋味柔潤而適口，極易配成加味茶，廣受歐美人士歡迎。

(二)泡茶的用具

　　喝茶的習慣源自於中國，中國人喝茶，由「解渴」而「品茗」，再到「茶藝」，經過一段漫長的歷史演變後，對於茶具的講究，已臻於極致。因此在談茶具的使用，便不能不談中國茶的泡茶品茗用具。一般泡茶所需的茶具除了茶壺外，包括茶杯、茶船、茶盤和茶匙等，其不同的功能如下：

　　1.茶杯：茶杯有二種，一是聞香杯，二是飲用杯。聞香杯較瘦高，是用來品聞茶湯香氣用的，等聞香完畢，再倒入飲用杯。飲用杯宜淺不宜深，讓飲茶者不需仰頭即可將茶飲盡。茶杯內部以素瓷爲宜，淺色的杯底可以讓飲用者清楚地判斷茶湯色澤。有時爲了端茶方便，杯子也附有杯托，看起來高尚，取用時也不會手直接接觸杯口。

2.茶船：茶船為一裝盛茶杯和茶壺的器皿，其主要功能是用來燙杯、燙壺，使其保持適當的溫度。此外，它也可防止沖水時將水濺到桌上，燙傷桌面。

3.茶盤：奉茶時用茶盤端出，讓客人有被重視的感覺。

4.茶匙：裝茶葉或掏空壺中茶渣的用具。

完備的茶具，不僅能讓茶葉的滋味恰如其分地發揮，也可讓飲茶者充分體驗茶藝精緻優雅的內涵。

當十七世紀飲茶之風傳到西方時，附帶的瓷器（china）也成為西洋飲茶的必備用具。然而經幾世紀的演變，現今歐美飲茶的習慣已由附有把柄的茶杯和乾淨方便的茶袋取代。此外，茶托、牛奶壺、小茶匙、糖碗、銀製茶壺和三隻腳的小茶几成為西方飲茶最常見的設備了。

(三)茶的製備

所謂「品茗」，是指「觀茶形、察湯色、聞香味、嚐滋味」四個階段，所以在泡茶的過程中，第一步是要選擇好的茶葉。所謂好的茶葉應具備乾燥情形良好、葉片完整、茶葉條索緊結、香氣清純、色澤宜人等條件。

水質的好壞也影響茶味的甘香，蒸餾水雖不能添加茶的甘香，但也不會破壞其風味，是理想的泡茶用水。自來水中含有消毒藥水的氣味，若能加以過濾或沉澱，也一樣保有茶之甘香。

至於泡茶時的水溫，並非都要用100℃之沸水，而是根據茶的種類來決定溫度。

綠茶類泡茶的水溫就不能太高，70℃左右最適宜，這類茶的咖啡因含量較高，高溫之下會因釋放速度加快而使茶湯變苦。再則高溫會破壞茶中豐富的維他命C，溫度低一點比較能保持。

烏龍茶系中的白毫烏龍，是採取細嫩芽尖所製成的，所以非常嬌

嫩，水溫以85℃較適宜。

　　此外，茶葉粗細也是決定水溫的重要因素，茶形條索緊結的茶，溫度要高些，茶葉細碎者如袋茶等，就不需以高溫沖泡。

　　在泡茶的過程中也須注意茶葉的用量和沖泡時間。茶葉用量是指在壺中放置適當分量的茶葉，沖泡時間是指將茶湯泡到適當濃度時倒出。兩者之間的關係是相對的，茶葉放多了，沖泡時間要縮短；茶葉少時，沖泡時間要延長些。但茶葉的多少有一定的範圍，茶葉放得太多，茶湯的濃度變高，常常變得色澤深沉，滋味苦澀難以入口；茶葉太少又色清味淡，品不出滋味。

　　所以，除了經驗外，一般餐飲業的泡茶過程也會藉助科學的計量或是直接使用茶袋來簡化和統一茶的製備。

是非題

(○)1.Vermouth適用於開胃酒。

(×)2.高鈣鮮乳是一種強化乳。

(○)3.熱牛奶應隔水加熱。

(×)4.干邑酒籤上的V.S.O.P標示V:Vintage、 S:Special、 O:Original、 P:
　　Pure。

(×)5.經泥煤燻製的調配威士忌是Scotch Whisky。

選擇題

(3)1.啤酒苦味的來源是 (1)咖啡因 (2)可可鹼 (3)單寧 (4)啤酒花。

(4)2.下列何者不是製造威士忌的原料？ (1)大麥 (2)黑麥 (3)玉米 (4)馬
　　鈴薯。

(2)3.鐵觀音是屬於哪一種類的茶？ (1)不發酵 (2)半發酵 (3)全發酵 (4)
　　九成發酵。

(2)4.茶澀味的主要來源是 (1)咖啡因 (2)單寧 (3)胺基酸 (4)二氧化碳。

(3)5.世界上最好的葡萄酒產地以哪三個國家為代表？ (1)法國、西班
　　牙、希臘 (2)法國、美國、日本 (3)法國、德國、義大利 (4)法國、
　　義大利、荷蘭。

簡答題

(一)目前市場中的飲料大致可分為哪七大類？

答：1.碳酸飲料；2.果蔬汁飲料；3.乳品飲料；4.機能性飲料；5.茶類
　　飲料；6.咖啡飲料；7.包裝飲用水。

(二)影響葡萄成長的氣候因素有很多，但以哪三個最為重要？

答：陽光、溫度和水。

(三)茶的種類依發酵程度可分為哪三種？

答：1.不發酵茶；2.半發酵茶；3.全發酵茶。

問答題

(一)詳述果蔬汁飲料又可分為哪兩類？

答：1.以濃縮果汁為主原料，經過稀釋後再包裝銷售的飲料，主要產
品有柳橙汁、葡萄汁及檸檬汁等。

2.以新鮮水果直接榨取原汁為主原料，主要產品有芒果汁、番茄
汁、蘆筍汁及綜合果汁等。

(二)咖啡的品種繁多，請說明其特色。

答：1.藍山：為咖啡聖品，清香甘柔滑口，產於西印度群島中牙買加
的高山上。

2.牙買加：味清優雅，香甘酸醇，次於藍山，卻別具一味。

3.哥倫比亞：香醇厚實，酸甘滑口，勁道足，有一種奇特的地瓜
皮風味，為咖啡中之佳品，常被用來增加其他咖啡的香味。

4.摩卡：具有獨特的香味及甘酸風味，是調配綜合咖啡的理想品
種。

5.曼特寧：濃香苦烈，醇度特強，單品飲用為無上享受。

6.瓜地馬拉：甘香芳醇，為中性豆，風味極似哥倫比亞咖啡。

7.巴西聖多斯：輕香略甘，焙炒時火候必須控制得宜，才能將其
特色發揮出來。

第十章　宴會服務

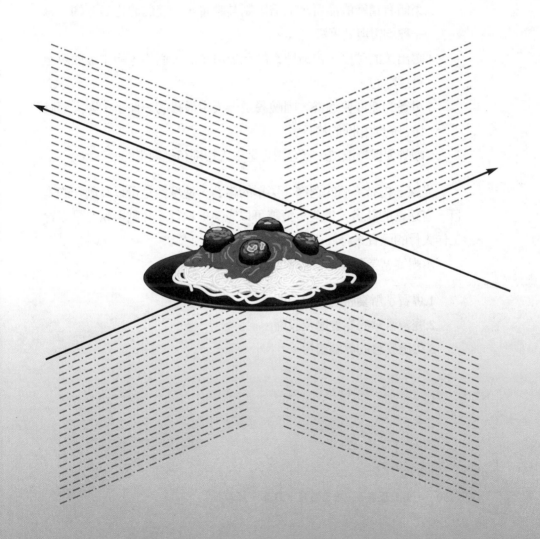

國內各國際觀光大飯店宴會廳及餐廳在黃道吉日總是應接不暇。可是目前利用宴會場所的活動並不只限於餐會而已，其他例如舉辦會議、演講會、研討會、時裝表演、商品說明會、商品發表會，以及記者招待會等，都是宴會場所服務對象。

Brillat將宴會定義為：為盛大及快樂的餐會建立了和諧的用餐氣氛。

1. 使餐廳光線更加充足，檯布乾淨得耀眼，溫度維持在60℉至68℉。
2. 男士機敏而不矯飾，女士迷人而不過於妖嬈。
3. 菜餚有精緻的品質，但需限制其數量，一流的酒也是一樣，每一種均需與其等級一致。
4. 讓出菜的順序，由最豐富的至最清淡的，酒的等級由最簡單至最頂點的。
5. 用餐的速度要適當，因晚餐是一天中最終的一件事，客人應該像目的地相同的旅行者一樣。
6. 咖啡要保持滾熱，宴客酒也是主人特別精挑細選的。

光線、檯布、酒的選擇、菜單的組合、速度都是可以計劃好的項目，有適當的計畫，這些事情將可以完美地執行。計劃與執行是宴會工作人員的職責。

承辦宴席業務有三種基本型態：

1. 專賣承辦宴席的宴會部門。
2. 完善豪華的宴會廳及設備。
3. 供應宴會的專屬廚房。

宴會廳。（凱悅大飯店提供）

第一節　宴會部門組織

一、宴會部協理

　　宴會部協理必須與餐飲部門中的所有部門主管，特別是行政主廚，保持密切的聯繫。宴會部協理應對銷售量及人事費用負起責任，有時候部門中的食物成本亦是他的職責。一般來說，其應每週一次與宴會廳管理工作人員舉行會議，以討論營運的情形。

　　宴會部協理亦須負責嚴密地監視所有與部門營運有關的安全規則，以及在需要時預定修護工作時間表，也是宴會部協理的職責。

二、宴會廳業務經理

宴會廳業務經理的職責是協助宴會部協理，尤其特別著重在業務方面。在大型旅館中，每一位宴會廳業務經理負責處理若干個指定的業務。大型旅館中的宴會部業務許多都是屬於再度光臨的生意，同時顧客們都喜歡與明瞭他們的需要與請求之業務經理來交涉。

三、訂席中心工作人員

旅館都設置有資料處理中心（word processing center）。通常，這個中心亦負責處理業務部門及其他部門的資料。雖然資料處理中心負責處理大量的文書工作，秘書仍需要記下簡短的備忘錄及口信。業務工作大都藉電話來處理，但為了稱心如意地處理業務，有效率的辦公組織仍是必須的。

四、宴會廳主任

負責督導所有宴會廳的服務員、會議廳管理員，以及宴會廳管理員。擔任這份工作需要有很好的預定工作時間表和管理的技能。宴會廳服務主任雖然不可能要求其外表看起來不慌不忙，但必須周到且細心。這個職位是被付予薪資的，同時可分配宴會廳小費。大型旅館中，宴會廳服務主任可能是一個非常賺錢的工作，但是其工作時間很長而且不固定。

五、宴會廳領班

宴會廳領班（banquet captain）的職務只有少許的差異。其職責包括了服務的管理。基本上來說，一名領班或副主任負責管理一個特定的宴會，同時在服務、拿捏時間及其他請求各方面工作皆與客人密切相聯。大型或者是錯綜複雜的宴會除了現場領班（charge captain）以外，還需要有樓面領班（floor captain）的服務。

六、宴會廳服務員

宴會廳服務員擁有一份相當艱苦的工作。他們總是隨叫隨到，負責個別的工作或者是宴會。這些工作中有些在很短時間之內即可完成，有些則需要花費很多時間去佈置、服務，以及收拾。

七、宴會廳管理員

宴會廳管理員在從前被稱之為房務員（housemen）。他們負責移動地毯及傢具，以改變宴會廳的格局，例如，將會議廳改成舞廳，或者是將歡迎會的佈置改成講堂的佈置。這份工作是相當耗費體力的，同時必須隨時完成。

八、音響設備技術員

視聽設備被期望能有採用價值以及運用時毫無瑕疵。同時有些時候若一個旅館可提供的視聽設備服務被認為不適當，則這樁買賣就被漏失掉了。許多旅館透過外界的承包商來提供這些服務，有些旅館則

有固定的設備或者是擁有這項設備。在這種情形下，音響設備技術員即成為旅館的員工。

第二節　宴會的預約

在預約、計畫及執行一個宴會時，遵循某些程序是明智的。遵守這些程序，可以確保所有執行的步驟都維持最適宜的控制，同時可以提供各階段宴會組織的方法。

■調查（inquiry）

大多數的調查皆在電話上進行。要求可能消費的客人（potential customer）到餐館來討論這件事，如此可以提高預約宴會的機會，同時有助於推銷所有提供的產品及服務。

■預估（estimate）

所有的預估都包括有：宴會的日期；人數；服務的形式；每人的消費額；這樣的價錢可以供應些什麼；任何可能的額外需要，例如服務員、酒保或花。如果此時做了暫時性的預約，立刻將之登記在總宴會簿（master banquet book）上，如此就不會與其他的預約重疊。

■確認書（letter of confirmation）

這份文件必須由委託人（顧客）及代理人雙方簽名。這是合法的契約。通常確認書會附有訂金，其數額大小則依公司政策而改變，應給予收據。一旦宴會被確認了，則在總宴會簿上的暫時性的登記必須隨著更改過來。

宴會訂席作業流程見**圖10-1**。

■合約（contract）

在宴會舉行前一個月，應該簽一份正式的合約，同時附上另一份訂金，所有的宴會必須被仔細說明及得到同意。任何一方皆不可有誤解的情形。簽署合約可以防止雙方有任何誤解。這份合約必須由顧客

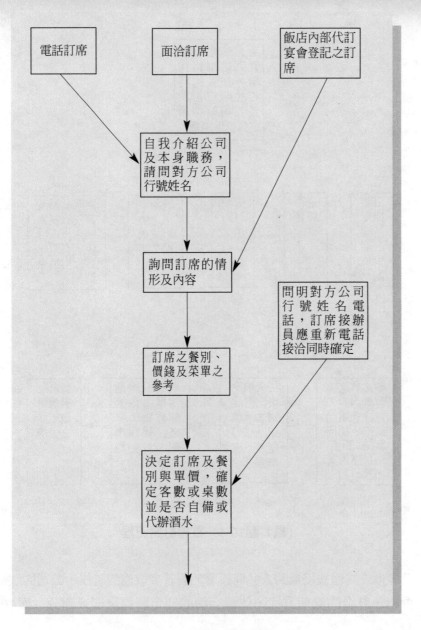

圖10-1　宴會訂席流程

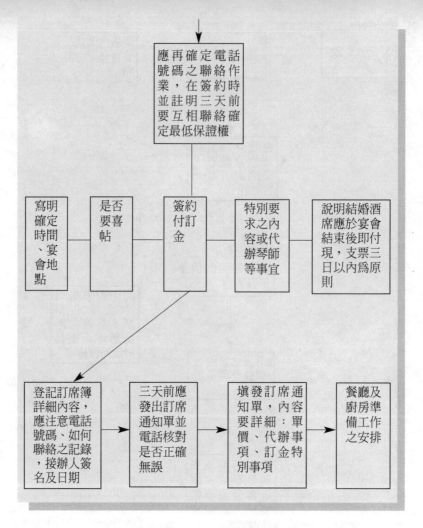

（續）圖10-1　宴會訂席流程

及經理或其他被授權的人共同簽署。假若要取消的時候，公司的政策會指示訂金的處理方式，依據合約的約定歸還全部或部分（**表10-1**）。

■宴會平面圖（floor plan）

　　此時要畫出宴會平面圖。副本應分發給所有相關的部門。

表10-1 宴會合約樣本

日期：_____

暫定□ 確定□

顧客姓名_____	付款人_____
地　　址_____	地　址_____
集會內容_____電話號碼_____租用餐廳_____	
時間從　　到　　上菜時間____保證人數____每位客人收費	
請注意要在宴會之日前兩週進行最後安排	

菜單	其他服務項目

預訂設施需付保證金_____，顧客若取消宴會請提前至少90天通知飯店，否則概不退款

估計總款數

_____
○○飯店

_____
請您簽名

（請在30天內批准契約，退回一份副本時請與保證金一起交來）

注意：本協議所包括的條款列於本契約背頁。

一、顧客雇用、飯店同意提供與本契約各項條文規定一致的各種服務。

二、飯店保留在本次宴請活動舉辦前任何時候索取外加費用和全部費用的權力。

三、顧客同意在宴會舉辦之日前至少48小時通知飯店確切的客人數。這個數字將作為保證的最低人數。飯店對超過最低人數5%以上的來客概不負責膳宿招待。

■宴會單（function sheet）

宴會單又稱爲工作命令（work order），是沒有記載價錢的合約副本。宴會單可以當成訂購食物及規劃業務的依據。

■結束瑣事（finalizing the details）

至遲在宴會前一個禮拜，顧客及承辦者必須會面以完成宴會之所有事情。

■購買及租借（purchasing and renting）

所有必要的食物項目可以去購買，而宴會所需的設備可以用租借。

■工作預定時間表（work schedules）

依據宴會單設立工作時間表，同時分發給所有相關的部門，包括會計、廚房、前場（front of the house）、餐務部門（stewarding）及其他的人。

■宴會（party）

宴會之前，在階層會議中所有的人員必須被告知其職責。負責人有權去對客人作最後的清點，同時對任何沒有包含在契約內但也要提供之服務或產品詳細列舉並製作成表。在理論上，這些額外之物沒有顧客之簽名是不被認可的。

■最後的帳單（final bill）

最後的帳單需在何時付費應在合約上註明。帳單與其他財務文件一樣要保留在檔案中七年。

■事後檢討（follow up）

應該要做一份口頭或書面的事後檢討。如此可以促進業者與客人之間的親善，同時提供工作績效評估的基準。負面回饋可指明哪裏需要改進；正面回饋將凸顯出優點。詳述所有承辦宴席業務的月報是另一種評估宴席部門效率的重要工具，其可將總收入細分成各種類別，以供分析與作未來預算之用。

■作成檔案（filing）

　　建立檔案系統可以確保能使用過去的業務，當成未來業務的來
源。一個有效的檔案（active file）可能包含某些業務，例如年會，其
可產生再度的交易。

第三節　中式宴會服務

　　中式宴會服務可分為餐盤服務、轉盤式服務以及桌邊服務等三種
方式。其中，餐盤服務最簡單，菜餚均在廚房由師傅依既定分量分
妥，再由服務人員依服務的尊卑順序，以右手從客人右側上菜即可，
如同西餐的美式服務一般，即所謂的中餐西吃。轉盤式服務是由服務
人員將菜盤端至轉盤上，再由服務人員從轉盤挾菜到每位客人的骨盤
上。

　　鑑於服務受限於餐桌空間的問題，有人便構想出另置旁桌用以分
菜的服務方式，於是桌邊服務應運而生。桌邊服務中，服務人員先將
菜盤放在轉台上，隨之報出菜餚名稱，旋轉菜盤展示一圈後，便把菜
退下並端到服務桌進行分菜，將菜餚平均分盛至骨盤上，而後再端送
骨盤依序上桌給所有賓客。

　　以上三種服務方式的主要差別在於「分菜方式」的不同，我們只
需選擇轉盤式服務來介紹宴會貴賓式的服務，即可以涵蓋另二種服務
的要領。茲將宴會貴賓式服務要領分述如下：

一、供應茶水及遞毛巾

　　當客人到達宴會場所時，服務員以圓托盤奉上熱茶，茶水倒七分
滿即可。隨後，有些餐廳會奉上濕毛巾，甚至配合季節，於多季使用

熱毛巾，夏季使用涼毛巾。服務時，毛巾必須整齊置於毛巾籃裏，由服務人員左手提毛巾籃，右手以手中夾子取濕毛巾逐一服務客人。

二、徵詢主人對菜單的要求及預定用餐時間

雖然宴會主人早在訂席之初就已決定菜單內容，但爲求保險起見，宴會領班仍應在主人到達後，先拿菜單與主人再研究一番，諸如對菜餚口味的需求爲何、用餐時間是否急迫、大約需要多久時間上完菜。此外，仍需詢問主人宴會所使用之酒水與預定用餐的時間，以便提早準備並確實控制出菜速度。

三、協助入座

服務員應遵守國際禮儀，協助賓客入座。事先必須先替主賓及女士拉椅子協助入座，待全部就座後，服務員並需協助攤開口布，輕放於客人膝蓋上。

四、上菜前必須先服務妥飲料

客人就座後，服務人員須趨前詢問欲飲用之飲料，務必在前菜尚未上桌前先倒好酒或飲料，以便在替客人分妥前菜後，賓客可以馬上舉杯敬酒。客人點用紅酒，便需在客人點完酒後，準備紅酒杯。至於點用果汁時，如爲盒裝果汁，爲使其顯得較爲高貴大方，則最好能先將果汁倒入果汁壺再進行服務。

五、上菜展示菜餚並介紹

菜餚由廚房端出後，由服務人員從宴會主人的右側上桌，輕放於轉盤邊緣，並報出菜名，若能就菜餚稍作簡單的解說則更佳。上桌的菜餚經主人過目後，便可輕輕地以順時鐘方向將菜餚轉到主賓前面；然後從主賓開始，依序進行服務。

六、使用服務叉及服務匙分菜

在從前的服務方式中，習慣在上菜時將服務叉及服務匙放於菜盤裏一起上菜，因此很容易使服務叉、服務匙不小心掉入菜盤中。現在，大部分的餐廳和宴會廳已不再將服務叉及服務匙放入菜盤，改而另行準備一個骨盤以放置服務叉匙。服務人員上菜時，如果菜盤以單手端持即可上桌，則以右手端菜盤、左手拿骨盤且上置服務叉匙的方式上桌；如果菜盤需雙手端送才行，則可將服務叉匙與骨盤先放於轉盤上，隨後再將菜餚端上桌。

七、分菜的順序

一般中式宴會，通常將餐桌安排爲十二個席次，爲清楚介紹服務人員分菜的順序，依時鐘時刻一至十二共十二個鐘點將餐桌位置標示出，茲述如下：

1.以時鐘座位來講，服務人員站在十一點至十二點中間，先服務主賓，而後再服務十一點鐘座位的客人。一次最多只能服務所在位置左右兩側的賓客，不可跨越鄰座分菜。
2.服務人員將服務叉匙置於左手骨盤上，再以右手輕轉轉盤，將

菜盤以逆時間方向轉至九點鐘及十點鐘之間的座位，服務員站於其間，先後服務坐在十點及九點座位的賓客。

3. 以同樣方式將菜盤轉到位於七點鐘及八點鐘的賓客面前，服務員站在其間，先服務八點鐘位置的客人，再服務七點鐘位置的客人。服務完此兩位賓客後，恰好已服務完主賓右手邊的客人，按著便開始服務主賓左手邊的客人。

4. 以同樣的方式將菜盤依順時間方向轉至一點鐘、二點鐘的客人面前，服務員站立其間，先服務完一點鐘座位的賓客後，再服務二點鐘座位的賓客。再以同樣方式將菜盤轉到三點與四點鐘的客人面前，服務員站於其間，服務完三點鐘座位的客人後，再行服務四點鐘座位的客人。

5. 以同樣方式將菜盤轉到五點鐘位置及主人面前，服務人員站在其間，先服務完五點鐘座位的賓客後，最後再服務主人。分菜工作於焉完成。

八、分魚翅時不能將魚翅打散

宴會酒席中，魚翅堪稱為最尊貴的一道佳餚。通常，一盤魚翅大概僅有上面一層為魚翅，下面一層則為墊菜類等食物。所以服務員在服務魚翅時，必須具備分菜技巧，不可將魚翅跟墊菜打散，否則魚翅將失去其價值感。

九、分菜時需控制分量

分菜時必須先估計每位客人的分量，寧可少分一點，以免最後幾位不夠分配。替全部客人分完第一次以後，如果菜餚還有剩餘，不能馬上收掉，而應將餐盤稍加整理，而後將服務叉匙放在骨盤上，待客

人用完菜時自行取用，或是由服務人員再次服務。原則上，服務人員可主動替先食用完菜餚者再次進行服務，並不需詢問客人：「需不需要再來一些？」假使客人覺得不需要，他自然會拒絕，詢問反而會使其感到為難，因為客氣（想吃而又不好意思說）的人總是比較多。

十、未分完的菜餚可使用骨盤盛裝

若前一道菜餚尚未吃完而下道菜已經送達，或是轉盤上已排滿幾道大盤菜，沒有辦法再擺上另一道菜時，服務員可將桌上的剩菜以小盤盛裝，放置在轉盤上，直至客人決定不再食用該道菜，才可以把菜收掉。

十一、供應下一道菜前需更換骨盤或碗

一旦賓客食用完其骨盤上的菜餚，便可更換骨盤，尤其在貴賓式的宴會中，更講求每一道菜都必須更換骨盤和碗。服務員更換骨盤時，使用圓托盤以放置替換的新舊骨盤，且應將殘盤全部收拾完畢後，再換上乾淨的骨盤。此外，必須在替全桌賓客更換好骨盤後，才可繼續上下一道菜。如果下一道菜為湯品時，則須先將小湯碗整齊擺放於轉盤邊緣，然後才上湯，並進行舀湯、分湯的服務。

十二、正式宴會時需供應三次毛巾

從前的貴賓式服務，一餐當中供應三次毛巾，即就座、餐中與上點心前共三次，但近來因衛生單位的建議，各大飯店已儘量減少使用濕毛巾，因其常含有大量螢光劑。其實，每人座位上都已備有口布，濕毛巾並非絕對需要，只要在食用可能會以手碰觸的菜時，能隨菜供

應洗手碗，即可替代濕毛巾的功能。

十三、供應洗手盅

　　遇到有以手輔助食用的菜餚時，例如帶殼的蝦類或是螃蟹類等，必須隨菜供應洗手碗。貴賓式服務中，應為每位賓客各準備一只洗手碗。在西餐裏，洗手碗皆盛以溫水，再加上檸檬片或花瓣，而中餐裏則常用溫茶加檸檬片或花瓣。

十四、湯或多汁的菜餚需用小湯碗

　　除了湯品需要使用小湯碗盛裝之外，一些多汁的菜餚，也必須採用小湯碗服務，以方便客人食用。所以服務人員在宴會之前，便須依菜單中菜色需要，準備足夠的湯碗備用。

十五、在轉盤上分湯時需注意事項

　　服務湯類或多汁菜餚時，在菜未上桌前，服務員必須先從主人右側將小湯碗擺於轉盤邊緣，並預留菜餚或湯品的放置空間，待端上菜餚後，立即站在原位將菜餚或湯分於小湯碗中。分完後再輕輕旋轉轉盤，將小湯碗送至主賓前開始服務。分別服務賓客拿取小湯碗食用後，若發現玻璃轉盤上滴留有湯汁或食物，必須立即以預先準備的濕口布擦拭乾淨，以免客人看了胃口盡失。

十六、分菜餚到骨盤時，菜餚不可重疊

　　一道菜餚有兩種以上的食物時（例如大拼盤或雙拼盤），在分菜

時便需將菜餚平均分至骨盤上。分菜的位置應平均,不可將菜餚重疊放置服務客人。此外,服務人員分菜時也應留意客人對該菜餚的反應,比如是否有人忌食或對該菜餚有異議,並應立即給予適當處理。

十七、桌上服務魚的技巧

服務全魚時需具備一些技巧。當整條魚上桌時,使魚頭朝左,魚腹朝桌緣,轉盤上並需準備二個骨盤,一個擺放餐刀及服務叉匙,一個備以放置魚骨頭。首先,以餐刀切斷魚頭及魚尾,接著沿著魚背與魚腹最外側,從頭至尾切開,然後再沿著魚身的中心線,從頭至尾深割至魚骨。切完後,以餐刀及服務叉將整片魚背肉從中心線往上翻攤開,同樣地再將整片腹肉往下翻攤開,至此即可很容易將餐刀從魚尾斷骨處下方插入,慢慢地往魚頭方向切入。在利用餐叉的協助下,將整條魚骨頭取出放在旁邊的骨盤上,然後在魚肉上淋以一些湯汁,再把背肉和腹肉翻回原位,即成一條無骨的全魚。一切就緒後,將轉盤輕輕轉到主賓前面,開始使用服務叉匙分魚給客人。

十八、供應點心前需清理桌面

魚通常是最後一道主菜,所以必須在客人用完魚、上點心之前,先將客人面前的骨盤、筷架、筷子、小味碟等全部整理乾淨,轉盤上的配料及剩餘的菜餚也需一併收拾。將餐桌約略整理過後,替每位賓客換上新骨盤和點心叉,接著才可以上點心。

十九、奉上熱茶

上完點心、水果之後,服務人員必須再替客人奉上一杯熱茶。比

較講究的餐廳，宴會最後會在現場表演泡老人茶，當場端給客人品嚐，這也不失爲一個很好的噱頭和賣點。

第四節　西式宴會服務

一般而言，在正式的西式宴會上，通常會於宴會開始之前，先安排大約半小時至一小時左右的簡單雞尾酒會，讓參加宴會之賓客有交流之機會，互相問候、認識。在酒會進行的同時，服務該宴會之員工必須分成兩組，一組負責在酒會現場進行服務，另一組則在晚宴場所做餐前的準備工作。餐前的準備工作包括：

1.準備大小托盤及服務布巾。
2.準備麵包籃、夾子、冰水壺、咖啡壺等器具。

西式宴會擺設。
（凱悅大飯店提供）

3.準備晚宴所需使用之餐盤、底盤，以及咖啡杯保溫等。

4.將冰桶準備妥當，放在各服務區，並將客人事先點好的白酒打開，置放於冰桶中。

5.備置紅酒籃，並將紅酒提前半個鐘頭打開，斜放在紅酒籃，使其與空氣接觸，稱之爲「呼吸」。

6.於客人入座前五分鐘，事先倒好冰水。

7.於客人入座前五分鐘，事先將奶油擺放在餐桌上。

8.於客人入座三分鐘前，將桌上蠟燭點亮，並站在各自工作崗位上，協助客人入座。

　待一切準備工作就緒，接著便可著手進行宴會之餐桌服務。整體而論，西式宴會的餐桌服務方式有其特定之服務流程與準則，但宴會時所採取的餐飲服務方式仍須視菜單而定，亦即服務人員應依照菜單內容，進行不同的服務與餐具擺設。以下將以一張四式套餐菜單爲例，詳細說明大型西式宴會時的服務方式。

一、服務麵包

1.將麵包放入裝有口布的麵包籃內，然後從客人的左手邊服務到客人的麵包盤上。

2.正式宴會中，麵包皆採獻菜服務或分菜服務，客人食用完麵包後必須再次服務之，直到客人表示不需要爲止。

3.在宴會時，不管麵包盤上有無麵包，麵包盤皆須保留到收拾主菜盤後才能收掉；若該菜單上設有起司，則需等到服務完起司後，或於服務點心前，才能將盤子收走。

二、斟上白葡萄酒

1. 以口布托著酒瓶，並將酒的標籤朝上，從右手邊展示給主人觀看，以確認其點用的葡萄酒正確與否。
2. 先倒少量的白葡萄酒讓主人試飲，等主人允許後便可由女士開始進行服務，最後方以服務主人做結。
3. 倒酒時務必將酒瓶的標籤朝上，慢慢地將酒倒進顧客杯中約二分之一至三分之一杯即可。
4. 倒酒時應注意不可使酒瓶碰觸酒杯；每倒完一杯酒，需輕輕地轉動手腕以改變瓶口方向，避免酒液滴落。
5. 服務完所有賓客之後，服務人員必須將酒再度擺回冰桶中以繼續維持白葡萄酒的冰涼。

三、送上冷盤

1. 廚房通常先將鵝肝醬擺妥於餐盤上，而後再放到冷藏庫冷藏。
2. 服務人員應從賓客右手邊進行服務。上菜時，拿盤的方法應為手指朝盤外，切記不能將手指頭按在盤上。
3. 鵝肝醬一般附有每人二片烤成三角形的吐司餅。服務人員同樣必須用麵包籃，將餅由客人左手邊遞到麵包盤上，讓客人搭配鵝肝醬食用。
4. 正式宴會時服務員必須等該桌客人皆食用完畢，才可同時將使用過之餐具撤下。收拾餐盤及刀叉時，應從客人右手邊進行。

四、鮮蝦清湯

1. 從客人右手邊送上湯。

2.待整桌同時用完湯後，將湯碗、底盤連同湯匙從客人右手邊收掉。

3.此時，服務人員須注意客人是否有添加麵包或白酒之需要，應給予繼續的服務。並注意若湯碗有雙耳，擺放時應使雙耳朝左右，平行面向客人，而不可朝上下。

五、白酒茄汁蒸魚

1.白酒茄汁蒸魚是一道熱開胃菜。為了保持熱菜的新鮮度，師傅在廚房將菜餚裝盤妥當後，便應立即由服務人員端盤上桌，而不像冷盤可先裝好再放入冰箱冷藏預備。

2.為應付上述情況，宴會主管在大型宴會中必須有技巧地控制上菜的方法。因為在正式宴會裏，必須等整桌都上完菜後才能同時用餐，若仍讓每位服務人員同時服務自己所負責的桌，便常造成同一桌次之賓客有的已經上菜，有的仍須等菜，導致已上桌之熱菜在等待過程中冷掉。

3.基於上述理由，全體服務人員在該狀況下必須互相協助，不能只服務自己所負責的桌次。應由領班到現場指揮，讓全體服務人員按照順序一桌一桌上菜，避免造成每桌均有客人等菜的現象，並方便讓整桌先上完菜的客人先用餐。

4.服務人員須等該桌客人全都用完白酒茄汁蒸魚後，從客人右手邊同時將餐盤及魚刀、魚叉收掉。

六、雪碧

1.主菜之前如有一道雪碧，其目的是為清除前項菜餚的餘味並幫助消化，以便能充分享受下一道菜——主餐。

2.雪碧一般皆使用高腳杯來盛裝。服務時可用麵包盤或點心盤加花邊紙，由客人右手邊上菜服務。

3.須等同桌客人都用完時才一起收，但收時必須將墊底盤於主餐之前一起收掉。

七、紅葡萄酒

1.除非客人要求繼續飲用白葡萄酒，否則在服務紅葡萄酒前，若客人已喝完白葡萄酒，便應先將白葡萄酒杯收掉。

2.為使酒呼吸，紅葡萄酒在上菜前已先開瓶，所以服務人員可直接從主人或點酒者右側，將酒瓶放在酒籃內，標籤朗上，先倒少量（約1oz左右）的酒給主人或點酒者品嚐。

3.當主人或點酒者評定酒的品質後，服務人員便可將酒瓶從酒籃中移出或仍然置於籃中，並維持標籤朝上依序服務所有賓客。

4.服務紅酒時，如遇客人不喝紅酒，服務人員必須將該客人的紅酒杯收掉，不可將其倒蓋於桌上。

5.倒葡萄酒時速度不可求快，應該慢慢地倒並注意別讓酒瓶碰觸到酒杯；每當倒完一杯酒之後，服務人員可輕輕轉動手腕以改變瓶口方向，避免酒液滴落。

八、主菜

1.採用與白酒茄汁蒸魚相同之服務方式，必須由領班在現場指揮，一桌一桌地上菜，不可各自為自己服務的餐桌上菜。否則，一樣會造成同桌賓客有人已上菜，有人仍在等菜的情況。

2.醬汁應由服務人員從客人左手邊遞給有需要者。

3.服務人員必須等所有客人都已用完餐，才能從賓客右手邊收拾大餐刀、大餐叉及餐盤。麵包盤則必須等到起司用完後才能收

掉，並非撤於食畢主餐之後。

4.用完主餐後，應將餐桌上的胡椒鹽同時收掉。

5.替客人添加紅酒時，最好不要將新酒與舊酒混合。

6.注意煙灰缸之更換，應以不超過二支煙頭為原則。

九、精選乳酪

1.服務起司（cheese）之前，服務人員必須左手拿持托盤，右手將
　小餐刀、小餐叉擺設在客人位置上。

2.將各種起司擺設在餐車上，由客人左手邊逐一詢問其喜好，依
　序服務。若宴會人數眾多，便應先於廚房中備妥，再採用餐盤
　服務，從客人右手邊上菜。

3.服務起司的同時，亦需繼續服務紅葡萄酒和麵包。

4.同桌賓客皆食用完後，服務人員必須將餐盤、小餐刀及小餐叉
　從客人右手邊收掉，麵包盤可拿著托盤由客人左手邊收掉。

5.準備一份掃麵包屑用之器具，將桌面清理乾淨。

十、甜點

1.上點心之前，桌上除了水杯、香檳杯、煙灰缸及點心餐具外，
　全部餐具與用品皆需清理乾淨。假使桌上尚有未用完之酒杯，
　則應徵得客人同意後方可收掉。

2.上點心之前若備有香檳酒，須先倒好香檳才能上點心。

3.餐桌上的點心叉、點心匙應分別移到左右邊來方便客人使用。

4.點心應從客人右手邊上桌，餐盤、餐叉及餐匙之收拾也將從客
　人右手邊進行。

5.在咖啡、茶未上桌之前應先將糖盅及鮮奶水盅放置在餐桌上。

十一、咖啡或紅茶

1. 點心上桌後，即可將咖啡杯事先擺上桌。
2. 上咖啡時，若客人面前尚有點心盤，則咖啡杯可放在點心盤右側。
3. 如果點心盤已收走，咖啡杯便可直接置於客人面前。
4. 倒咖啡時，服務人員左手應拿著服務巾，除方便隨時擦掉壺口滴液外，亦可用來護住熱壺，以免燙到客人。
5. 隨餐服務的咖啡或茶必須不斷地供應，但添加前應先詢問客人，以免造成浪費。

十二、服務飯後酒

服務完咖啡或茶後，即可提供飯後酒之點用，其方式跟飯前酒相同。通常宴會廳都備有裝滿各式飯後酒的推車，由服務人員推至客人面前推銷，以現品供客人選擇，較具說服力。

十三、服務小甜點

服務小甜點時不需要餐具，由服務人員直接服務或每桌放置一盤，由客人自行取用。

以上是藉西式宴會套餐菜單實例所做之服務方式說明，然則除如上所述之各項菜餚之服務方法外，在西式宴會中，服務人員尚有一些基本服務要領必須注意：

1. 同步上菜、同步收拾：在宴會中，同一種菜單項目需同時上

桌。若遇有人其中一項不吃，仍需等大家皆用完該道菜並收拾完畢後，再和其他客人同時上下一道菜。

2. 確保餐盤及桌上物品的乾淨：上菜時須注意盤緣是否乾淨，若盤緣不乾淨，應以服務巾擦乾淨後，才能將菜上給客人。餐桌上擺設的物品如胡椒罐、鹽罐或杯子，也須留意其乾淨與否。

3. 保持菜餚應有的溫度：服務時，應注意食物原有溫度之保持。有加蓋者，需於上桌後再打開盤蓋，以維持食物應有的品質；盛裝熱食的餐盤也需預先加熱，才能用以盛裝食物。因此，服務用的餐盤或咖啡杯，必須存放在具保溫功能之保溫箱中，而冷菜類菜餚，也絕對不能使用保溫箱內之熱盤子來盛裝，以確實維持菜餚應有的溫度。

4. 餐盤標誌及主菜餚的位置應放置在既定方位：擺設印有標誌的餐盤時，應將標誌正對著客人。而在盛裝食物上桌時，菜餚亦有一定的放置位子，凡是食物中有主菜之分者，其主要食物（例如牛排）必須靠近客人；點心蛋糕類有尖頭者，其尖頭應指向客人，以方便客人食用。

5. 調味醬應於菜餚上桌後才予服務：調味醬分為冷調味醬和熱調味醬。冷調味醬一般均由服務員準備好，放在服務桌上，待客人需要時再取之服務，例如番茄醬、芥末等；而熱調味醬則由廚房調製好後，再由服務人員以分菜方式服務之。最理想的服務方式應為一人服務菜餚，一人隨後服務調味醬，或者在端菜上桌之際，先向客人說明調味醬將隨後服務，以免客人不知另有調味醬而先動手食用。

6. 應等全部客人用餐完畢才可收拾殘盤：小型宴會時，需等到所有賓客皆吃完後，才可以收拾殘盤，但大型宴會則以桌為單位即可。在正式餐會中，若於有人尚未吃畢就開始收拾，似乎意在催促仍在用餐者，有失禮貌。

7. 客人用錯刀叉時，需補置新刀叉：收拾殘盤時要將桌上已不使

用的餐具一併收走，若有客人用錯刀叉時，也需將誤用之刀叉一起收掉，但務必在下道菜上桌前及時補置新刀叉。

8.服務有殼類或需用到手的食物時，應提供洗手碗：凡是需用到手的菜餚如龍蝦、乳鴿等，均需供應洗手碗。洗手碗內盛裝約二分之一左右的溫水，碗中通常放有檸檬片或花瓣。有些客人可能不清楚洗手碗的用途，所以上桌時最好稍事說明。隨菜上桌的洗手碗視同為該道菜的餐具之一，收盤時必須一起收走。

9.拿餐具時，不可觸及入口之部位：基於衛生考量，服務人員拿刀叉或杯子時，不可觸及刀刃或杯口等將與口接觸之處，而應拿其柄或杯子的底部，當然手也不可與食物碰觸。

10.水應隨時添加，直到顧客離去為止：隨時幫客人倒水，維持水杯適當水量約在二分之一到三分之二之間，一直到客人離去為止。

第五節　宴會的促銷

行銷要由行銷計畫開始。首先，旅館的需求應被確認，例如，宴會廳什麼時候多半空著，以及什麼樣大小的場地可以被填滿。根據這些資料，大概的市場就可以被確認，接著下一步即是分析這個市場的需要。只有當這些基本資料皆得到後，才可以寫下行銷計畫。

事實上，許多市場皆必須被考慮到，因為生意的階層有非常大的不同。獲得生意的方法有很多種，在這裏我們只能提供部分的建議：個人的交際；依據舊有檔案再度光臨的生意；與競爭的旅館同業們接觸；航空公司的業務；與慶賀國外國定假日的團體接觸；與宗教團體、教會、慈善事業、職業團體、政黨、結婚新人、商會，以及其他許多團體交涉；在報紙、雜誌，或者是電台上做廣告，此種做法在大城市中費用很高，但是很有效果。

是非題

(╳)1.出菜的順序，由最清淡的至最豐富的，酒的等級則由最頂級至最普通的。

(○)2.宴會廳業務經理的職責是協助宴會部主任，尤其特別著重在業務方面。

(○)3.為了有效推銷餐飲，對於餐飲方面的知識是必要的。

(╳)4.負責督導所有宴會廳的服務員、會議廳管理員，以及宴會廳管理員的是宴會廳領班。

(○)5.中式宴會服務可分為餐盤服務、轉盤式服務以及桌邊服務等三種方式。

選擇題

(4)1.承辦宴席業務有三種基本型態，以下敘述何者有誤？ (1)專賣承辦宴席的宴會部門 (2)完善豪華的宴會廳及設備 (3)供應宴會的專屬廚房 (4)專業的採購部門。

(2)2.有關各個部門組織的工作，以下敘述何者有誤？ (1)宴會部主任應對銷售量及人事費用負起責任，有時候部門中的食物成本亦是他的職責 (2)宴會廳副理負責督導所有員工，擔任這份工作需要有很好的預定工作時間表和管理的技能 (3)宴會廳管理員在從前被稱之為房務員（housemen） (4)音響設備的服務是會議成功與否的決定性因素。

(2)3.關於確認書何者敘述不正確？ (1)確認書英文為letter of confirmation (2)只要委託人（顧客）簽名 (3)通常確認書會附有定金，其數額大小則依公司政策而改變 (4)是合法的契約。

(4)4.下列敘述何者不正確？ (1)在宴會舉行前一個月，應該簽一份正式的合約，同時附上另一份訂金 (2)所有的宴會必須被仔細說明及得到同意 (3)簽署合約可以防止雙方有任何誤解 (4)這份合約必須由顧客及總經理共同簽署。

(1)5.營業前的準備工作不包括 (1)準備菜餚 (2)服務檯的清潔準備工作 (3)餐桌、餐具之佈置及擺設 (4)營業前的檢查工作。

問答題

(一)承辦宴席業務有哪三種基本型態？

答：1.專賣承辦宴席的宴會部門。

　　2.完善豪華的宴會廳及設備。

　　3.供應宴會的專屬廚房。

(二)中式宴會服務可分為哪三種方式？

答：1.餐盤服務。

　　2.轉盤式服務。

　　3.桌邊服務。

(三)營業前的準備工作有哪些？

答：1.服務檯的清潔準備工作。

　　2.餐廳清潔工作。

　　3.餐桌、餐具之佈置及擺設。

　　4.接待員之準備工作。

　　5.其他營業前的準備工作。

　　6.參加簡報。

　　7.營業前的檢查工作。

第十一章　客房餐飲服務

客房餐飲服務是國際觀光旅館為方便房客及增加收入，在客房內提供餐飲服務的一項服務，其工作人員必須熟練服務的專業知識，因服務人員單獨在客房工作，必須具有機警、善解人意，以及豐富的經驗的特質。

第一節　客房餐飲的行銷

客房餐飲服務的行銷，須由前廳櫃檯開始，當客人被安置在客房後，由行李員說明旅館的服務，當然客房餐飲服務也應被提及。客房餐飲服務菜單在客房中置放的位置很重要。菜單應置於看得見的地方，應特別登載剛到達的客人可能會點的項目，例如飲料、點心，及小瓶裝的葡萄酒。客房餐飲菜單應被明顯地展示出來，如此才能激勵客人點訂第二天的早餐。

客房餐飲擺設。（西華大飯店提供）

訂單接受員必須有禮貌、知識豐富、適任且誠實。

第二節　客房餐飲的組織

一、客房餐飲服務經理

　　客房餐飲服務經理是部門的主管，是一個難以勝任的職位，因為需要有服務的實際經驗、管理的技巧以及豐富的學識。客房餐飲服務與餐廳服務之不同點在於其是被託付的，沒有直接監督。一旦服務員離開這個部門，他們就憑自己的想法去做了。所以客房餐飲服務經理必須訂定嚴格的紀律，及設立崇高的個人行為標準。

二、客房餐飲服務領班

　　擁有款待來客之套房的旅館，或者是那些應不同要求通常在他們自己套房中款待客人的豪華級旅館，皆需要有客房餐飲服務領班。這些人的職責包括在套房中推銷及服務宴會。當未舉行宴會時，他們就擔任督導的工作，迅速處理訂單並且檢查餐桌。

三、客房餐飲服務員

　　在挑選餐廳服務員時採用的標準，同樣也適用於挑選客房餐飲服務員。服務員熟練且能獨立作業是很重要的。過去，客房餐飲服務的服務員都是男性，但是旅館同時也僱用女性服務員較為方便。客房餐飲服務員可能會遭遇到奇特及困窘的情形。他們正進入人們臨時的家

客房餐飲服務員。
（西華大飯店提供）

中，而這些人中有些是知名人士，因此徹底的誠實及熟練的辨別力是
被期望具有的。與其他的服務員一樣，客房餐飲服務員必須不辭辛
勞、敏捷且快活，他們給予客人對旅館的持續的印象。

四、客房服務訂單接受員

訂單接受員在此部門中具有重要的地位。他們擔任的工作與餐廳
中的領班相同，唯獨沒有看到客人及獲得小費的好處。訂單接受員是
客人與部門之間的第一個接觸。他是銷售人員，所以必須知道菜餚的
成分、每日特餐的內容、混合飲料的名稱，以及葡萄酒單。這些並不
容易做到，因為訂單接受員在被隔離的辦公室中工作，同時在食物被
送出之前很少親眼目睹過。如果訂單接受員被允許自客房餐飲服務菜
單上點菜，同時被給予機會去試吃他們非常熱心推銷的菜餚，將會對
他們的工作有很大的幫助。

客房服務訂單接受員。

五、客房餐飲助理服務員

　　助理服務員協助服務員安置餐桌，處理附屬工作，以及遞送零星的訂單。

　　客房餐飲服務產生了相當多的設備，因此客房樓層必須在一天中巡視很多次，以便將設備歸還。這些是客房餐飲服務搬運員的主要工作。

六、客房餐飲服務出納員

　　餐飲服務出納員係在會計部門工作，而非直屬於客房餐飲服務的一部分，但是明顯地他們扮演了一個重要的角色。出納員必須能隨時被客房餐飲服務員見到，因為費用及帳單應該儘可能被快速地送達，

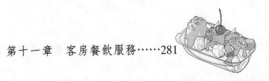

在早餐期間,許多帳單仍在處理中,同時很多客人希望隨即結帳離開旅館,若是沒有妥善設置出納員,忙碌的服務員為了不浪費時間,可能有留住帳單的情形發生,如此一來即增加帳單未被過帳的機會。當客人以現金、支票或信用卡付費時,客房餐飲服務員必須再跑一趟,以完成這個交易。

第三節　客房餐飲的準備室

　　客房餐飲服務的營運需要一處氣氛舒適、非公開的封閉場所。一個直接聯絡的窗口可以將客房餐飲訂餐員與廚房相接通。負責廚房的人是經理或領班,其依序收下訂單後,將之交付給適當的服務員。客房餐飲服務同樣也需要有一個儲藏場所,用來存放布巾類、加熱器、銀器,以及其他或許與餐廳之設備不同的設備。

客房餐飲服務車。

客房餐飲服務使用的物品——餐桌、加熱器、瓷器、玻璃器皿、銀器、花瓶、托盤以及布巾類，必須齊備了才能供客人使用，其沒有機會像在餐廳中一樣，或許當飲料被服務時，有一、二件設備可以稍微慢一點再使用。客房餐飲服務的服務員，除非是訂單上所需的所有東西皆已齊備放在餐桌或托盤上，否則其無法離開廚房。

每一家旅館都會免費贈送水果籃、酒精性飲料，或者是其他的禮物給重要的顧客。有時候一些企業體會採購水果籃給特殊的客人，或遞送他們自己的禮物至旅館，以便置放於客房中。客房餐飲服務部負責將這些禮物置放在客房中。

第四節　客房餐飲服務流程

一、準備工作

由於人員與設備皆集中在一起，所以更接近餐桌的作業方式，如果空間允許，則托盤與服務車亦可預先擺設備用，否則每服務一房在等待出菜時再擺設之亦無妨。

二、接受點菜

新式服務也採用早餐訂餐卡，收到訂餐卡後須再填寫點菜單，上記日期、房號、點菜內容，以及用餐時間，如果客人以電話點菜，接聽員就須聽清複誦無誤後開出點菜單，接聽員自留一副聯以準備帳單。所有點菜單由領班收集記入「服務控制表」中，除了點菜單中的資料（房號、用餐時間、點菜單號碼）外，尚須有接單服務員的簽字

欄。

三、點菜

被指定接單的服務員拿到點菜單後立即交給廚房，然後開始準備托盤或服務車，所需要的餐具擺設皆同於餐廳服務。等所有的菜都到齊了以後，他就端托盤或推服務車經過出納領帳單，此時領班已將帳單號碼記入控制表中。出納皆兼當食物核對員，服務員經過出納是要讓出納核對一下帳單上的細目是否和所要端出廚房的食物相同，這種作法現在比較少見了。

四、服務

服務員搭乘專用電梯來到客房前，如同傳統的客房餐飲服務方式一樣服務之。一切安排妥當後，請客人在帳單上簽字即可回到配膳室，交帳單給出納後再接受另一張點菜單（圖11-1）。

五、收拾

三十分鐘以後（比較精確地說，早餐約二十至二十五分鐘後，午晚餐約三十至四十五分鐘後），服務員須上樓收拾自己所服務過的托盤或服務車。當然也應設立記錄表來控制，也可在服務控制表中加一欄來控制之。

1. 先核對房號再敲門或按鈴。

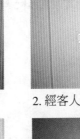

2. 經客人允許後始可進入。

3. 必須使門保持開著。

4. 擺設或調整餐具。

5. 攤口布。

6. 服務用餐。

7. 請客人簽帳單。

圖11-1　客房餐飲服務流程

第五節　客房餐飲菜單及品質管制

一、菜單

　　除了由打掃房間的女清潔員置於房間中的大型客房餐飲服務菜單以外，客房餐飲服務還必須同時擁有一份小型的歡迎會菜單，如果旅館有招待用附起居間之套房時，還需要有一份宴會菜單（圖11-2）。

　　使用附起居室可款待客人之套房的顧客，通常會將開過的酒一直保留下去，因此客房餐飲服務經理必須指派一名領班及一些服務員看管套房，由其負責維護房間的清潔，並且再次補足玻璃杯、冰塊、烈

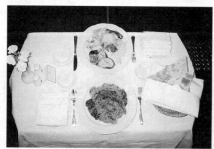

圖11-2　各式客房餐飲菜餚

酒後喝的飲料，以及酒吧的供應品。

二、品質管制

　　每一份訂單在被攜至客房之前均應被經理或領班檢查過。好比在一個高級的餐廳中一樣，領班負責督導服務員，同時必須進行再次確認，每一份訂單都是完美無缺，沒有遺漏任何一樣東西。

是非題

(○)1.客房餐飲服務是國際觀光旅館為方便房客及增加收入,在客房內提供餐飲服務的一項服務。

(○)2.客房餐飲菜單應被明顯地展示出來,如此才能激勵客人點訂第二天的早餐。

(○)3.房客事先指定時間或打電話要求收餐具時,應立即前往收拾餐具。

(○)4.送餐至客房先對房號再按鈴或敲門(不可超過三下),並報以單位名稱,經過客人允許後使可開門送入,必須使門保持開著。

(○)5.領班或服務員送餐完畢,應順便整理樓層餐具架,以保持樓面的清潔。

選擇題

(3)1.一液盎斯(fluid ounce)約等於多少毫升(milliliter)? (1)10 (2)20 (3)30 (4)40。

(2)2.法文Mise En Place的含意為何? (1)標準作業流程 (2)餐廳營業前的準備工作 (3)法式服務 (4)美式餐館。

(2)3.烤牛肉中medium rare代表幾分熟? (1)1~2分 (2)3~4分 (3)5分 (4)7~8分。

(1)4.早餐類中over hard表示 (1)兩面煎熟 (2)蛋捲 (3)水波蛋 (4)兩面嫩煎。

(2)5.room service是指 (1)清理房間服務 (2)客房餐飲服務 (3)客房出租 (4)宴會服務。

簡答題

(一)客房餐飲服務經理需具備哪些條件？

答：客房餐飲服務經理是部門的主管，是一個難以勝任的職位，因為
需要有服務的實際經驗、管理的技巧以及豐富的學識。

(二)現代的客房餐飲服務的特色為何？

答：人員與設備皆集中管理與應用，人員較精簡而有效率，服務速度
也較快，控制也較簡單。

第十二章　航空餐飲服務

第一節　空中廚房

在數萬呎高空，正襟危坐享用一頓美味時，狹窄的進食空間、有限的餐食選擇，可能影響食慾、引起抱怨。爲滿足以客爲尊的需求，空中廚房正絞盡腦汁，突破層層限制，爲推出美食而努力奮戰。空中廚房大致可分爲熱廚、冷廚、糕點製作三大部門。一般製作熱廚時，先將菜餚炒至半熟，再按固定分量分裝，以錫箔紙密封之後，送入調理箱內急速冷凍。大約每季換菜一次，除了航空公司指定外，空中廚房的研發小組裏，主廚和營養師共同設計菜單。試菜小組依據航空公司要求設計好菜單，在試菜前一天將餐點做好送入冷凍庫，等待航空公司試菜人員前來品嚐，確認菜色後，即可進棚拍照存檔，做爲新菜單依據。

機艙餐飲是一門學問，尤其機上消費人數龐大，在衛生上要求特別嚴格。空中廚房爲應付隨時起飛的班機，空廚的作業須二十四小時待命，食物的品管得經過層層管制。所有上機的餐點均嚴格遵守上機六小時前才製作的原則，目的即在確保餐飲的新鮮。

空中廚房受限於飛機結構和進餐空間，呈現的餐點自然不能與一般餐飲相提並論。在幾呎見方的空中廚房裏，只能容納一、兩名空姐，進行解凍、加溫、調理餐點的動作，雖然水電俱全，但配備的體積和種類均受限制。空中餐飲的設計，只有加溫的烤箱，以及利用電力打出冷風爲蔬果保鮮冷藏的急速冷凍箱。

基本的加熱和冷凍設備，主要是針對簡單餐飲所設計，處理特殊餐飲時無法盡如人意。以烤箱加熱食物時會吸收水分，因此中國傳統的蒸物，如包子、蒸餃早期便很難在飛機上提供。此外，急速冷凍箱本身沒有調溫作用，鮮嫩的水果往往容易低溫凍傷，這也是有時候在飛機上看到水果外表稀爛的原因。

在飛機上的餐飲配菜常令人煞費苦心，尤其強調健康潮流的今天，既要滿足口腹之慾，又得顧及營養均衡，一些航空公司為提供乘客更多的選擇，近年來也突破了技術上的困難，推出海鮮麵、炒米粉、炸春捲、佛跳牆、綠豆酥等料理。

第二節　空中餐飲服務

二十一世紀，航空工業發展了快速的各型飛機，同時隨著航空工業技術不斷演進，目前波音777型及空中巴士340型，進入商業運轉，觀光事業和它的關係更是密不可分，它促使國際長程的旅遊得以實現，縮短了國家間的距離，加強了人與人之間相互關係，對飛機運載量之需求日益增高。

旅客到達機場後，搭乘頭等艙及商務艙之旅客，登機手續各航空

空服員餐飲服務訓練。（長榮航空公司提供）

公司都非常禮遇，配屬專人辦理及引導至機場貴賓室休憩，除了有寬敞舒適的沙發、各式各樣的冷熱飲料與書報雜誌以外，有的航空公司甚至還有浴室，在起站以地主國的貴賓室設備比較好。旅客登機以後，由空服員協助找到自己的座位，隨即要面對的是短或長的飛行時間。在一個小時至十幾個小時的飛行過程中，每一家航空公司都會竭盡所能運用設備為旅客提供最妥善的服務。尤其餐飲方面為爭取客源，準備各航線旅客所需，隨著季節而變換菜單。

第三節　空中餐飲服務流程

一、頭等艙餐飲服務

頭等艙精心提供各式佳餚餐點，作法精緻。餐飲服務方式各航空公司有所不同，大都採美式服務方式，隨心所欲的用餐時間，空勤人

機上各艙級菜單。（長榮航空公司提供）

頭等艙餐飲服務。（長榮航空公司提供）

員按程序服務：

1.空服人員協助旅客擺好或拉妥餐桌。
2.鋪上桌巾及替旅客攤開口布。
3.香檳酒及小吃。
4.美味冷盤。
5.蔬菜沙拉。
6.主菜（明蝦或牛肉）。
7.佐餐酒。
8.水果。
9.甜點。
10.咖啡或茶。
11.餐後白蘭地或威士忌酒。

餐後服務人員為商務旅客添加飲料，並詳細詢問是否滿意或需其他服務。

商務艙餐飲服務。（長榮航空公司提供）

商務艙餐飲服務。（長榮航空公司提供）

二、商務艙的餐飲服務

(一)嶄新的機上體驗

除了優先上、下機外，商務艙的分別是票價，一張商務艙的票價是經濟艙的兩、三倍，甚至更多，因此在辦理登機手續時，商務艙旅客不需排長隊等候，而且享有比一般旅客多十公斤的行李限重。

一架客機上設有頭等艙、商務艙及經濟艙三個等級的選擇，但搭乘頭等艙的旅客愈來愈少，全世界的航空公司漸漸將頭等艙改為商務艙。辦完登機手續後，商務艙旅客會拿到一張貴賓室招待券。貴賓室設有電話、傳真機，如同小型的商務中心，其主要設計是一間大型的休息室，免費提供飲料、點心、書報雜誌，使商務旅客能在較為舒適的環境中候機。在座位安排上，相同空間中減少座位，加大座位，讓旅客得到更寬敞的空間，搭乘時更舒適。

(二)商務艙餐飲服務

商務艙的餐飲材質較佳，作法精緻。餐飲服務方式各航空公司有所不同，大都採美式服務方式，空服人員按程序服務：

1.空服人員協助旅客擺好或拉妥餐桌。
2.鋪上桌巾及替旅客攤開口布。
3.佐餐酒及小吃。
4.美味冷盤。
5.蔬菜沙拉。
6.主菜（明蝦或牛肉）。
7.水果。
8.甜點。

9.咖啡或茶。

餐後服務人員為商務旅客添加飲料，並詳細詢問是否滿意或需其他服務。

三、經濟艙的餐飲服務

國際線的班機，當飛機起飛至適當高度後，空服員依序遞上熱毛巾及供應果汁或蘇打汽水，接著由空服員推出餐車，每位旅客一份餐點，主菜二至三種，可以選擇。座位前的菜單，列出這一趟飛行的主餐、點心次數與內容種類，可事先閱覽，待餐車推至走道時，向空服員點餐食的主菜。航空公司為配合旅客口味，紛紛推出熱騰騰的餐點。如果飛行時間較長，準備熱餐的時間充裕，旅客也有較長的時間享用餐點。反之飛行時間短，餐點供應匆促，服務品質較難控制。

當旅客用餐中，空服員將飲料車推至走道供應紅葡萄酒、白葡萄酒、啤酒或果汁等，視旅客需要供給，餐後供應咖啡、茶或白蘭地。

經濟艙餐飲。（長榮航空公司提供）

航空公司對於不同國籍、宗教信仰旅客備有減肥餐、水果餐，以及素食者的亞洲式素食、印度式素食、蛋奶式素食、全素機餐、回教徒餐或猶太餐等，以應不同旅客需求，但必須在訂位時先告知航空公司人員事先準備。正餐之外航空公司還準備了三明治、泡麵等點心，尤其泡麵爲旅客所喜好。

是非題

(○)1.空中廚房大致可分為熱廚、冷廚、糕點製作三大部門。

(○)2.空中廚房為應付隨時起飛的班機，空廚的作業須二十四小時待命，食物的品管得經過層層管制。

(✗)3.一架客機上設有頭等艙、商務艙及經濟艙三個等級的選擇，但搭乘頭等艙的旅客愈來愈少，全世界的航空公司漸漸將商務艙改為頭等艙。

(○)4.當旅客用餐中空服員將飲料車推至走道供應紅葡萄酒、白葡萄酒、啤酒或果汁等，視旅客需要供給，餐後供應咖啡、茶或白蘭地酒。

(○)5.空中餐飲的設計，只有加溫的烤箱，以及利用電力打出冷風為蔬果保鮮冷藏的急速冷凍箱。

(○)6.航空公司為配合旅客口味，紛紛推出熱騰騰的餐點。如果飛行時間較長，準備熱餐的時間充裕，旅客也有較長的時間享用餐點。

選擇題

(2)1.空中廚房大致可分為三種，何者不是？ (1)熱廚 (2)飲料部 (3)冷廚 (4)糕點製作。

(2)2.頭等艙精心提供各式佳餚餐點，作法精緻，大都採美式服勤方式，空勤人員按程序服務：何者有誤？ (1)空勤人員協助旅客擺好或拉妥餐桌 (2)先吃冷盤 (3)倒酒 (4)冷盤。

(4)3.客機上的艙位分為三種，何者不包括？ (1)頭等艙 (2)經濟艙 (3)商務艙 (4)工作艙。

簡答題

(一)商務艙餐飲服務流程為何？

答：1.空勤人員協助旅客擺好或拉妥餐桌。

2.鋪上桌巾及替旅客攤開口布。

3.佐餐酒及小吃。

4.美味冷盤。

5.蔬菜沙拉。

6.主菜（明蝦或牛肉）。

7.水果。

8.甜點。

9.咖啡或茶。

餐後服務人員為商務旅客添加飲料，並詳細詢問是否滿意或需其他服務。

(二)空中廚房的缺點為何？

答：空中廚房受限於飛機結構和進餐空間，呈現的餐點自然不能與一般餐飲相提並論。在幾呎見方的空中廚房裏，只能容納一、兩名空姐，進行解凍、加溫、調理餐點的動作，雖然水電俱全，但配備的體積和種類均受限制。空中餐飲的設計，只有加溫的烤箱，以及利用電力打出冷風為蔬果保鮮冷藏的急速冷凍箱。

基本的加熱和冷凍設備，主要是針對簡單餐飲所設計，處理特殊餐飲時無法盡如人意。以烤箱加熱食物時會吸收水分，因此中國傳統的蒸物，如包子、蒸餃早期便很難在飛機上提供。此外，急速冷凍箱本身沒有調溫作用，鮮嫩的水果往往容易低溫凍傷，這也是有時候在飛機上看到水果外表稀爛的原因。

第十三章　桌邊烹調服務

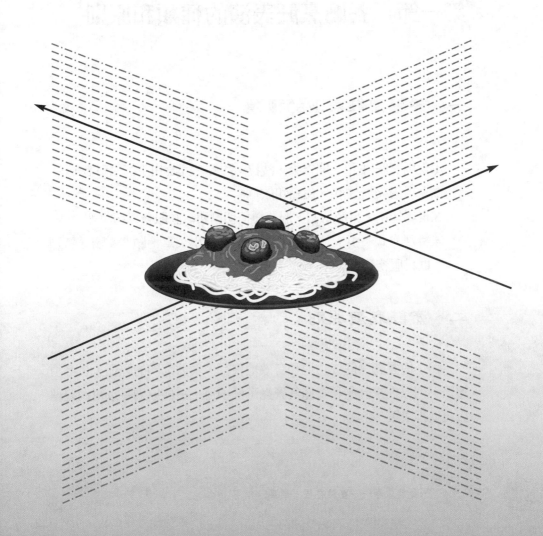

桌邊烹飪表演是一種能夠增加氣氛、引人注目、促進銷售的服務方式，在法式餐廳部分餐飲在客人面前完成餐飲的供應服務。無論是在中餐還是西餐，都有許多菜餚、甜點和飲料可以用來在餐廳現場切割、烹飪或火焰烹飪，以求給顧客留下美好的印象。

　　傑出的餐廳烹飪表演需要有技術熟練和自信心強的服務人員。儘管服務員或領班不可能具有專業廚師的水準，但不管他烹飪什麼菜餚都要達到專業的標準，同樣重要的是，他的動作、技巧也要符合客人心目中的專業標準。如：資質、效率、敏捷的動作。

第一節　餐廳烹飪表演的種類和原則

一、餐廳烹飪表演的種類

1. 現場烹飪:主菜、開胃菜、沙拉、甜點，完全由生的原料製成。
2. 在現場火焰:主菜、甜點和飲料。
3. 現場切割：桌旁切割、服務櫃檯切割和流動服務車切割等。
4. 特別方式：引人注目的沙拉吧、開胃小菜車、顧客掌廚、特別飲料服務等。

二、烹飪表演原則

　　為了使餐廳烹飪成功地和有效地施行，餐飲部門的經理人員必須遵循下列原則來計劃和實施其餐廳烹飪項目，這些原則可以幫助經理人員進行決策。

(一)顧客評估

餐廳烹飪表演服務方法的餐廳其價格水準也較一般餐廳為高。其次是平均就餐時間,採用餐廳烹飪表演比較費時,服務的節奏亦較慢,因而在諸如咖啡廳一類的餐廳裏是不適用的,對趕時間的客人來說,也不受歡迎。最後要考慮的是,餐廳烹飪必須保證客人不受干擾,不能使客人有不適的感覺,所以要謹慎地選擇餐廳烹飪的菜餚品種,尊重廚師意見,烹調過程中聲音太響、刺鼻味重、烹飪時間太長的菜餚是不宜在餐廳現場烹飪的。

(二)服務人員評估

要瞭解服務人員的技術水準,所選擇的餐廳烹飪菜餚項目應該是服務人員力所能及的。餐廳要做好充分準備,製定適當的烹飪表演應達到的水準,建立餐廳烹飪的概念,使服務人員明確,同時要結合現存的服務程序和服務概念。

(三)購買必須的設備

購買適當的設備對獲取效果是至關重要的,發揮支撐和相得益彰的作用。展示精美的、令人注目的甜點,首先需要一個鋪好檯布的甜品手推車,這是無法省去的。

(四)突出重點,精而勿濫

在研究菜單後,應仔細地選擇適合餐廳烹飪表演的菜餚。餐飲管理者應該明白:

1.不是所有的主菜都得在餐廳烹飪。
2.有選擇地進行烹飪表演才是正確的。
3.渲染過分則會失去效果。

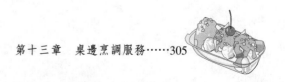

如前所述，只有那些客觀條件允許、既可以增加氣氛又是你所要推銷的菜餚，才可用來進行餐廳烹飪表演。

(五)不可忽視菜餚和服務的品質

餐廳烹飪表演的服務方法並不能替代好的食物和優良的服務。人們不會爲了來觀賞在銅鍋裏烹飪菜餚而願意吃老牛排，也不會原諒一個服務員因忙於削橘皮而忘記給客人上沙拉。所以，不能顧此失彼或本末倒置。在設計餐廳烹飪表演項目時，應有相應的菜餚和服務品質的保證措施。

(六)在餐廳生產率基礎上確定烹飪表演的效果

在採用餐廳烹飪表演的服務方法後，會出現兩種情況，一個是服務速度變慢，需花費更長的服務時間，接待量會下降，這時就應考慮到餐廳是否願意接受座位周轉率低的事實，同時客人是否願意等候。另外一種情況是，陳列表演使服務工作量減少，例如，用開胃菜陳列車代替開胃品菜單等，而這時則應考慮這樣做的結果是否更能節省人力，減少員工。比較的結果是要能夠提高餐廳的生產率。

(七)制定合理的價格

採用餐廳烹飪表演的服務方式，可以出於各種各樣的考慮，增加收入只是其中之一，而要透過烹飪表演增加收入又有三個途徑：

1.誘人的陳列展覽可以增加銷售量，例如甜點便是如此，推到客人桌旁的甜點車往往比甜點單更具吸引力，銷量也高得多。
2.用餐廳烹飪表演的方法促銷，可以誘導客人點用利潤高的菜餚，來增加收入。所以餐廳烹飪表演可以用來作爲推銷的手段和消費指導。
3.當客人認爲他們得到了特別的款待，取得了賞心悅目的享受和

獲得一個難忘的經歷時，他們會樂於接受較貴的菜餚價格，因此我們應該認識顧客的消費動機，透過服務來滿足其多樣化的需求。對於這一點，我們如將原來利潤較低的菜餚改在餐廳烹飪表演而加價20％至30％，是不會降低銷量的。同樣，如果僱用了特別的服務人員如咖啡服務員、切割服務員，會使銷售量大增，而其費用則會攤到眾多的客人數上，單位成本降低。

(八)富有探索性

菜單上的許多項目都是可以用來在餐廳烹飪的。中餐經營中，許多菜色的最後完成和切割等也是值得嘗試的。只有這樣，在經營過程中不斷改進、不斷創新，才能使餐館始終以獨立的形象吸引顧客。

(九)培訓員工

在採用餐廳烹飪表演的餐廳裏，對員工的要求是比較高的，他們可以在很多方面直接影響到表演的效果，對銷售也起著至關重要的作用，因此對服務人員的培訓也就特別重要。

(十)牢記顧客第一

不同的顧客有不同的需求，並不是每個客人都想要受到這引人注目的隆重接待。

第二節　現場切割技巧

一、餐廳現場切割

　　人們之所以要採用餐廳烹飪表演的服務方法和餐廳現場切割的形式，完全是從餐廳的需求產生出來的，管理者發現，客人可以放心他（她）的那份食品是剛切割下的新鮮菜，餐廳切割還為展示菜餚的整體效果提供了良好的機會，評價菜餚除了色、香、味外，還要看其形，而許多菜餚只有整體上台時，才能顯得更誘人。

二、切割用具和準備

(一)切割用具

　　首先服務員需要一個操作場所，要有保溫、加熱設備。

　　摺疊桌板可以用來作切割台；有些餐廳用服務櫃檯充當切割台，服務員向客人展示過菜餚後拿到幾步外的服務櫃檯上切割；大多數餐廳則用於手推車操作，用完後推放到適當的位置上去；也有些餐廳用更加複雜和較高的服務車，上有貨架，可擱湯汁。

　　切割服務員要用闊口長刀（30公分）來切割燒肉、烤肉，如牛柳、牛排等等。而家禽類如羊排、火腿等則要用18公分長的利刃，比較窄而且硬度高。同時，用二到三個齒的切割叉，叉柄需有一保護層。工具應當簡樸、適用，符合專業質量要求（**圖13-1**）。

　　刀具要鋒利，請專業磨刀匠定期地上門服務比較好，磨刀石可以

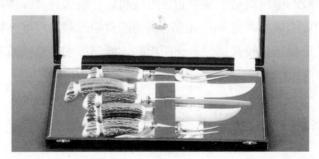

圖13-1　牛排切割車與切割刀

保持刀口鋒利,當然不能在餐廳裏使用,餐前讓客人先聞霍霍磨刀之聲是不恰當的。

家禽等切割下來的碎料應留在廚房裏,在餐廳內切割是不雅觀的。

燜和烤的魚,應用銀質或不銹鋼的切片刀。

(二)廚房準備

成功的餐廳切割很大程度上取決於廚房和餐廳肉攤的事先準備,所有的肉食在烹飪前或出爐後,都應當剔除骨頭,以方便服務員在餐廳裏切割,如肋條肉上的脊骨、火腿和羊腿上的股骨等。另外,綁肉的繩帶、燒肉籤子和多餘肥膘都應該在廚房裏割掉,這樣在餐廳裏的切割將順利得多了。除了牛排以外,所有的肉食烹飪好以後,需擱置二十分鐘左右,這樣切割時會容易進行。

三、切割服務人員

在傳統的餐廳切割中,只有領班和侍應長才有動手切割的權利和責任,一般的服務員是不參與的,因為決定什麼人員負責切割,要根據經營的實際情形而定,必須考慮到切割食物的難易程度,較難的切割,由領班操作比較有利。而一經指點便能掌握的切割技術,則每個服務員都可以學習。

四、餐廳切割要求

餐廳切割並非特別困難,當一個切割服務員掌握了他所切割的肉類知識,同時廚房為其肉食做好了適當的準備後,在餐廳切割會成為一件比較容易的事。

下面是一些切割要求，有助於廚師、切割人員作出傑出表演：

1. 操作前和服務工作中，要始終保持切割台和切割器具的衛生、整潔。
2. 必須用高標準來嚴格要求切割服務員的個人儀表。
3. 按照規定著裝，制服乾淨、筆挺，動作要俐落、清爽，舉止優雅大方。
4. 切割服務員要仔細約束自己的個人行為，避免各種小動作。
5. 客人從切割台走過時，應向客人問好。在為客人切割服務後，應道謝。
6. 禁止用手指接觸食物，以免污染食品或引起客人心理上的不快。
7. 對於切割分派熟的肉食，其餐盤必須是溫熱的，以免影響品質。

五、一般切割程序

儘管針對某個特定菜餚品種的切割會有所差異，但除極少細節外，其操作服務步驟是一致的：

1. 接到客人的訂單後，迅速做好切割準備。
2. 根據訂單，從廚房取出蔬菜和各種配菜等等。
3. 點燃手推烹飪車或服務櫃檯上保護的熱源。
4. 向客人介紹並展示菜餚，如果可能的話，應首先從左邊向主人展示。
5. 切割前徵求客人有關的要求。
6. 無論是切割還是分菜，都必須完全在服務淺盤中進行，不要移放到其他地方。
7. 如果條件允許，則應將大淺盤加熱，以免影響菜餚的品質。

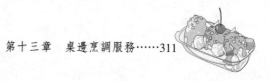

8.切割分菜時，應先女士後男士，如果全是女士，則以主人右邊
的第一位開始。

9.裝盤要吸引人。

10.小心手指不要接觸食物，盤子的拿法與要求和檯面服務時的要
求一樣。

11.骨頭、插籤、繩子等應在廚房裏取除。

12.用來展示、切割的食物裝盤要適當、吸引人。

13.切割前有必要準備好完整的菜食配料，包括裝飾物、醬汁等。

六、水果切割

雖然水果的切割已不很流行，但在餐廳裏時常會碰到客人提出這
樣的要求，尤其是常客。因此，瞭解不同的水果切割方法和掌握切割
的技能，對餐廳服務員來說仍是十分必要的。

通常用來在餐廳切割的水果有：橙子、香蕉、蘋果、西瓜、梨
子、葡萄等等。

(一)水果切割要則

1.水果刀必須鋒利，選用大小適中的水果刀，用前要進行消毒。

2.選擇成熟、新鮮的水果，品質須符合規定的標準，否則不應上
台切割。

3.事先做好各種器具準備：甜品盤、口布、服務用具等等，保證
用品齊全、衛生。

4.任何時候不要用手接觸削好的水果，而應使用叉、口布等服務
用品。

5.切瓣時，注意不要將果仁和果核切進去，切出的果瓣應大小一
致，形狀相近。

(二)切割實例

■橙子（蘋果、梨子）

在切割前首先應做好各項準備工作，檢查用品是否齊全，然後進行切割。其程序如下：

1. 從水果籃中挑出新鮮、符合品質要求的橙子。
2. 將橙子放在乾淨的甜品盤上。
3. 右手拿起水果刀，左手拿口布包著橙子抓緊。
4. 將橙子頭部切下一小塊，不要太厚，不應超過1公分。
5. 用叉反串著作為橙底，右手用刀從上向下削皮。
6. 去除橙皮以後，將橙子切瓣，切瓣有兩種方式，一是橫式切圓片，二是按豎瓣切片，滴下的汁水擠在切好的橙片上。
7. 將甜品盤裝飾好以後，上檯服務。

■香蕉

香蕉的切割服務程序如下：

1. 挑選符合品質標準的香蕉，並將其放在甜品盤中。
2. 左手拿叉，右手拿刀，小心地將香蕉剖開，去除香蕉皮。
3. 將香蕉切割分段，呈山藥片形。
4. 裝盤後在邊上加放奶油。
5. 也可以將香蕉從中剖開，一分為二，再加上奶油和裝飾。
6. 上檯服務，餐具用刀叉。

第三節　現場烹飪

餐廳現場烹飪至少有三個獨特的優點：

1.食物是在廚房裏由廚師烹製的，當然他們比服務員要技高一
　等。
2.現場烹飪表演技能的掌握比較容易，會擦火柴的人就能燃焰。
3.現場烹飪用於餐廳準備所花費的時間很短。

　　所以，即使是在比較繁忙的餐廳，採用現場烹飪的服務方法也是
實際可行的，也並不需要多收客人很多的額外費用。

一、設備

　　大部分現場烹飪需要三大設備：

1.操作用的烹飪車（**圖13-2**）。
2.爐灶、熱源。
3.適合於餐廳操作的平鍋和其他容器。

　　下面介紹這些設備的有關知識：

(一)烹飪車

　　現場烹飪和其他餐廳烹飪用的最常見的加工車是長方形的檯子
（大約45公分×90公分），底下裝上四個小輪子，它可以自由地在餐廳
裏推著移動或安穩地靠在顧客的餐桌旁。

　　有些改良過的加工車有雙輪車，也有一些加高，帶有櫥架，更加
複雜的則帶有丙烷火爐。

　　這種帶輪的車也可作其他用途，特別是當服務員需要更多的地方
來操作時可用之。

　　甜品車和滾動式帶把手像嬰兒小搖車式的手推車，又是另一種形
式的餐廳服務車。

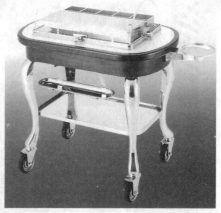

図13-2　現場烹飪車

(二)爐灶

　　現場烹飪車所用的火頭和熱源不需要像烹飪食物的爐子那樣強，因為食物已是煮熟的，火焰只是將其稍微加熱，所以如果餐廳僅僅只限於現場烹飪，就可以購買較便宜的一般品質的加工車即可。但如果同時還用作餐廳烹飪，則應附加較強熱源的爐子。

　　通常用的熱源有：酒精火爐、瓶裝固體燃料，如石蠟、瓦斯等。

(三)平鍋

　　餐廳烹飪需用各種專門的平底鍋，用於做蘇珊特煎餅的神奇的防銹不沾鍋，只是其中之一種。

　　許多餐館發現在一種叫雙金屬的服務盤裏火焰更加方便。它可以是各種形狀的，如圓、橢圓和方形等等，大小也不一，也可使用不銹鋼器皿或者銀器（**圖13-3**）。

圖13-3　現場烹飪設備

(四)白蘭地杯加熱器

這是一種較小的特別加熱爐，通常只用酒精作爲燃料，它的兩端是個架子，可將酒杯擱在上面，轉動酒杯，慢慢加熱。

二、現場烹飪技巧

餐館經營者應當把它作爲一系列相關的技術要求來考慮其可行性：它們所需花費的時間、所需要的設備、適合的盤具，甚至所產生的表演效果等等。

三、廚房準備

因爲火焰不是烹飪，所以餐廳裏現場烹飪的食物必須由廚房做好完全的準備。唯一的例外是在餐廳火焰的牛排，與廚房裝盤的牛排不同，它們將在餐廳進行進一步的烹飪，因此，在廚房裏進行烹飪時必須做得很嫩。

四、餐廳準備

餐館經營者要提供最基本的設施、設備，服務員應事先準備好各種用品，如備有足夠的白蘭地、足夠的燃料，準備好烹飪車並停放在適當的位置。廚房提供的食物已準備好，餐廳應已準備就緒接受食物，烹飪車推到客人的餐桌旁邊。這些應該在服務員到廚房去取食物前完成。

五、火焰方法

這裏介紹四種火焰方法，它們會給各個餐廳提供火焰表演技巧：

1. 雙鍋火焰：需要兩個爐頭，有點近似於烹飪。
2. 單鍋火焰：適合於在餐廳最後加工完成的菜餚，需要一個爐頭。
3. 無鍋火焰：適合於不帶汁水的菜餚，用既能展示、又能火焰、服務的容器盛放，不需爐頭。
4. 長劍火焰：這種方法既不需要鍋也不需要爐灶。

(一)雙鍋火焰

液體的食物包括湯和飲料等需要雙鍋進行火焰表演，因爲食物本身燃不起火來。如果你將一盎司白蘭地倒入兩碗量的湯裏，就別指望能點著它，因爲酒精已被混合體稀釋了。所以採用雙鍋法，一邊讓湯、食物、咖啡或其他液體食品加熱保溫，而另一邊準備火焰的鍋，如炒菜、溶糖等，並可成功地點燃它，然後將液體食物倒入火焰中，或將火焰鍋倒入液體食物中。

(二)單鍋火焰

當食物含汁很少或不含汁時，就可很容易地用單鍋火焰，例如：橘汁嫩鴨，服務員首先將裝飾精美、非常誘人的盤子向客人展示，然後在蘇珊特平底鍋裏放上一到二塊黃油，燒化至發出滋滋聲響，再放進一些砂糖焦化，然後放進菠蘿和盤中其他食物攪拌（注意歐芹和其他綠色的蔬菜除外），其實此時菜已做好，但僅是爲了表演才加進一盎司白蘭地或烈酒，倒在平鍋的旁鍋，從爐頭上點上火，並向「觀衆」表演，用勺將已不含酒精的汁澆到鴨子上。當火苗熄滅後，再給客人

的盤子分派食物。

(三)無鍋火焰

　　無鍋火焰比較簡單，廚師在廚房裏將鐵板在火上燒得火熱，如果食物怕燙可以用另一個盤子裝著拿出來展示；如果不怕火燙，可以直接裝在火熱的鐵板上拿進餐廳。服務員事先已準備好一盎司烈性酒，展示完食物後，他劃著一根火柴（更優美的做法是點著細木棍或從蠟燭上點紙芯），迅速將酒液澆在鐵板上（不是食物上），可見到一股濃郁的熱氣，點著它產生火焰的效果。

(四)長劍火焰

　　長劍火焰表演通常用於燒、烤、扒的肉食，但其他可以串在劍上的固體食物，如大蝦、菠蘿、梅脯、海棗等也可拿來用長劍火焰。

　　如果食物是熱的，而酒液也經過預熱，不管是在桌旁還是服務員進入餐廳時點燃長劍都不困難。在長劍火焰過程中，還可以連續不斷地加熱和點燃酒液，並澆到燃燒的食物上。

第四節　桌邊烹飪的食譜

一、黑胡椒牛排

材料：菲力牛排、橄欖油、
　　　奶油、鹽、黑胡椒
　　　醬、鮮奶、白蘭地
　　　酒。
設備：瓦斯爐、平底鍋、服
　　　務叉、匙、餐盤、餐
　　　巾。

做法

1. 將橄欖油放進鍋裡加熱。

2. 加入奶油。

3. 菲力牛排放進鍋內。

4. 加少許鹽。

5. 將牛排翻面煎熟。

6. 加白蘭地酒產生火焰。

7. 加入黑胡椒醬。

8. 加入鮮奶。

9. 加熱至沸騰。

10. 將汁淋在牛排上。

11. 完成盛在盤中。

二、凱撒沙拉

材料：蛋一個、橄欖油、
紅酒醋、鯷魚、檸
檬、大蒜、芥末
醬、起士粉、培根
碎、麵包丁、黑胡
椒、羅曼生菜。

設備：木製沙拉盆、乾淨
口布、服務叉、
匙。

做法

1. 木製沙拉盆放一個蛋黃。

2. 加入少許橄欖油攪拌。

3. 加入醋攪拌。

4. 擠半個檸檬汁攪拌。

5. 加入鯷魚，一邊攪拌，一邊搗碎。

6. 加芥末醬及大蒜，繼續攪拌。

7. 將生菜倒在乾淨的口布上吸乾水分。

8. 將生菜倒入沙拉盆中攪拌。

9. 撒上起士粉攪拌。

10. 裝在瓷盤內。

11. 撒上培根碎、麵包丁、黑胡椒。

12. 完成。

三、火焰薄餅

材料：薄餅、砂糖、檸
　　　檬、柳橙汁、柳橙
　　　皮絲、奶油、白蘭
　　　地酒、Cointreau。

設備：瓦斯爐、平底鍋、
　　　服務叉、匙、餐
　　　盤、餐巾。

做法

1. 將白砂糖放入鍋內加熱。

2. 加入奶油。

3. 加入檸檬汁。

4. 加入柳橙汁。

5. 使其沸騰起泡幾分鐘。

6. 加入白蘭地酒。

7. 將薄餅用服務叉、匙挑起。

8. 放入鍋內。

9. 將薄餅對摺成一半。

10. 將薄餅對摺成四分之一。

11. 其他薄餅同樣處理。

12. 加入柳橙皮絲。

13. 移至爐旁倒入Cointreau。

14. 移回爐上引火產生火焰。

15. 完成盛在盤中。

四、火焰櫻桃

材料：砂糖、奶油、酒漬
櫻桃、香草冰淇
淋、白蘭地酒。

設備：瓦斯爐、平底鍋、
服務叉、匙、餐
盤、餐巾。

做法

1. 將白砂糖放入鍋內加熱。

2. 加入奶油。

3. 加入酒漬櫻桃。

4. 使其沸騰起泡幾分鐘。

5. 移至爐旁加入白蘭地酒，引火產
生火焰。

6. 完成盛在盛有冰淇淋的盤中。

五、愛爾蘭咖啡

材料：一壺煮好的熱咖啡、紅砂糖、威士忌酒、鮮奶油。

設備：酒精燈、杯子、量杯、湯匙、攪拌棒。

做法

1. 將玻璃杯移至酒精燈上旋轉加熱。

2. 加入紅砂糖。

3. 用量杯倒入威士忌酒。

4. 加入熱咖啡。

5. 用攪拌棒攪拌使糖溶化。

6. 用湯匙緩緩倒入鮮奶油，完成。

是非題

(○)1.法式餐廳烹飪表演是一種能夠增加氣氛、引人注目、促進銷售的服務方式，在現代餐館業中很有其發展前途。

(○)2.餐廳內的烹飪表演往往是在座的客人的熱門話題，但使用這種客前烹飪的方法往往需要一筆事先投資，當然也可以期望得到充分的報償。

(○)3.現場烹飪還需要有受過良好訓練的服務員，另一方面它又使某些服務工作更加方便。

(✗)4.現場烹飪車所用的火頭和熱源要像烹飪食物的爐子那樣強，因為食物已是半熟的，火焰要將其快速加熱。

(○)5.餐廳裏現場烹飪的食物必須由廚房做好完全的準備。唯一的例外是在餐廳火焰的牛排，與廚房裝盤的牛排不同，它們將在餐廳進行進一步的烹飪，因此在廚房裏進行烹飪時要做得很嫩。

選擇題

(2)1.決定是否需要採用現場烹飪的主要因素是之一是 (1)餐廳設備是否足夠 (2)能否起到增加氣氛的作用 (3)顧客是否需要 (4)餐廳的顧客年齡層是多少。

(1)2.採用餐廳烹飪表演的服務方式，可以出於各種各樣的考慮，增加收入只是其中之一，而要通過烹飪表演增加收入又有三個途徑，何者不是？ (1)以較美觀的菜餚當做烹飪表演的菜餚 (2)用餐廳烹飪表演的方法促銷，可以誘導客人點用利潤高的菜餚，來增加收入 (3)誘人的陳列展覽可以增加銷售量 (4)當客人認為他們得到了特別的款待，取得了賞心悅目的享受和獲得一個難忘的經歷時，

他們會樂於接受較貴的菜餚價格。

(4)3.關於切割，何者有誤？ (1)在切割組織中，應當製定明確的切割
職責書 (2)統一切割標準 (3)明確質量控制辦法 (4)不須經過嚴格培
訓考核即可准予從事切割操作。

(3)4.餐廳提供火焰表演技巧有五種火焰方法，何者不包括？ (1)雙鍋
火焰 (2)無鍋火焰 (3)明火火焰 (4)長劍火焰。

(1)5.大部分現場烹飪需要三大設備，何者不是？ (1)服務巾 (2)爐灶、
熱源 (3)適合於餐廳操作的平鍋和其他容器 (4)操作用的烹飪車。

簡答題

(一)決定是否需要採用現場烹飪的兩個主要因素是什麼？

答：1.能否起到增加氣氛的作用。

2.現場烹飪的菜餚是否是你所要加以推銷的品種。

(二)大部分現場烹飪需要哪三大設備？

答：1.操作用的烹飪車。

2.爐灶、熱源。

3.適合於餐廳操作的平鍋和其他容器。

(三)和餐廳烹飪相比，餐廳現場烹飪至少有哪三個獨特的優點？

答：1.食物是在廚房裏由廚師烹製的，當然他們比服務員要技高一
籌。

2.現場烹飪表演技能的掌握比較容易，會擦火柴的人就能燃焰。

3.現場烹飪用於餐廳準備所花費的時間很短。

餐飲服務能力測驗試題

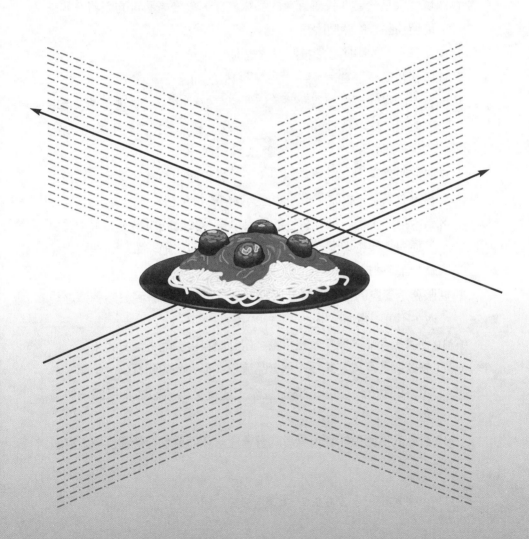

餐飲服務能力測驗(一)

( )1.所謂正確服務人生觀不外乎：自傲、自尊、忠誠、熱忱、和藹、親切、幽默感，有自我主見以及肯虛心接受指導與批評，動作迅速確實，禮節週到，富有進取心與責任感。

( )2.餐廳，是用來社交的餐廳，不再只是用餐的空間，而是提供全方位享受之處，美食、美味、美感、美學概念在高品質的服務的餐廳裏得到驗證。

( )3.現代人是一群「找感覺」的品味族群，最後高品質的服務並非是能留住顧客的關鍵因素。

( )4.西餐上菜的順序必須按照餐飲規則出菜。

( )5.服務乃餐廳之生命，為一種無形無價的商品。

( )6.有形的餐飲產品和無形服務條件能有效地配合，並建立「以合理的價位，提供高品質的享受；以親切的態度，提供高水準的服務」的經營理念。

( )7.餐飲服務業與一般事業相同，不論從生產的角度來看，或是從銷售方面來說，餐飲服務業均有其同樣的特色在。

( )8.餐飲業並不是一種社會性的服務事業，餐廳的服務，必須全體員工通力合作密切配合，才能圓滿達成任務，絕非單獨或個別就能負起服務的責任。

( )9.服務是餐廳的生命，餐飲服務之品質將嚴重影響到餐廳營運之成敗，不可不慎。

( )10.西餐出菜順序並無章法可循，廚師應自由調配上菜方式。

( )11.餐飲服務可以定義為一種食品流程（從食品的購買到供給顧客食用）的狀態，也就是食品生產完成後，供給顧客食用的一個過程。

( )12.餐飲的供應須能實現業者的營運理念，而業者的營利目標須與顧

客的消費目標一致。

( )13.營運成本與營業利潤應在財務方針所規劃的範圍以內和保障食品與服務的品質水準並無關係。

( )14.不同種類、不同菜單的餐廳，除了基本的桌邊服務技巧外，通常不會再使用特別技巧。

( )15.美式服務是一種基本而且使用普遍的服務形式。

( )16.現代美式服務中上菜及收拾盤子均從客人右側進行的做法已被全世界重要的餐飲學院及用餐場所採用。

( )17.法式服務所使用的餐具均以高級瓷器為主，由受過專業訓練的服務員與服務生，在手推車或服務桌現場烹調，再將調理好之食物分盛於熱食盤服侍客人，這種餐廳之服務方式即所謂的「法式服務」。

( )18.手推車服務與法式或桌邊服務不同點在於服務水準的提供，法式服務必須在盤上烹飪並完成，通常同時會要求技術跟時間。

( )19.盛裝沙拉用的器皿應先冷藏，才會使盛裝的沙拉菜清脆可口。

( )20.自助餐的設計方式可採取華麗的設計或者是簡單即可。

( )21.餐飲服務的器具，主要是指顧客與服務人員在用餐區中所使用到的各項設備，包括了固定的硬體設備，以及服務的設備與器具，例如準備檯、手推車、餐具等。

( )22.木料是餐廳傢具中最常見的材料，有各式各樣品種的木材和裝飾板，它們適合於各特定的場合。

( )23.椅子種類繁多，應選擇式樣、質地和顏色都適合其相應場合的品種。通常宴會座椅 寬：46cm×61cm；高：46cm。

( )24.餐具櫃的設計應儘可能小型、靈便，如果需要可以在餐廳內移動，體積太大還會占去更多的接待客人的場地。

( )25.儲放刀叉的抽屜按一定的順序排列，為方便和講究效益起見，刀叉等餐具的順序要固定擺放。

( )26.蛋糕與甜品車陳列甜品和蛋糕，最關鍵的是要保持其新鮮、整

潔。銀製的甜品車是高級餐廳的炫耀品，應始終保持其奪目光澤。

( )27.目前用的布件質地有許多種類，從高級純棉織品到合成材料，如人造纖維。一般說來，尼龍比較光滑，棉織品比較牢固、用較途廣。

( )28.金屬餐具比其他不銹鋼餐具更能防滑、防磨擦，也可以說更衛生；既不易失去光澤，也不會生銹。

( )29.好的玻璃杯應該平滑、透明，這樣葡萄酒的鮮明的色彩才會很容易看見，同時，酒杯應該帶杯腳，這樣手溫便不會影響酒的味口。

( )30.鉛化杯（lead crystal）係用粘土、二氧化硅和稀有金屬製成，可以特別防震、防碎、耐高溫。

( )31.充分的餐前準備工作是良好的服務、有效經營的重要保證，因此是不可忽視的重要一環。

( )32.服務員第一個開餐前的責任就是檢查其值檯的區域，檢查場地。

( )33.檯布的大小根據桌子的尺寸定做，方桌檯布以每邊下垂約五十公分為宜，檯布的邊正好接觸到椅子的座位。

( )34.一個餐廳至少要有一個餐具櫃，許多餐廳往往是一個服務區域一個餐具櫃。

( )35.中餐廳的服務餐具櫃中的物品有所不同，除了擺檯用的各種中餐具外，應備有中餐的調料，如醬油、醋、胡椒和鹽。備有中餐的服務用品，如小毛巾、分羹匙，還備有茶和茶具。

( )36.餐廳裏的餐具櫃不容易被客人看得一清二楚，所以服務員不須保持餐具櫃整齊清潔。

( )37.餐廳服務員在介紹推銷其菜餚時就好比是商品的售貨員，而菜單上的食品菜餚就是你的產品，你對食品的知識會影響你銷售食品的能力。

( )38.烹調製作時間是指做好菜單上某一道菜的時間。

( )39.煮是在100℃的沸水中製作,將經過炸、煎、炒或水煮的原料,加入醬油、糖等調味汁,用旺火燒開後再用小火長時間加熱至熟的烹調方法。

( )40.有些食品可以根據需求預測,事先做好,叫「預製食品」,當客人選定時,在微波爐中加熱,只需幾分鐘甚至幾秒鐘便可上檯。

( )41.宴會是在普通用餐基礎上以餐飲為主的活動,先經訂席,一群人齊聚一堂用餐。

( )42.Banquet將宴會定義為:為盛大及快樂的餐會建立了和諧的用餐氣氛。

( )43.使餐廳光線更加充足,檯布乾淨得耀眼,溫度維持在60℉至68℉。

( )44.讓出菜的順序,由最清淡的至最豐富的,酒的等級由最頂級至最簡單的。

( )45.宴會廳業務經理的職責是協助宴會部主任,尤其特別著重在業務方面。

( )46.為了有效地推銷餐飲,對於餐飲方面的知識是必要的。

( )47.負責督導所有宴會廳的服務員、會議廳管理員,以及宴會廳管理員的是宴會廳領檯。

( )48.中式宴會服務可分為餐盤服務、轉盤式服務以及桌邊服務等三種方式。

( )49.服務員應遵守國際禮儀,協助賓客入座。

( )50.客人點酒時,應以口布托著酒瓶,並將酒的標籤朗上,從左手邊展示給主人觀看,以確認其點用的葡萄酒正確與否。

解答

1.○；2.○；3.✕；4.○；5.○；6.○；7.✕；8.✕；9.○；10.✕；11.
○；12.○；13.✕；14.✕；15.○；16.○；17.✕；18.○；19.○；20.
✕；21.○；22.○；23.✕；24.○；25.○；26.○；27.✕；28.✕；29.
○；30.✕；31.○；32.✕；33.✕；34.○；35.○；36.✕；37.○；38.
✕；39.○；40.○；41.整理；42.✕；43.○；44.✕；45.○；46.○；47.
✕；48.○；49.○；50.✕

餐飲服務能力測驗(二)

( )1.進入餐廳可以看見流行的符號，亦即將五種知覺悉數呈現在餐廳裏，下列何者有誤？ (A)視覺 (B)反應 (C)聽覺 (D)嗅覺。

( )2.所謂「服務」（service）是 (A)瞭解與提供客人之所需 (B)是一種想把事情做得更好之慾望 (C)時時站在客人立場，設身處地為客人著想 (D)以上皆是。

( )3.構成進餐情境的因素不包括 (A)服務的技能和態度 (B)餐廳主要顧客的類型和水準 (C)餐廳廚師的手藝之好壞 (D)服務設備（桌巾、餐巾、器皿等）的齊全和擺設。

( )4.餐飲業生產方面的特性，何者不包括？ (A)個別化生產的特性 (B)生產過程時間長 (C)銷售量預估不易 (D)菜餚產品容易變質，不易儲存。

( )5.餐飲業銷售方面的特性，何者不正確？ (A)銷售量受餐廳場所大小之限制 (B)銷售量受時間的限制 (C)餐廳設備要高雅華麗 (D)餐廳毛利低。

( )6.速食業的巨人麥當勞公司曾指出他們的經營哲學是「Q.C.S.V.」，各有其意，下列何者不正確？ (A)品質 (B)衛生 (C)服務 (D)價廉物美。

( )7.服務業不同於一般產業的原因，在於服務本身具有相當突出的特性，而其中最大的特點是 (A)易見 (B)不易儲存 (C)不可分割 (D)多變性。以上何者敘述錯誤？

( )8.Kotler對服務所下的定義：服務的特色包括 (A)無形性 (B)易消滅性 (C)可分割性 (D)異質性。

( )9.一般產業認定的品質須包括四個要件，何者並不是？ (A)設計的品質 (B)作業規格的符合 (C)可靠程度 (D)心理品質。

( )10.餐飲服務的程序應符合的原則，何者有誤？ (A)有條不紊之服務

流程 (B)只要迅速即可 (C)滿足要求 (D)未卜先知。

( )11.在選擇餐廳桌椅時大多是以 (A)能配合餐廳的等級 (B)考慮顧客的需求前提下作為設計採購時的依據 (C)好看即可 (D)符合餐廳風格。以上何者較不適合。

( )12.木板是餐廳主要的傢具材料的原因，以下何者不對？ (A)質地較硬 (B)不易髒 (C)耐磨 (D)容易去污。。

( )13.選擇餐廳傢具不須考慮什麼？ (A)造型 (B)方便儲存 (C)損壞率 (D)服務人員的喜好。

( )14.餐廳中的餐桌通常分為 (A)梯形 (B)圓形 (C)方形 (D)長方形，何者不是？

( )15.啤酒苦味的來源是 (A)咖啡因 (B)可可鹼 (C)單寧 (D)啤酒花。

( )16.餐廳的餐具櫃都不盡相同，選用的依據以下敘述何者有誤？ (A)服務方式和提供的菜單 (B)使用同一餐具櫃的服務員人數 (C)一個餐具櫃所對應的椅子數 (D)所要放置的餐具數量。。

( )17.各式服務車中，不包括 (A)餐具車 (B)活動服務車 (C)切割車 (D)奶酪車。

( )18. 何者不是通常主要使用的布件？ (A)檯布 (B)服務巾 (C)餐巾 (D)自助餐檯布。。

( )19.購買金屬餐具時不須考慮 (A)菜單和服務的種類 (B)最大和平均座位利用率 (C)低峰期的坐位周轉率 (D)洗滌設施和周轉率。

( )20.有關酒杯容量的敘述何者有誤？ (A)德國葡萄酒杯：6/8（液量盎司） (B)各種雞尾酒杯：2/3（液量盎司） (C)高腳啤酒杯：10/12（液量盎司） (D)白蘭地杯：6/8（液量盎司）。

( )21.有關餐飲服務方法的幾項基本要求，何者並非正確的？ (A)餐飲的供應須能實現業者的營運理念 (B)注重材料管制 (C)提供快速而有效率的服務 (D)確保食品衛生安全的標準。

( )22.在桌墊上舖一條桌巾，桌巾邊緣從桌邊垂下大約幾吋較適合？ (A)10吋 (B)12吋 (C)11吋 (D)11.5吋。

( )23.有關美式餐桌擺設，何者有誤？ (A).每三位客人應擺糖盅、鹽瓶、胡椒瓶及煙灰缸各一個 (B)餐巾之左側放置餐叉二支，叉齒向上，叉柄距桌緣一公分 (C)餐刀、奶油刀各一把，及湯匙二支，均置於餐巾右側 (D)玻璃杯杯口朝下，置於餐刀刀尖右前方。

( )24.有關美式服務的優點，何者不正確？ (A)服務時便捷有效力，同時間內可服務多位客人 (B)不需分菜動作 (C)是一種親切的服務方式 (D)服務快速，能將菜餚趁熱服務客人。

( )25.法式服務的一般規則，何者不正確？ (A).食物在餐廳裏的廚房完成 (B)所有餐飲服務都使用右手從右邊服務 (C)所有清理工作都使用右手從右邊服務 (D)沿著桌邊由順時針方向做服務。

( )26.俄式服務步驟，何者有誤？ (A)使用乾淨的叉子和湯匙，再配合每一個盤子 (B)餐盤是被放置在前臂的軸心 (C)服務由男士優先，女士次之 (D)左手拿托盤，收盤子時，以右手收放置左手的托盤。

( )27.領班服務的一般規則，何者不正確？ (A)盤子應事先放置桌上，清潔盤子的服務由顧客的右邊，用右手順時針繞著桌子服務 (B)領班或者是服務員從顧客的右邊，把配樣的食物，依照一定的程度分配好 (C)顧客自己服務自己，然後調換使用預備好的器具 (D)領班或服務人員依著反時針的方向繞著桌子。

( )28.自助餐式服務依照餐廳的供餐方式又可分爲瑞典式自助餐服務（buffet service）以及 (A)簡單服務 (B)快速服務 (C)速食服務 (D)速簡式自助餐服務（cafeteria service）二種。

( )29.分餐式的優點不包括 (A)對服務人員分派技術的要求比較高 (B)分餐服務適用於中餐宴會，所體現的個人照顧較多 (C)由於它在客人不易看到的邊桌上分菜服務，對客人的干擾比較小，不至於太多地影響客人的談話 (D)比較衛生，符合外賓、西方客人的就餐習慣。

( )30.轉盤式服務之檯面佈置何者不正確？ (A)先在檯上按舖檯布的要求舖好檯布 (B)將轉盤底座轉軸擺放到檯的正中央 (C)不須將乾淨的轉盤放到轉軸上，試驗其是否轉動自如 (D)根據便餐或宴會的要求擺檯。

( )31.每一班次或每餐的服務大體上均可分為 (A)餐前準備 (B)餐飲服務 (C)就餐服務 (D)結束會議 等四個主要程序。以上何者有誤。

( )32.餐廳準備工作不包括 (A)準備餐桌 (B)迎賓 (C)準備餐具 (D)準備檯布。

( )33.方桌檯布以每邊下垂約 (A)50公分 (B)40公分 (C)30公分 (D)20公分最為適宜。

( )34.餐廳餐具儲存櫃的物品通常不包括 (A)冰塊 (B)乾淨的煙缸和火柴 (C)各種刀、叉、匙等餐具 (D)鹽瓶、胡椒盅、沙拉油和其他調料。

( )35.菜單的種類，一般不包括 (A)午餐菜單 (B)兒童菜單 (C)肉類菜單 (D)早餐菜單。

( )36.根據客人的飲食習慣和就餐次序，西菜菜單通常按下列順序排列 (A)冷熱頭盆 (B)沙拉、湯、魚和海鮮 (C)主菜（牛排類） (D)蔬菜、飲料、甜品。以上何者順序錯誤？

( )37.常規菜食的烹製時間，何者有誤？ (A)雞蛋：10分鐘 (B)牛排（一英寸厚）：半生熟：20分鐘 (C)魚：（炸或烤）：10-15分鐘 (D)蛋奶酥：35分鐘。

( )38.常用菜餚配料，何者有誤？ (A)魚菜配「Ａ」形檸檬片 (B)魚和海鮮類配蘋果醬 (C)熱狗配芥末汁醬 (D)薄煎餅配糖醬、蜂蜜。

( )39.餐前會議作用在於 (A)檢查所有服務人員的儀表儀容 (B)使員工在意識上進入工作狀態，形成營業氣氛 (C)提醒已知的客人的服飾 (D)餐前會議結束後，值檯服務員、引座員、收款員等前台服務人員迅速進入工作崗位，準備開門營業。

( )40.餐廳工作服務人員儀容準則，何者有誤？ (A)可留指甲 (B)勿濃

妝豔抹 (C)禁止戴手鐲及項鍊等配件 (D)制服如沾上油漬、污垢，應立即換洗。

( )41.承辦宴席業務有三種基本型態，以下敘述何者有誤？ (A)專賣承辦宴席的宴會部門 (B)完善豪華的宴會廳及設備 (C)供應宴會的專屬廚房 (D)專業的採購部門。

( )42.所謂「宴會」是 (A)為盛大及快樂的餐會建立了和諧的用餐氣氛 (B)出菜的順序由最清淡的至最豐富 (C)酒的等級由最簡單至最頂級的 (D)以上皆是。

( )43.有關各個部門組織的工作，何者有誤？ (A)宴會部主任應對銷售量及人事費用負起責任，有時候部門中的食物成本亦是他的職責 (B)宴會廳副理負責督導所有員工，擔任這份工作需要有很好的預定工作時間表和管理的技能 (C)宴會廳管理員在從前被稱之為房務員（housemen） (D)音響設備的服務是會議成功與否的決定性因素。

( )44.獲得生意的方法，何者不是？ (A)憑藉口耳相傳成名的精美食物 (B)個人的用心 (C)旅館不被暴露於潛在的顧客之前 (D)環境氣氛。

( )45.所有的預估都不包括 (A)服務員的服裝 (B)宴會的日期 (C)每人的消費額 (D)服務的形式。

( )46.關於確認書，何者敘述不正確？ (A)確認書英文為letter of confirmation (B)只要委託人（顧客）簽名 (C)通常確認書會附有定金，其數額大小則依公司政策而改變 (D)是合法的契約。

( )47.下列敘述何者不正確？ (A)在宴會舉行前一個月，應該簽一份正式的合約，同時附上另一份訂金 (B)所有的宴會必須被仔細說明及得到同意 (C)簽署合約可以防止雙方有任何誤解 (D)這份合約必須由顧客及總經理共同簽署。

( )48.中式宴會服務可分為三種，何者不包括？ (A)餐盤服務 (B)分菜服務 (C)桌邊烹調服務 (D)轉盤式服務。

( )49.關於中式宴會的敘述何者不正確？ (A)宴會主人早在訂席之初就已決定菜單內容，所以不須在宴會時再做討論 (B)紹興酒最佳的品嚐溫度在35℃到40℃間 (C)菜餚由廚房端出後，由服務人員從宴會主人的左側上桌 (D)服務員在服務魚翅時，須將魚翅跟墊菜打散。

( )50.營業前的準備工作不包括 (A)準備菜餚 (B)服務檯的清潔準備工作 (C)餐桌、餐具之佈置及擺設 (D)營業前的檢查工作。

解答

1.B；2.D；3.C；4.B；5.D；6.D；7.A；8.C；9.D；10.B；11.C；
12.B；13.D；14.A；15.D；16.C；17.A；18.B；19.C；20.D；21.B；
22.B；23.A；24.D；25.A；26.C；27.B；28.D；29.A；30.C；31.D；
32.B；33.B；34.A；35.C；36.D；37.B；38.B；39.C；40.A；41.D；
42.D；43.B；44.C；45.A；46.B；47.D；48.C；49.A；50.A

餐飲服務能力測驗(三)

( )1.客房餐飲服務是國際觀光旅館為方便房客及增加收入在客房內提
供餐飲服務的一項服務。

( )2.客房餐飲菜單應被明顯地展示出來，如此才能激勵客人點訂第二
天的早餐。

( )3.大部分來說出納員係在會計部門工作，直屬於客房餐飲服務的一
部分。

( )4.客房餐飲服務的營運需要一處氣候舒適、非公開的封閉場所。

( )5.房客事先指定時間或打電話要求收餐具時，應立即前往收拾餐
具。

( )6.當酒精性飲料由外界攜入供宴會之用時，旅館沒有權利強迫收取
一筆開瓶費及小費。

( )7.送餐至客房先對房號再按鈴或敲門（不可超過三下），並報以單位
名稱，經過客人允許後方可開門送入，必須使門保持開著。

( )8.服務開酒之前須給主人驗酒，才可拆封。

( )9.對於宴會團體，先給主人左邊的客人倒酒，然後依順時針方向逐
次倒酒，最後才輪到主人。

( )10.領班或服務員送餐完畢，應順便整理樓層餐具架，以保持樓面的
清潔。

( )11.空中廚房大致可分為熱廚、冷廚、糕點製作三大部門。

( )12.空中廚房為應付隨時起飛的班機，空廚的作業須二十四小時待
命，食物的品管得經過層層管制。

( )13.一架客機上設有頭等艙、商務艙及經濟艙三個等級的選擇，但搭
乘頭等艙的旅客愈來愈少，全世界的航空公司漸漸將商務艙改為
頭等艙。

( )14.當旅客用餐時空服員將飲料車推至走道供應紅葡萄酒、白葡萄

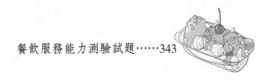

酒、啤酒或果汁等，視旅客需要供給，餐後供應咖啡、茶或白蘭地酒。

( )15.空中餐飲的設計，只有加溫的烤箱，以及利用電力打出冷風為蔬果保鮮冷藏的急速冷凍箱。

( )16.航空公司為配合旅客口味，紛紛推出熱騰騰的餐點。如果飛行時間較長，準備熱餐的時間充裕，旅客也有較長的時間享用餐點。

( )17.法式餐廳烹飪表演是一種能夠增加氣氛、引人注目、促進銷售的服務方式，在現代餐館業中很有其發展前途。

( )18.餐廳內的烹飪表演往往是在座的客人的熱門話題，但使用這種客前烹飪的方法往往需要一筆事先投資，當然也可以期望得到充分的報償。

( )19.切割分菜時，應該先男士後女士，如果全是男士，則以主人右邊的一位開始。

( )20.除了做好肉食的廚房準備外，切割服務員還應當仔細備好切割用具，保證隨手可取，隨時能用。

( )21.現場烹飪還需要有受過良好訓練的服務員，另一方面它又使某些服務工作更加方便。

( )22.水果刀必須鋒利，選用大小適中的水果刀，用前不須進行消毒。

( )23.切割服務員要用18公分長的利刃來切割燒肉、烤肉，如牛柳、牛排等等。

( )24.現場烹飪所用的設備和工具與餐廳烹飪相似，餐廳烹飪當然也包括現場烹飪，但兩者是有區別的。

( )25.現場烹飪車所用的火頭和熱源要像烹飪食物的爐子那樣強，因為食物已是半熟的，火焰要將其快速加熱。

( )26.銀盤、銅鍋在使用時，應注意與食物性質之搭配，以避免食物產生變化。

( )27.餐飲業主要提供的產品有二，一是有形的菜餚與飲料等產品，另一則是無形的「服務」。

( )28.餐飲品質與服務二者是毫不相關的。

( )29.魚子醬以用玻璃器皿盛裝置於碎冰上供應爲宜。

( )30.口布是許多餐廳擺設的一部分,約距桌面三英寸,是一個有影響
性的裝飾品。

( )31.圓托盤與方托盤適用於擺放和撤換餐具和酒具、斟酒、上菜等。

( )32.飲食的根本和最終目的,是爲了滿足進食者獲得足夠量的合理營
養,也即達到養生的需要。

( )33.盤飾是進食過程中美食效果的關鍵。

( )34.中餐廳的色彩多採用暖色,尤以紅木色、咖啡色、橘黃色和金黃
色爲佳。

( )35.接待工作之重要性乃是接待人員之表現,代表著該單位及餐廳之
水準形象與榮譽,而在高品質水準之服務要求下,領班是第一位
與客人接觸之關鍵人物。

( )36.公杯應以兩人使用壹個公杯爲服務之標準。

( )37.服務進餐有三種方法:正確的方法、錯誤的方法,及因人而異的
方法。

( )38.湯爲菜餚的一種,所以應由客人的左邊以左手供應。

( )39.服務順序爲:女士,長者,小孩。

( )40.儘可能在客人的左方,以左手陳示菜單。如果這種方式不方便,
則改用任何儘可能減少打擾客人之方法來陳示菜單。

( )41.在填寫菜單時,若以簡略之文字、符號標示,會讓其他的服務、
內場人員都無法理解。

( )42.有缺口或裂縫之器皿,不得存放食品或供人使用。

( )43.Vermouth適用於開胃酒。

( )44.高鈣鮮乳是一種強化乳。

( )45.熱牛奶應隔水加熱。

( )46.干邑酒籤上的VSOP標示,V代表vintage;S代表special;O代表
original;P代表pure。

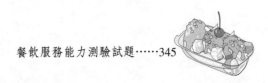

( )47.經泥煤燻製的調配威士忌是Scotch whisky。

( )48.餐飲服務員為講究效率，避免客人等候，必要時在餐廳可以快跑為之。

( )49.隱含的服務指能使消費者獲得某些心理感受的服務。

( )50.個人衛生純屬隱私，不須列入餐飲管理的範圍。

解答

1.○；2.○；3.✕；4.○；5.○；6.✕；7.○；8.○ ；9.✕；10.○；11.○；12.○；13.✕；14.○；15.○；16.○；17.○；18.○；19.✕；20.○；21.○；22.✕；23.✕；24.○；25.✕；26.○；27.○；28.✕；29.○；30.○；31.○；32.○；33.○；34.○；35.✕；36.○；37.✕；38.○；39.○；40.○；41.✕；42.○；43.○；44.○；45.○；46.✕；47.✕；48.✕；49.○；50.✕

餐飲服務能力測驗(四)

( )1.一盎斯約等於多少毫升？ (A)10 (B)20 (C)30 (D)40。

( )2.法文"mise en place"的含意為何？ (A)標準作業流程 (B)餐廳營業前的準備工作 (C)法式服務 (D)美式餐館。

( )3.烤牛肉中"medium rare"代表幾分熟？ (A)1~2分 (B)3~4分 (C)5分 (D)7~8分。

( )4.早餐類中"over hard"表示 (1)兩面煎熟 (B)蛋捲 (C)水波蛋 (D)兩面嫩煎。

( )5.香檳和其他氣泡酒的最適合品嚐的溫度是 (A)7~9度 (B)10~12度 (C)13~15度 (D)16~18度。

( )6.法文"maitre d'hotel"是餐廳的 (A)主任 (B)葡萄酒服務員 (C)客房餐飲服務員 (D)調酒員。

( )7."room service"是指 (A)清理房間服務 (B)客房餐飲服務 (C)客房出租 (D)宴會服務。

( )8.香檳酒各類型中，"brut"代表何意？ (A)以古典香檳法製成 (B)百分百白葡萄製造 (C)原味，不甜 (D)甜度高。

( )9.調酒中，"straight"代表 (A)純飲 (B)只加礦泉水 (C)加冰塊 (D)沒酒精。

( )10.美國的酒精度80 poof代表酒精強度的比例為 (A)30% (B)20% (C)60% (D)40%。

( )11.空中廚房大致可分為三種，下列何者不是？ (A)熱廚 (B)飲料部 (C)冷廚 (D)糕點製作。

( )12.頭等艙精心提供各式佳餚餐點，作法精緻，大都採美式服務方式，空勤人員按程序服務，何者有誤？ (A)空勤人員協助旅客擺好或拉妥餐桌 (B)先吃冷盤 (C)倒酒 (D)先供應甜點。

( )13.客機上的艙位分為三種，何者不包括： (A)頭等艙 (B)經濟艙 (C)

商務艙 (D)工作艙。

( )14.切割服務員的工具應符合的要求不包括 (A)簡樸 (B)符合專業質量要求 (C)華麗 (D)適用。

( )15.對於餐飲部門的經理來說，必須根據其本身的 (A)經營情況 (B)員工 (C)市場情況 (D)地點 來決定適合採用什麼樣的餐廳烹飪表演和選用哪些菜餚進行餐廳烹飪。以上何者不包括？

( )16.餐廳烹飪表演的種類中不包括 (A)現場烹飪主菜 (B)現場烹飪湯類 (C)現場切割 (D)特別方式。

( )17.烹飪表演原則，先進行的原則中，不包括 (A)顧客評估 (B)價格評估 (C)服務人員評估 (D)在餐廳生產率基礎上確定烹飪表演的效果。

( )18.清湯（consomme）是由何種湯烹調成的？ (A)濃湯 (B)高湯 (C)奶油湯 (D)醬湯。

( )19.決定是否需要採用現場烹飪的主要因素是之一是 (A)餐廳設備是否足夠 (B)能否起到增加氣氛的作用 (C)服務人員的專業夠不夠 (C)顧客是否需要 (D)餐廳的顧客年齡層是多少。

( )20.採用餐廳烹飪表演的服務方式，可以出於各種各樣的考慮，增加收入只是其中之一，而要通過烹飪表演增加收入又有三個途徑，何者不是？ (A)以較美觀的菜餚當做烹飪表演的菜餚 (B)用餐廳烹飪表演的方法促銷，可以誘導客人點用利潤高的菜餚，來增加收入 (C)誘人的陳列展覽可以增加銷售量 (D)當客人認為他們得到了特別的款待，取得了賞心悅目的享受和獲得一個難忘的經歷時，他們會樂於接受較費的菜餚價格。

( )21.德國酸菜是哪道主菜的配菜？ (A)炸雞 (B)橙汁鴨 (C)鹹豬腳 (D)烤羊排。

( )22.餐廳提供火焰表演技巧有多種火焰方法，何者不包括？ (A)雙鍋火焰 (B)無鍋火焰 (C)明火火焰 (D)長劍火焰。

( )23.大部分現場烹飪需要三大設備，何者不是？ (A)服務巾 (B)爐

灶、熱源 (C)適合於餐廳操作的平鍋和其他容器 (D)操作用的烹飪車。

( )24.有關玻璃杯的清洗,下列敘述何者有誤? (A)宜用溫水清洗 (B)清洗後宜擦拭乾淨 (C)洗好後杯口向下擺放 (D)任其自然風乾。

( )25.從美觀及客人的行動上考量,通常桌布的長度以垂下桌沿幾公分為原則? (A)10-19 (B)20-30 (C)31-40 (D)41-50。

( )26.餐廳服務的要領,下列何者不正確? (A)熱菜須趁熱上桌,所以油炸食物必須加蓋上桌 (B)拿取餐具的原則,是客人會吃到的部位不可用手觸之 (C)上熱湯、熱咖啡和熱茶需提醒客人注意 (D)一般而言每個服務員約可服務四桌(十六位客人)。

( )27.維也納小牛排是哪一國的名菜? (A)盧森堡 (B)奧地利 (C)義大利 (D)澳大利亞。

( )28.餐桌的高度通常在 (A)61~66 (B)71~76 (C)81~86 (D)91~96 公分。

( )29.餐廳在裝潢時所考慮的因素,下列何者不在其列? (A)顏色 (B)燈光 (C)家具 (D)停車場。

( )30.有關合菜菜單的定義,何者敘述錯誤? (A)售價固定 (B)一種有限制的菜單 (C)菜餚有較大的選擇性 (D)菜都在某一特定時間準備好了。

( )31.一般菜單可分為單點、套餐及合用菜單,這種分類是根據 (A)季節 (B)經營的需求 (C)就餐習慣 (D)宗教信仰。

( )32.下列餐廳服務項目,依一般標準作業流程,由開始至結束之排列順序為何?甲、遞送菜單;乙、迎賓與帶位;丙、上菜;丁、結帳與送客;戊、點菜 (A)甲乙戊丙丁 (B)甲戊乙丙丁 (C)乙甲戊丙丁 (D)乙戊丙甲丁。

( )33.下列有關中國地方菜之敘述,何者有誤? (A)湖南菜以燻及醃為主 (B)四川菜其單項口味偏重辣、酸、甜、香、鹹五味 (C)上海菜之選料多重海鮮 (D)北平菜選料、烹調、火侯、刀工處處講

究。

( )34.上菜與收盤的順序，下列何者有誤？ (A)主賓需先服務 (B)席中有女士時，男主賓客需優先女士 (C)年長者優於年輕者 (D)主人殿後。

( )35.有關建議式推銷，下列何者敘述有錯？ (A)儘量用選擇句 (B)儘量用一般疑問句 (C)多用描述的語言 (D)掌握好時機並根據客人的習性來推銷。

( )36.開香檳酒時，最好把瓶子傾斜幾度？ (A)75度 (B)65度 (C)45度 (D)25度。

( )37.西餐最早起源於 (A)法國 (B)義大利 (C)希臘 (D)美國。

( )38.有關法式西餐的服務，下列何者敘述錯誤？ (A)熱湯由客人左側供應 (B)提供洗手盅的服務 (C)沙拉由客人左側供應 (D)由客人右側收拾殘盤。

( )39.台灣西餐廳源自 (A)南京 (B)上海 (C)廣東 (D)香港。

( )40.在傳統的西餐菜單結構順序中，下列何者被列為第一道菜？ (A)湯 (B)前菜 (C)主菜 (D)甜點。

( )41.一般而言，法式西餐的最大特色是 (A)肉汁 (B)佐料 (C)牛肉 (D)沙拉。

( )42.關於西式早餐，下列敘述何者正確？ (A)歐式早餐內容包含果汁類食品 (B)歐式早餐內容包含麵包類食品 (C)歐式早餐內容包含蛋類食品 (D)美式早餐內容包含肉類食品。

( )43.義大利菜承自 (A)印加文化 (B)雅典文化 (C)希臘文化 (D)羅馬文化。

( )44.羅宋湯是那裏的名湯？ (A)呂宋 (B)美國 (C)法國 (D)俄羅斯。

( )45.泡茶的主要三大要素是茶葉用量、水溫及 (A)品種 (B)器皿 (C)時間 (D)溼度。

( )46.下列何者不是用高溫沖泡的茶葉？ (A)中發酵以上的茶 (B)陳年茶 (C)細碎型的茶 (D)焙火較重的茶。

( )47.下列何者不是製造威士忌的原料？ (A)大麥 (B)黑麥 (C)玉米 (D)馬鈴薯。

( )48.鐵觀音是屬於哪一種類的茶？ (A)不發酵 (B)半發酵 (C)全發酵 (D)九成發酵。

( )49.下列何者不是釀造酒？ (A)米酒 (B)花雕酒 (C)五加皮 (D)紅露酒。

( )50.茶澀味的主要來源是 (A)咖啡因 (B)單寧 (C)胺基酸 (D)二氧化碳

解答

1.C；2.B；3.A；4.A；5.A；6.A；7.B；8.C；9.A；10.D；11.B；12.B；13.D；14.C；15.D；16.B；17.B；18.B；19.B；20.A；21.C；22.C；23.A；24.B；25.B；26.A；27.B；28.B；29.D；30.C；31.B；32.C；33.A；34.B；35.B；36.C；37.B；38.A；39.B；40.B；41.A；42.C；43.D；44.D；45.C；46.C；47.D；48.B；49.C；50.B

餐飲服務能力測驗(五)

( )1.生食、熟食可用一個砧板。

( )2.食物中毒的必要條件有三：病源、感受體、催化媒介。

( )3.細菌的成長條件中，與食物本身無關，完全是溫度和時間控制不當所致。

( )4.細菌喜好在酸性的環境下生長。

( )5.所有細菌性食物中毒的病源「細菌」在生長時都需要大量的氧氣。

( )6.抽菸喝酒後不需洗手。

( )7.在服務區梳頭是不禮貌的，且違反食品操作人員個人衛生保健的規定。

( )8.臉上化濃粧、戴髮飾違反食品操作人員個人衛生保健的規定。

( )9.女服務員頭髮垂肩者，應使用髮網固定頭髮。

( )10.食物與器皿的元素會產生化學變化，故應謹選調理與服務器皿。

( )11.大部分食物中毒事件是發生在市集、學校自助餐或其他集體用餐場合。

( )12.即使是零缺點的餐館或廚房，也不能防止因食物而產生的疾病。

( )13.現代化的機器及烹調法，不一定能減少食物污染機會。

( )14.檢測肉類是否新鮮可食用，可以聞一聞有沒有臭味，若沒有臭味可烹調。

( )15.鍋子起火時，要立刻蓋上鍋蓋，並切斷火源。

( )16.在食物與冰箱壁及冰箱底之間要留有一段距離，以保持冷空氣的流通。

( )17.廚師、餐廳服務人員儘量避免用手拿食物。

( )18.餐廳內講求衛生，提供健康飲食給顧客，與服務生無很大關係。

( )19.洗刷餐具之一切用品皆必須保持清潔。

( )20.清潔器皿時,直接將器皿放入第一槽,並使用40℃左右的水加清潔劑洗滌。

( )21.餐廳需組成消防指揮所編制及任務說明,達到防火的目的。

( )22.太平門及太平梯及門口,不可堆置東西,太平門不得閉鎖。

( )23.電線與瓦斯管應勤於檢查,油庫要常清潔。

( )24.電器材料燃燒時,宜用乾粉滅火機撲滅。

( )25.油鍋起火時,應趕快用水撲滅。

( )26.每一位員工都應知道餐廳內一切消防工具的裝備及其位置,以及使用方法。

( )27.火災中,室內濃煙竄升時,應先設法開窗救人。

( )28.打破玻璃杯時,應趕快用手撿起,以免其他人受傷。

( )29.清潔地板時,應掛上警告牌,直到地板全乾。

( )30.新進人員應先經醫療機構檢查合格後,始得任用。

( )31.洗手時,只需用肥皂,不須使用一些特殊清潔劑。

( )32.鍋巾可以用來擦手、持熱鍋,用途廣泛,非常方便。

( )33.處理殘杯剩盤時,過程需謹慎,以免感染客人的AIDS。

( )34.餐飲服務人員不可以留指甲,但可擦淡色的指甲油。

( )35.在供應餐食的場所中,抽煙或吐痰是違反衛生安全規定的舉動。

( )36.食品從業人員從業期間,應接受衛生主管機關舉辦之衛生講習。

( )37.凡已腐蝕之食物,不可留置或丟在地上。

( )38.上菜時,熱菜可用冷盤服務。

( )39.洗手時,應將肥皂水在水龍頭下沖洗乾淨。

( )40.洗刷餐具應將所有餐具一起清洗,不須分類。

( )41.每位服務人員在就職之前,須接受一定的安全訓練並熟悉緊急狀況之處理。

( )42.餐廳只要其菜餚好吃,就可以無所謂是否有牌照。

( )43.餐廳樓梯間可擺放雜物,只要不是龐大物品即可。

( )44.沖洗餐具,以快速為原則,不論乾淨與否。

( )45.為維護廚房安全，地板應保持乾爽或鋪上塑膠墊。

( )46.餐廳內的逃生及滅火設備，應做好定期的維修及更新。

( )47.為了安全起見，兒童不宜在餐廳內奔跑嬉鬧。

( )48.當大理石地板上有水漬時，可任其自然乾燥不用擦拭。

( )49.更換用餐完畢的桌布時，應大力抖落殘留的菜渣。

( )50.食物不可隨便放置在地上。

解答

1.╳；2.╳；3.╳；4.╳；5.╳；6.╳；7.○；8.○；9.○；10.○；11.
╳；12.○；13.○；14.╳；15.○；16.○；17.○；18.╳；19.○；20.
╳；21.○；22.○；23.○；24.○；25.╳；26.○；27.╳；28.╳；29.
○；30.○；31.╳；32.○；33.○；34.╳；35.○；36.○；37.○；38.
╳；39.○；40.╳；41.○；42.╳；43.╳；44.╳；45.○；46.○；47.
○；48.╳；49.╳；50.○

餐飲服務能力測驗(六)

( )1.細菌快速生長的溫度是在 (A)2-3℃ (B)5-7℃ (C)10-60℃ (D)65℃以上。

( )2.在臺灣，細菌性食品中毒事件多發生在幾月之間？ (A)12月至1月 (B)2月至3月 (C)4月至7月 (D)8月至11月。

( )3.硝的添加量被嚴格限制在多少ppm以下？ (A)70ppm (B)80ppm (C)90ppm (D)100ppm。

( )4.致命率占所有細菌性食品中毒的第一位殺手是 (A)金黃色葡萄球菌 (B)仙人掌菌 (C)沙門氏菌 (D)肉毒桿菌。

( )5.熟米飯置於室溫儲放不當會引起何種細菌污染？ (A)仙人掌菌 (B)沙門氏菌 (C)金黃色葡萄球菌 (D)大腸桿菌。

( )6.拿熱鍋時需使用何種物品預防燙傷 (A)乾抹布 (B)濕抹布 (C)乾圍裙 (D)濕圍裙。

( )7.地板太滑時，可以灑一點什麼來止滑？ (A)蘇打粉 (B)鹽 (C)味精 (D)糖。

( )8.舉起重物時，應使用何處的肌肉以避免扭傷？ (A)背部 (B)腹部 (C)腿部 (D)臀部。

( )9.一粒老鼠屎壞了一鍋粥，是因為老鼠屎可能帶有何種細菌？ (A)肉毒桿菌 (B)葡萄球菌 (C)黴菌 (D)病源性大腸桿菌。

( )10.清洗刀子時，刀鋒應朝向哪一個方向？ (A)上 (B)下 (C)內 (D)外。

( )11.開瓦斯時的步驟 (A)先點火再開瓦斯 (B)瓦斯不開，故直接點火 (C)先開瓦斯再點火 (D)同時開火和瓦斯。

( )12."Hers d' Oeuvre"是指餐譜中那一道菜？ (A)開胃前菜 (B)美味羹湯 (C)珍饌主菜 (D)餐後甜點。

( )13. "appetizer"是指餐譜中哪一道菜？ (A)珍饌主菜 (B)開胃前菜

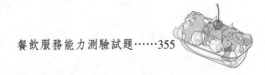

(C)美味羹湯 (D)餐後甜點。

( )14.下列何種調味品有滅火的功能？ (A)硝 (B)鹽 (C)糖 (D)味精。

( )15.一般食物中毒的必要條件中傳播媒介是指 (A)人體 (B)動物 (C)細菌 (D)食物。

( )16.用餐一半發生地震，正確的處理方式為 (A)請客人立即疏散 (B)先請客人就地掩蔽至桌下或柱子邊，再視情況疏散 (C)當作沒事繼續工作 (D)先搶救財物。

( )17.洗手用的特殊清潔劑應多久使用一次？ (A)30分 (B)60分 (C)90分 (D)120分。

( )18.下列哪一種人可從事供膳業務？ (A)灰指甲 (B)結核 (C)B型肝炎 (D)輕度智障者。

( )19.餐廳進行消毒時，餐具應 (A)放在桌上 (B)放在地上 (C)放在櫃子裏 (D)放在門邊。

( )20.若非法僱用體格不合格之勞工，業主將罰多少元以下之罰鍰？ (A)5000元 (B)7000元 (C)10000元 (D)50000元。

( )21.蒸氣殺菌法，毛巾應至少加熱幾分鐘？ (A)二分鐘 (B)三分鐘 (C)五分鐘 (D)十分鐘。

( )22.手部有創傷時，可能會有哪一種細菌污染食品？ (A)大腸桿菌 (B)黑霉菌 (C)綠膿菌 (D)傷寒桿菌。

( )23.洗手擦洗指尖，應以何種方式清洗？ (A)手指互搓指尖 (B)兩指尖相互摩擦 (C)兩手指間互相搓揉 (D)做拉手狀。

( )24.下列何種調理方式對於蔬菜的營養保存性最高？ (A)生食 (B)烤 (C)炸 (D)煮。

( )25.餐廳意外事件中，發生意外比率最高者為 (A)滑倒 (B)燙傷 (C)食物中毒 (D)電梯夾傷。

( )26.餐廳員工意外事件中，員工發生意外比率最高者為 (A)刀傷 (B)滑倒 (C)燙傷 (D)機械碾傷。

( )27.使用砧板不可用下列何者方式消毒？ (A)氯水 (B)日光 (C)紫外線

(D)洗衣粉。

( )28.砧板消毒後，應以何種方式存放？ (A)正立 (B)側立 (C)倒立 (D)背立。

( )29.餐飲業室內工作環境之衛生規定中，二氧化碳濃度不得高於百分之多少？ (A)0.015% (B)0.15% (C)1.05% (D)15%。

( )30.清潔作業區及原料儲存室之落菌量每五分鐘不可超過多少個？ (A)100個 (B)90個 (C)80個 (D)70個。

( )31.對於新進服務人員，為避免服務失誤之傷害，應實施何種訓練？ (A)面試操作 (B)在職訓練 (C)職前訓練 (D)以上皆非。

( )32.下列何者屬於設備不良造成的意外？ (A)因地板打蠟滑倒 (B)儲存方式不良而食物中毒 (C)因光線不良跌倒 (D)熱湯倒在客人身上。

( )33.手洗餐具時，應用何種清潔劑 (A)弱酸 (B)中性 (C)酸性 (D)鹼性。

( )34.下列何者並非常見的餐具消毒法？ (A)蒸氣 (B)煮沸 (C)氯液 (D)紅外線。

( )35.一般冷藏溫度需在多少度以下？ (A)$7^{\circ}C$ (B)$4^{\circ}C$ (C)$1^{\circ}C$ (D)$0^{\circ}C$。

( )36.一般冷凍的溫度在多少度以下？ (A)$0^{\circ}C$ (B)$7^{\circ}C$ (C)$-4^{\circ}C$ (D)$-18^{\circ}C$。

( )37.可以作為烘焙麵包的酵母菌為 (A)病源酵母菌 (B)優質酵母菌 (C)腐敗酵母菌 (D)有益酵母菌。

( )38.做豆腐乳中使用何種微生物？ (A)腐敗酵母菌 (B)應敗黴菌 (C)有益酵母菌 (D)有益黴菌。

( )39.砧板的材料，最好以何種質料為最佳？ (A)不銹鋼 (B)木質 (C)合成塑膠 (D)合成塑鋼。

( )40.遇有緊急狀況發生時，應做的正確反應是 (A)坐在座位上以不變應萬變 (B)先逃為快 (C)做有秩序的疏散 (D)先搶救財物。

( )41.當顧客受到傷害時（被水杯割傷），應如何處理？ (A)告訴領班

級以上的主管 (B)自行處理 (C)置之不理並假裝沒看見 (D)馬上答
應客人賠償醫藥費。

( )42.餐廳之安全門平時應 (A)鎖上 (B)保持暢通 (C)放置不用之東西以
占用其他空間 (D)封住，以免顧客偷跑。

( )43.餐廳必備之安全設備為 (A)安全帽 (B)滅火器 (C)殺蟲劑 (D)工程
梯。

( )44.廚房工作場所若採光不良，會影響工作效率，因此廚房內之光至
少應在 (A)50米燭光 (B)70米燭光 (C)90米燭光 (D)100米燭光 以
上。

( )45.一般細菌最適宜生長的溫度是攝氏幾度？ (A)5℃~45℃ (B)7℃
~50℃ (C)10℃~60℃ (D)15℃~80℃。

( )46.下列哪一項不是造成食物中毒之原因？ (A)食品加熱不當 (B)冷
凍冷藏溫度不夠 (C)迅速處理食物 (D)不當使用添加物。

( )47.食品工業上是常使用的一種微生物是 (A)葡萄球菌 (B)黴菌 (C)螺
旋菌 (D)酵母。

( )48.廚房工作人員的服裝應以哪種顏色為主？ (A)白色 (B)紅色 (C)藍
色 (D)灰色。

( )49.廚房工作人員如果手部有創傷或腫膿時，該如何處理？ (A)嚴禁
從事食品作業 (B)先貼膠帶再工作 (C)小心工作 (D)塗藥後再上
班。

( )50.下列哪一項不是預防食物中毒的基本原則？ (A)清潔 (B)迅速 (C)
冷藏或加熱 (D)添加防腐劑。

解答

1.C；2.D；3.A；4.D；5.A；6.A；7.B；8.C；9.D；10.D；11.A；
12.A；13.B；14.B；15.D；16.B；17.B；18.D；19.C；20.C；21.D；
22.C；23.D；24.A；25.A；26.A；27.D；28.B；29.B；30.D；31.B；
32.C；33.B；34.D；35.A；36.D；37.D；38.D；39.C；40.C；41.A；
42.B；43.B；44.D；45.C；46.C；47.D；48.A；49.A；50.D

餐飲服務能力測驗(七)

( )1.餐飲服務人員的工作帽應以整潔美觀為主,不可蓋住頭髮。

( )2.廚房工作人員的服裝儘量以暗色為主,如此較不容易髒。

( )3.餐飲從業人員每年應定期健康檢查至少一次。

( )4.廚房工作時,若已烹調好的食物不慎掉落地上,絕對不可再用。

( )5.細菌遍佈整個大自然,大部分都會影響人體的健康。

( )6.所謂防腐劑,事實上就是一種抗黴菌,以防範食品受污染。

( )7.一般細菌在攝氏零下15度時,細菌都會被消滅而無法生存。

( )8.餐廳廚房的地板建材須選擇不透水、易洗、耐酸鹼的深色材料為宜。

( )9.餐廳廚房的門窗、出入口應設置防範病媒體入侵的設備。

( )10.平均消費額是指營業收入除以就餐人數的值,它關係到客人的消費水準,是掌握市場狀況的重要數據。

( )11.餐飲事業依用餐地點、服務方式、菜式花樣和加工食品等而有不同類型。

( )12.餐飲主要收入來自餐廳、酒吧、宴會廳、客房餐飲服務和外燴等。

( )13.家庭式餐廳顧名思義,此類型餐廳適合全家大小一起用餐,價格也較美食餐廳低,在一般中等收入之家庭可負擔的範圍內。

( )14.在餐廳生意競爭日趨激烈之情況下,許多國際觀光大飯店之餐廳或宴會廳,不得不積極開發外燴市場。

( )15.客房服務是指將餐飲送至客房給顧客享用。

( )16.餐飲推銷指餐廳與顧客雙方互相溝通訊息。

( )17.菜單是一種「推銷櫥窗」,它可用來推銷菜餚的內容與價格。

( )18.大眾媒體報導不能帶來名氣聲望與深刻印象。

( )19.餐廳所提供的產品和服務必須能滿足客人的要求。

( )20.推銷的過程也就是訊息傳遞的過程。

( )21.人員銷售的主要優點在於每個接觸對象的成本相當便宜。

( )22.銷售促銷最誘人之處,在於能夠讓銷售量在短期間內立刻激增。

( )23.行銷的首要重點,在於滿足顧客的需求與顧客的慾望。

( )24.促銷行銷最強而有力之特色,在於完成交易的能力。

( )25.行銷是需要不斷規劃與更新的長期性活動。

( )26.行銷環境要素可分為競爭、經濟環境、政治與立法、社會與文
　　　化,以及科技。

( )27.西餐主菜傳統擺盤為澱粉類食物如馬鈴薯、麵類放於主菜盤中
　　　央,肉類放其上方。

( )28.盛裝冰淇淋的杯碗必須先置於冰箱冰冷後使用。

( )29.隨著菜單內容之不同,廚房內部設備亦有所差異。

( )30.一般正式西式菜單的排列順序:前菜類、魚類、湯類、主菜類或
　　　肉類、點心類、飲料。

( )31.單點菜單的菜色比套餐多,顧客有更多的選擇空間。

( )32.套餐菜單的主要特性是其為限定的菜單,僅提供數量有限的菜
　　　色。

( )33.兒童餐是唯一必須與餐廳的主題和裝潢格調一致的套餐。

( )34.用餐場地的不同,會改變烹調和服務的方法,因此,菜單內容的
　　　選擇也會受到影響。

( )35.外帶餐飲最大的特色是菜色種類多,必須有選擇性,且能長時間
　　　保藏,而不會損害品質和影響口味。

( )36.為樹立餐廳風格,菜單內容要儘量奇怪,讓客人不瞭解,最好價
　　　格也不要標明。

( )37.正式西餐廳的西餐菜單不可有中文字。

( )38.菜單是越華麗、越大越好。

( )39顧客若對菜單有不明瞭之處,應誠摯為客人講解。

( )40.定食菜單的價格不是固定的,所以必須按照其菜單個別定價。

( )41.餐盤顏色愈花愈好配菜。

( )42.菜單設計上每道菜之菜色調配,可不用考慮與上下道菜色彩的調和。

( )43.菜單之 “a la carte” 是指餐廳當天的特餐。 。

( )44.餐盤顏色素淡、花色單純,則廚師愈容易製作盤飾。

( )45.菜單不影響餐桌的擺設,隨便擺設是沒有關係的。

( )46.菜單須經常擦拭,以保持菜單的清潔與衛生。

( )47.每一個客人都應遞給一份菜單,如果菜單不夠,則應先給女客,如果沒有異性,則以年長者為優先。

( )48.服務人員應熟悉菜單上各類名稱及價格,但對於其菜餚之烹調及內容不必注意。

( )49.菜單是一種「推銷櫥窗」,它是餐廳行銷的一種方法。

( )50.中式菜單可以附加英文說明

解答

1.○;2.✗;3.○;4.○;5.✗;6.○;7.✗;8.✗;9.○;10.○;11.○;
12.○;13.○;14.○;15.○;16.○;17.✗;18.✗;19.○;20.○;
21.✗;22.○;23.○;24.✗;25.○;26.○;27.✗;28.○;29.○;
30.○;31.○;32.○;33.○;34.○;35.○;36.✗;37.✗;38.✗;
39.○;40.✗;41.✗;42.✗;43.✗;44.○;45.✗;46.○;47.○;
48.✗;49.○;50.○

餐飲服務能力測驗(八)

( )1.菜單是越華麗、越大越好。

( )2.中式菜單可以附加英文說明。

( )3.隨著菜單內容之不同,廚房內部設備亦有所差異。

( )4.一般正式西式菜單的排列順序:前菜類、魚類、湯類、主菜類或
肉類、點心類、飲料。

( )5.菜單是一種「推銷櫥窗」,它可用來推銷菜餚的內容與價格。

( )6.定食菜單的價格不是固定的,所以必須按照其菜單個別定價。

( )7.單點菜單的菜色比套餐多,顧客有更多的選擇空間。

( )8.套餐菜單的主要特性是其為限定的菜單,僅提供數量有限的菜
色。

( )9.兒童餐是唯一必須與餐廳的主題和裝潢格調一致的套餐。

( )10.用餐場地的不同,會改變烹調和服務的方法,因此菜單內容的選
擇也會受到影響。

( )11.外帶餐飲最大的特色是菜色種類多,必須有選擇性,且能長時間
保藏,而不會損害品質和影響口味。

( )12.為樹立餐廳風格,菜單內容要盡量奇怪,讓客人不瞭解,最好價
格也不要標明。

( )13.正式西餐廳的西餐菜單不可有中文字。

( )14.餐具在清洗高溫殺菌烘乾後,仍須用乾布將其拭乾,以便收藏。

( )15.所謂餐飲服務,就是指供應食物和飲料的動作和技巧。

( )16.餐飲服務員為講究效率,避免客人等候,必要時在餐廳可以快跑
為之。

( )17.餐飲服務手持熱盤,為避免燙傷,須以餐巾端盤上桌,以免意外
傷害。

( )18.美式餐飲服務的特色是菜餚從客人左側供食,飲料從右側服務。

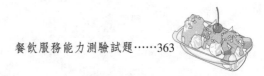

( )19.餐飲服務時，應以女賓或年長者優先服務，主人殿後。

( )20.餐飲服務員一天的工作量相當重，因此在餐廳服勤時可將身體靠牆休息。

( )21.餐桌服務時，若餐具不慎掉落地上，應立即撿起並拭淨再給客人使用。

( )22.所謂正確的服務心態係指瞭解並尊重自己所扮演的角色，並能有效控制自己的情緒於工作場合。

( )23.餐飲服務員務須先熟悉餐廳菜單，才能提客人良好服務。

( )24.一般而言，所謂"plate service"係指俄式餐飲服務。

( )25.當顧客用餐結束後，服務員應立即主動遞上帳單，以免客人久候。

( )26.更換檯布時，需注意以勿使桌面露出為原則，以免影響觀瞻。

( )27.餐巾是用來裝飾的，不是用來擦拭餐桌。

( )28.餐桌擺設，客人若未入席，水杯擺設應杯口朝下。

( )29.餐桌擺設，客人若已入席，水杯口應朝上。

( )30.中餐餐桌擺設中，以飯碗代替骨盤。

( )31.餐桌裝飾物，其擺設方向應力求一致，色彩講求柔和和高雅。

( )32.中餐中，非正式的餐桌擺設是將湯匙放在味碟上或小湯碗內。

( )33.龍蝦叉可用來吃田螺。

( )34.餐桌擺設完畢後，務必再作一次檢視，力求完美無缺。

( )35.污損的餐具、器皿和桌布是絕對禁止使用。

( )36.擺設餐具時，不須費時先分類檢齊餐具。

( )37.餐具與桌子花色愈多，愈表示餐廳氣氛高級、品格不凡。

( )38.美式餐具放置之範圍為縱深十五吋，橫寬二十四吋。

( )39.西餐餐具在擺設前，先鋪一層桌墊目的是用來吸震的，防撞擊聲，並使客人有舒適感。

( )40.餐桌在選配餐具器皿時，一定要選擇花色一致且成套的器皿。

( )41.銀質或鋼製之餐具適宜盛裝酸鹼性食物。

( )42.擦拭杯子、銀器、餐具可用相同的布巾，以節省時間。

( )43.餐具洗乾後，用乾布擦拭即可。

( )44.餐廳服務櫃"station"上，可用餐巾作墊布，以防餐具放置時發出聲音，所有餐具依序自右而左放著湯匙、餐具、刀叉等用具。

( )45.中餐通常不放酒杯，視客人需要再提供。

( )46.爲了美觀和諧，如爲方桌或長桌，擺放餐具時應注意前後左右的所有餐具皆對齊一直線。

( )47.刀叉擦拭後，收拾時應拿刀刃或刀尖，以免留下指印。

( )48.收拾餐盤時，用服務巾蓋包是多此一舉。

( )49.法國人首創擦拭杯子後，再擺放到桌子上。

( )50.花瓶中插花的正常葉子仍須小心擦拭後才能放置餐桌上。

解答

1.✕；2.○；3.○；4.○；5.○；6.✕；7.○；8.○；9.✕；10.○；11.✕；
12.✕；13.✕；14.○；15.○；16.○；17.○；18.○；19.○；20.✕；
21.✕；22.○；23.○；24.○；25.○；26.○；27.✕；28.○；29.○；
30.✕；31.○；32.○；33.✕；34.○；35.○；36.✕；37.✕；38.○；
39.○；40.○；41.✕；42.✕；43.✕；44.✕；45.○；46.✕；47.✕；
48.✕；49.✕；50.○

餐飲服務能力測驗(九)

( )1.最適宜雞尾酒會（cocktail party）供應之食物大小規格為何？ (A)可一口食用者 (B)愈大塊愈實際 (C)愈小愈精緻 (D)依食物種類而異。

( )2.明火烤爐（salamander）是何種導熱法？ (A)傳導法 (B)對流法 (C)輻射法 (D)感應法。

( )3.煎爐（griddle）是何種導熱法？ (A)傳導法 (B)對流法 (C)輻射法 (D)感應法。

( )4.烤箱（oven）是何種導熱法？ (A)傳導法 (B)對流法 (C)輻射法 (D)感應法。

( )5.筷子的擺設應平直架於筷架上，標誌一般朝 (A)上 (B)下 (C)內 (D)外。

( )6.中餐擺設的公杯其杯嘴方向應朝向 (A)前 (B)後 (C)左 (D)右。

( )7.西餐中十吋的盤子是為 (A)晚餐盤 (B)奶油麵包盤 (C)服務盤 (D)沙拉盤。

( )8.西餐餐具擺設順序是 (A)由外往內 (B)由內往外 (C)由中間向外 (D)客人使用方便就行。

( )9.西式全套套餐餐具的點心匙叉，其擺放位子為 (A)匙下朝左，叉上朝右 (B)匙上朝右，叉下朝左 (C)匙上朝左，叉下朝右 (D)匙下朝右，叉上朝左。

( )10.龍蝦箝應放置在餐桌客人哪一邊？ (A)左方 (B)右方 (C)右上方 (D)左上方。

( )11.龍蝦剔叉應放置在餐桌客人哪一邊？ (A)右上方 (B)左下方 (C)右方 (D)左方。

( )12.桌卡的放置應 (A)打開面對客人 (B)打開斜對客人 (C)打開面對客人 (D)闔上平放桌上。

( )13.口布的缺口放置應　(A)背對客人 (B)斜對客人 (C)面對客人 (D)閤上平放桌上。

( )14.龍蝦大餐中，置殼盤應放置在骨盤的　(A)正前方 (B)正後方 (C)左前方 (D)左後方。

( )15.中餐擺設中，小酒杯在啤酒杯的右方約　(A)一指寬 (B)兩指寬 (C)三指寬 (D)四指寬。

( )16.正式中餐圓桌，一桌有幾個公杯？　(A)四個 (B)六個 (C)八個 (D)十二個。

( )17.正式中餐的佐料壺應放在牙籤盅的　(A)右側 (B)右上方 (C)左側 (D)左上方。

( )18.正式中餐中客人是每多少人共用一個煙灰缸？　(A)二人 (B)三人 (C)四人 (D)五人。

( )19.中餐中，意見卡排在哪一個餐具上方？　(A)小酒杯 (B)公杯 (C)牙籤盅 (D)味碟。

( )20.西餐中，銀盤服務即是　(A)裝菜 (B)旁桌服務 (C)小推車服務 (D)上菜服務。

( )21.吃龍蝦時要附上　(A)牛排刀 (B)洗手盅 (C)餐刀 (D)牡蠣刀。

( )22.西餐餐刀中最鋒利是　(A)奶油刀 (B)魚刀 (C)餐刀 (D)牛排刀。

( )23.餐巾在清朝稱為　(A)懷兜 (B)口布 (C)席金 (D)懷擋。

( )24.此種餐巾摺疊法稱為　(A)筍帽型 (B)蓬帳型 (C)主教帽型 (D)濟公帽型。

( )25.早餐煎餅通常附帶下列何物？　(A)果醬 (B)奶油 (C)楓糖漿 (D)花生醬。

( )26.西餐中八吋的盤子稱為　(A)主菜餐盤 (B)中間菜盤 (C)點心盤 (D)麵包盤。

( )27.下列何者非餐巾的別稱？　(A)席巾 (B)桌巾 (C)茶巾 (D)口布。

( )28.下列何者非餐巾摺疊的原則？　(A)高雅 (B)衛生 (C)複雜 (D)清潔。

( )29.獨木舟餐巾摺好需如何放置在餐盤上？ (A)倒立 (B)平放 (C)垂直 (D)橫放。

( )30.西式餐桌擺設，通常餐叉係擺在展示盤的哪一邊？ (A)右邊 (B)左邊 (C)上方 (D)下方。

( )31.西式餐具當中，有銳利鋸齒之刀具是 (A)肉刀 (B)魚刀 (C)牛排 (D)水果刀。

( )32.中式宴席十二人桌擺設定位點，初學者用骨盤最好以何者為標的？ (A)偶數座位 (B)奇數座位 (C)學資深人員用「目測」 (D)12、3、6、9點鐘座位。

( )33.當餐廳供應濃湯給客人時，通常應供應下列哪種匙類？ (A)圓湯匙 (B)橢圓湯匙 (C)服侍匙 (D)茶匙。

( )34.西餐餐桌擺設時，通常湯匙係擺在下列哪個位置？ (A)餐刀右邊 (B)餐叉右邊 (C)展示盤上方 (D)麵包盤上。

( )35.下列各式刀具中，哪一種銳利？ (A)肉刀 (B)魚刀 (C)牛排刀 (D)奶油刀。

( )36.中式宴席所使用的大菜盤，其尺寸為 (A)16～14吋 (B)12～10吋 (C)8～6吋 (D)6吋以下。

( )37.西餐主菜盤的尺寸，其直徑至少應為多少吋以上？ (A)10 1/2 (B)9 1/2 (C)8 1/2 (D)6 1/2。

( )38.供應半粒葡萄柚給客人時，應另附下列哪種餐具？ (A)餐刀 (B)餐叉 (C)洗手盅 (D)湯匙。

( )39.供應田螺給客人時，田螺叉應放在餐巾的哪一邊？ (A)右邊 (B)左邊 (C)上方 (D)下方。

( )40.桌擺設時，通常餐刀的刀口係朝下列哪個方向？ (A)向左朝展示盤 (B)向右朝外側 (C)向上方 (D)向下方。

( )41.西餐餐桌擺設時，通常以下列哪項餐具作為定位用？ (A)杯皿 (B)刀具 (C)湯碗 (D)展示盤。

( )42.中餐餐桌擺設，通常以下列哪種餐具先置放？ (A)味碟 (B)筷架

(C)骨盤 (D)湯碗。

(　)43.中餐宴席菜「糖醋黃魚」通常係以下列哪類餐盤來裝盛？ (A)16吋圓盤 (B)16吋橢圓盤 (C)14吋橢圓盤 (D)12吋圓盤。

(　)44.通常中餐酒席擺設的餐位係以多少人為標準？ (A)8人 (B)10人 (C)12人 (D)16人。

(　)45.中餐餐桌擺設，通常將餐巾置於何處？ (A)味碟上方 (B)筷子架右側 (C)骨盤右側 (D)骨盤上。

(　)46.西式早餐除了單點式及歐陸式外還有下列何者？ (A)法式 (B)俄式 (C)德式 (D)美式。

(　)47.早餐餐桌擺設咖啡杯皿時，咖啡杯應置於何處？ (A)餐叉左側 (B)餐叉上方 (C)餐刀右側 (D)餐刀左側。

(　)48.西餐的主菜是指下列何類食物？ (A)澱粉類 (B)蔬菜類 (C)肉品類 (D)水果類。

(　)49.下列哪一項係屬於高級餐廳餐桌擺設的特性？ (A)擺展示盤 (B)擺刀叉匙 (C)擺餐墊紙 (D)擺高腳杯。

(　)50.中餐餐桌擺設時，筷子架通常應置於何處？ (A)骨盤左方 (B)骨盤上方 (C)骨盤右方。

解答

1.A；2.C；3.A；4.B；5.A；6.C；7.A；8.A；9.B；10.A；11.C；
12.C；13.A；14.A；15.B；16.B；17.A；18.A；19.C；20.A；21.B；
22.D；23.D；24.D；25.C；26.C；27.B；28.C；29.C；30.B；31.C；
32.D；33.A；34.A；35.C；36.A；37.A；38.D；39.A；40.A；41.D；
42.C；43.B；44.C；45.D；46.D；47.C；48.C；49.A；50.D

餐飲服務能力測驗(十)

( )1.沙拉叉應擺在晚餐叉的外側，以方便客人使用。

( )2.紅酒杯應擺設在白酒杯的左上方。

( )3.檸檬、柳橙及萊姆都是適合盤飾用的水果。

( )4.西餐餐盤及刀叉必須離桌面約二公分。

( )5.西餐餐桌擺設時，需以離桌兩指寬爲標準。

( )6.餐桌擺設原則是左邊放叉子、右邊放刀。

( )7.中餐骨盤擺設時，需以離桌兩指寬爲標準。

( )8.西餐主菜盤傳統上以澱粉類、蔬菜及主菜來組成。

( )9.玻璃水杯可直接注入熱開水使用。

( )10.西餐單點擺設中，奶油刀應與其他刀子放在一起。

( )11.摺好的餐巾應整齊放在骨盤上或置於杯中。

( )12.正式中餐，味碟擺設於骨盤右上方，間隔約一指寬。

( )13.中餐煙灰缸每桌擺設六個，等距排在餐具間與酒杯垂直。

( )14.中餐圓桌架設程序，是事先將轉盤置放檯面中間，再放桌布。

( )15.西餐中的銀器不須特殊保養，洗淨後直接放進餐具廚保存。

( )16.爲了誇示銀器的品質，要將餐具的背面朝上擺，這樣才夠明顯氣
　　　派。

( )17.西餐中的主餐刀可以適用於牛排、魚排。

( )18.西餐中單點菜單的餐具比套餐的餐具多。

( )19.口布摺疊是一項重要的藝術，不能算是一種工作。

( )20.口布的摺疊有美化餐桌的功能。

( )21.桌卡的位置會影響桌面佈置的整齊氣氛。

( )22.菜單不影響餐桌的擺設，隨便擺設是沒有關係的。

( )23.中餐服務時，分菜員的位置是在主人的右方。

( )24.餐桌桌面上的花有美化桌面的功能，所以花束愈大把愈好。

( )25.檯布的選擇應與餐廳裝潢及餐具風格相搭配。

( )26.餐具的種類與菜單無關。

( )27.中餐服務桌上的餐具擺設順序與菜單有很大的關係。

( )28.鮮花於打烊時，放置在桌上，好吸收氧氣。

( )29.菜單須經常擦拭，以保持菜單的清潔與衛生。

( )30.擦拭餐盤時，只需擦盤面，盤底要自然乾燥才不會留下水漬。

( )31.瓶花留下凋零的花葉，才有現代抽象藝術的美感。

( )32.服務中換檯布時，是先直接抽掉舊檯布，再鋪上新檯布。

( )33.中餐擺設中，湯匙均一律放在小湯碗中，配成一套。

( )34.中餐轉盤上的花飾盆花在上菜時，通常均事先移開以便餐桌服務
與客人進餐。

( )35.餐桌中的盆花的大小需和餐桌成比例。

( )36.餐具如有店徽須正對著座位。

( )37.水杯通常放於客人的右前方。

( )38.餐桌上的桌花有礙視線，以不擺為宜。

( )39.餐具愈花俏繁複愈能顯示餐廳水平，實用與否則不重要。

( )40.服務人員應隨時注意客人，以備隨時服務。

( )41.客人點沙拉，服務人員應將沙拉醬拿到客人面前讓他們自行挑
選。

( )42.上咖啡時應把咖啡杯把手向客人右側，湯匙置右側成45度角。

( )43.餐具擺設無一定規矩，隨個人喜好而定。

( )44.擺設餐具時應力求快速，故敲擊出聲亦無妨。

( )45.西餐擺設中，餐刀應置於客人左邊。

( )46.更換檯布時，桌面不可以露出來讓客人看見。

( )47.西餐餐具的刀類種類很多，其中刀刃無鋸齒狀者是魚刀。

( )48.西餐刀具有銳利鋸齒狀刀刃的是餐刀。

( )49.西餐餐具中之圓湯匙係供食清湯用，橢圓湯匙係飲濃湯用。

( )50.西餐常用的餐盤中，直徑為10.5吋者稱之為主菜餐盤。

解答

1.○；2.○；3.○；4.○；5.✕；6.○；7.○；8.○；9.✕；10.✕；11.○；
12.✕；13.✕；14.✕；15.✕；16.○；17.✕；18.○；19.✕；20.○；
21.○；22.✕；23.○；24.✕；25.○；26.✕；27.○；28.✕；29.✕；
30.✕；31.✕；32.✕；33.✕；34.○；35.○；36.○；37.○；38.✕；
39.✕；40.○；41.✕；42.○；43.✕；44.✕；45.✕；46.○；47.✕；
48.✕；49.✕；50.○

餐飲服務能力測驗(十一)

( )1.菜式在廚房內由廚師裝盤妥當後,由服務員端至餐廳立即上桌, 此種服務方式稱爲 (A)美式服務 (B)法式服務 (C)英式服務 (D)中式服務。

( )2.菜式在廚房內由廚師裝飾在大銀盤上,服務員端到餐廳後,從客人左側呈上,供客人自行取用,並預先擺於其前的餐盤上,這種服務方式稱爲 (A)美式服務 (B)法式服務 (C)義式服務 (D)中式服務。

( )3.所有菜餚皆放於餐桌正中央,由客人自行分菜,這種服務方式稱爲 (A)美式服務 (B)法式服務 (C)義式服務 (D)中式服務。

( )4.在類似的展示臺上供應全部的菜單項目,並且由客人自行取用, 這種服務方式稱爲 (A)美式服務 (B)法式服務 (C)自助餐式服務 (D)中式服務。

( )5.下列何者非「美式服務」的特色? (A)菜餚均由左側供應 (B)餐具收拾均由右側 (C)服務員只能服務一桌客人 (D)飲料供應左側、右側皆可。

( )6.在法式服務中,餐飲服務人員使用服務巾的目的是爲了 (A)美觀 (B)防滑 (C)防割傷 (D)衛生。

( )7.法式服務中在準備服務叉匙時應放於左手上銀盤的前端 (A)餐叉在上、湯匙在下 (B)餐叉在右、湯匙在左 (C)餐叉在下、湯匙在上 (D)餐叉在左、湯匙在右 叉匙柄向著銀盤右側。

( )8.主菜牛排類宜用何種器皿盛裝? (A)沙拉盤 (B)點心盤 (C)主菜盤 (D)魚肉盤。

( )9.法式服務中在準備服務叉匙時應放於左手盤的前端,餐叉在左湯匙在右。叉匙柄向著銀盤的 (A)前方 (B)後方 (C)左側 (D)右側。

( )10.美式服務中食物 (A)以左手從客人左側 (B)以左手從客人右側 (C)

以右手從客人左側 (D)以右手從客人右側　上桌。

( )11.美式服務中飲料 (A)以左手從客人左側 (B)以左手從客人右側 (C)以右手從客人左側 (D)以右手從客人右側　上桌。

( )12.美式服務中殘盤殘杯 (A)以左手從客人左側 (B)以左手從客人右側 (C)以右手從客人左側 (D)以右手從客人右側　收拾。

( )13.英式服務中杯子 (A)以左手從客人左側 (B)以左手從客人右側 (C)以右手從客人左側 (D)以右手從客人右側　上桌。

( )14.英式服務中食物 (A)以左手從客人左側 (B)以左手從客人右側 (C)以右手從客人左側 (D)以右手從客人右側　上桌。

( )15.英式服務中殘杯 (A)以左手從客人左側 (B)以左手從客人右側 (C)以右手從客人左側 (D)以右手從客人右側　上桌。

( )16.英式服務中飲料 (A)以左手從客人左側 (B)以左手從客人右側 (C)以右手從客人左側 (D)以右手從客人右側　上桌。

( )17.就餐飲服務技巧而言，下例何者爲是？ (A)收拾餐具可發出刺耳的聲音 (B)不管客人是否用餐完畢，可強行收拾餐具 (C)服務時避免碰觸到客人，手臂不要越過人面前 (D)隨時在客人桌前巡走，藉機催促客人結帳。

( )18.在服務客人就坐時，下列何者不是優先的對象？ (A)女士 (B)男士 (C)年長者 (D)小孩。

( )19.點菜單須經過何者簽證？ (A)領班 (B)經理 (C)櫃臺出納 (D)服務員。

( )20.服務兩對男女客人時，先服務 (A)男主人 (B)男主人右側女賓 (C)男主人左側女賓 (D)男主人對面男賓。

( )21.拿著空托盤的方法是 (A)放在指尖上旋轉 (B)像送餐點的方式托著 (C)夾在手臂上靠著身體 (D)把它丟在最近的空桌上。

( )22.客人跑帳時，我們要 (A)口出穢言 (B)追出去打他 (C)自認倒楣 (D)委婉地請他回來結帳。

( )23.下列哪一種餐飲服務方式又稱爲推車服務？ (A)美式服務 (B)法

式服務 (C)自助餐式服務 (D)俄式服務。

( )24.所謂"room service"係指下列何者而言？ (A)客房服務 (B)房務管理 (C)房間清潔 (D)客房餐飲服務。

( )25.客房餐飲服務中，客人所點的餐食以下列哪類為多？ (A)早餐 (B)午餐 (C)晚餐 (D)下午茶。

( )26.如果客人點叫全餐及紅白酒，並要求在客房用餐時，請問服務員應如何送餐食給客人？ (A)以圓托盤裝盛 (B)以長方型托盤端送 (C)以客房餐飲推車送 (D)以L型推車送。

( )27.餐廳餐桌桌面通常在桌巾下另鋪層桌墊，其主要目的是 (A)美觀 (B)吸水 (C)舒適 且防噪音 (D)保護桌面。

( )28.美式餐飲服務的基本原則是 (A)由客人左側收拾餐具 (B)由客人右側供應飲料，由左側供應菜餚 (C)由客人左側供應食物及飲料 (D)均由右側供食。

( )29.客人未入座前水杯杯口朝下覆蓋，此服務方式係指下列哪一項？ (A)英式服務 (B)美式服務 (C)法式服務 (D)自助餐服務。

( )30.西式餐飲服務，下列哪些餐點係客人左側供應？ (A)麵包 (B)牛排 (C)咖啡 (D)水果。

( )31.通常在高級餐廳的餐桌擺設中，點心叉及甜點匙係擺在展示盤的哪一邊？ (A)右邊 (B)左邊 (C)上方 (D)下方。

( )32.上菜時，除飲料自客人右側供應外，其餘菜餚均自左側供食，此種服務方式係指 (A)英式服務 (B)美式服務 (C)法式服務 (D)俄式服務。

( )33.西式早餐煎蛋有一種是單面煎，其英文稱之為 (A)one side (B)a side (C)sunny side up (D)over easy。

( )34.通常餐廳若要供應咖啡給客人，應在上完下列哪道菜之後？ (A)主菜 (B)前菜 (C)湯 (D)甜點。

( )35.當食物須自客人右側供食時，試問服務員通常以哪一手端送食物較方便？ (A)右手 (B)左手 (C)雙手 (D)不一定。

( )36.通常客房餐飲服務供應一人份早餐所附之咖啡量約爲多少？　(A)一杯 (B)二杯 (C)三杯 (D)四杯。

( )37.西餐服務流程中，當客人主菜用完時在尚未上點前，服務員應該 (A)倒茶水 (B)端上咖啡 (C)收拾餐具，整理桌面 (D)準備帳單。

( )38.下列西餐餐具擺設方式何者爲正確？　(A)刀口向右 (B)叉齒向下 (C)湯匙心向上 (D)水杯置於湯匙右方。

( )39.視客人個別嗜好點菜之方式稱之爲　(A)table d'hote (B)set menu (C)a la carte (D)menu。

( )40.通常所謂套餐係指下列何者？　(A)a la carte (B)set menu (C)buffe (D)menu。

( )41.法文table d'hote係指　(A)個別點菜 (B)全餐 (C)前菜 (D)開骨品。

( )42.沙拉中各式蔬菜顏色宜如何調配？　(A)全一色 (B)各種顏色蔬菜分明 (C)不須講究 (D)混合攪拌。

( )43.下列何者不是餐飲的服務方式？　(A)法式服務 (B)美式服務 (C)俄式服務 (D)客房服務。

( )44.請選出中餐廳服務流程正確之順序　1.熱情迎客 2.接受點菜 3.結帳 4.開單下廚 5.上茶 6.禮貌送客 7.按序上菜 8.整理餐桌 (A)12546738 (B)12457683 (C)15247368 (D)14523768。

( )45.下列何者不是目前常用的信用卡？　(A)JCB卡 (B)聯名折扣卡 (C)VISA卡 (D)MASTER卡。

( )46.開胃菜宜用何種器皿盛裝？　(A)沙拉盤 (B)主菜盤 (C)點心盤 (D)魚肉盤。

( )47.下列人物何者是服務最後的對象？　(A)女賓 (B)男賓 (C)主人 (D)年長者。

( )48.下列何者不是做爲盤飾的蔬果須有的條件？　(A)外形好且乾淨 (B)用量不可以超過主體 (C)葉面不能有蟲咬的痕跡 (D)添加食用色素。

( )49.請選出法式服務流程正確之序　1.領引入席就坐 2.接受點菜 3.結

帳 4.供應飲料 5.在客人面前完成最後烹調 6.餐食端入餐廳
(A)124653 (B)126534 (C)123456 (D)142653。

( )50.感謝客人的消費,何種方式為最適合? (A)說「謝謝」 (B)用感
激的眼神望著他 (C)給折扣 (D)以最誠的心服務他。

解答

1.A；2.B；3.D；4.C；5.C；6.B；7.D；8.C；9.D；10.A；11.D；
12.D；13.D；14.A；15.D；16.D；17.C；18.B；19.C；20.B；21.B；
22.D；23.D；24.D；25.A；26.C；27.C；28.B；29.B；30.A；31.C；
32.B；33.C；34.D；35.A；36.B；37.C；38.C；39.C；40.B；41.B；
42.B；43.D；44.C；45.B；46.D；47.C；48.D；49.A；50.D

餐飲服務能力測驗(十二)

( )1.服務方式固然很多，但是最方便又最能讓客人滿意的，就是最好的服務方式。

( )2.中餐貴賓服務的順序是從主人開始。

( )3.安排好餐桌後，須把表示「已訂」的訂座卡放置在已預留的各餐桌的中央部位，其顯示文字的一面須向著客人走來的方向。

( )4.正式的餐飲流程中包括要替客人攤口布。

( )5.剛開始營業時，須先安排客人至餐廳前段比較顯眼之處，使得餐廳不會顯得冷清。

( )6.上菜時手指應伸入盤中，才不會滑落。

( )7.上熱湯時，為避免傷及客人，應先告知客人注意。

( )8.接受點菜完畢後，必須向客人複誦一次，以防客人點錯菜，或是服務員會錯意或聽錯菜名。

( )9.中餐的服務場合，所點的菜餚皆係整桌和菜而食之，所以叫菜是以一桌為單位。

( )10.服務一對男女客人時，先服務男賓後服務女賓。

( )11.熱菜須趁熱上菜，冷菜則任何時候上菜皆可。

( )12.基於衛生的理由，食物絕不可以手碰之。

( )13.向客人提供零星服務，如口布、香煙、火柴等，不需使用襯盤服務。

( )14.收拾殘盤時須等到所有客人皆吃完畢時才開始。

( )15.菜餚常有一定的附帶調味醬，熱者由服務員準備之，冷者則由客人從服務桌處直接取之。

( )16.服務點心前，必須以摺塊服務巾和服務盤刷清桌面。

( )17.服務飯後酒時應逆時鐘方向服務客人。

( )18.收拾殘杯必須使用托盤來收拾。

(　)19.客人正式用餐時，桌面上多餘的餐具杯皿者要拿走。

(　)20.端送到叉類餐具時應放在鋪有餐巾的盤子上。

(　)21.服務時避免碰到客人，手臂亦不要越過客人前面。

(　)22.為了服務快速，可以用手指將數個玻璃杯持取在一起。

(　)23.在分肉等類似服務時應先準備好主菜盤子。

(　)24.供應咖啡時，酒杯應儘快收走。

(　)25.不潔之煙灰缸應隨時更換。

(　)26.服務時可背對客人。

(　)27.服務人員須依規定門戶進出或指定方向行走。

(　)28.西式服務中，奶油碟置於餐叉之右側，碟上置奶油刀一把，與刀叉平行。

(　)29.除非客人要求，否則不要在客人未吃完前收拾餐盤。

(　)30.服務時以女性，特別是年長者優先，主人墊後。

(　)31.西餐最講究每道菜上菜順序，例如主菜之後才上湯。

(　)32.服務人員需從客人面前過來，不可從背後出現。

(　)33.服務態度的優劣攸關顧客用餐的第一印象。

(　)34.餐盤服務又稱法式服務，其重點是：將製備完成的食物在廚房內分配好適當的份量，加上裝飾，而後由服務人員將餐盤直接置於顧客桌上，供其享用。

(　)35.傾倒啤酒時，杯子稍微傾斜，速度加快，以避免產生太多泡沫。

(　)36.供應啤酒給客人時，應注意須事先冷藏至適溫約7℃再供應為宜。

(　)37.服務啤酒給客人時，不一定要使用啤酒杯，香檳杯也可以。

(　)38.麵包類須用口布包裝於籃中，直接放在餐桌中央供客人自行取用。

(　)39.帳單須呈給請客的主人，若看不出誰是主人時，則將帳單擺放在不特別靠近任何一人的中立地帶。

(　)40.美式餐桌擺設，當客人入座時，服務生應將玻璃杯口朝上。

( )41.餐廳服務直到付完帳即告畢。

( )42.接受點菜時，應對聲音要清晰，音量大小適中，並且要有禮貌。

( )43.勿將盤疊堆積過高，以防傾覆。

( )44.每一個客人都應遞給一份菜單，如果菜單不夠，則應先給女客，如果沒有異性，則以年長者為優先。

( )45.服務人員應熟悉菜單上各類名稱及價格，但對於其菜餚之烹調及內容不必注意。

( )46.結帳單據應正面朝上，置於收銀盤上，裝送給客人。

( )47.結帳完畢後，無論有無小費，均須向客人道謝，並為其拉座送客。

( )48.帳單應聯同各項消費憑單向客人結帳，顯示帳目確實。

( )49.服務生在上菜時，可先試吃。

( )50.客人若對菜單有不明瞭之處，應誠摯為客人講解。

解答

1.○；2.×；3.○；4.○；5.○；6.×；7.○；8.○；9.○；10.×；11.×；
12.○；13.○；14.○；15.×；16.○；17.×；18.○；19.○；20.○；
21.○；22.×；23.○；24.×；25.○；26.×；27.○；28.×；29.○；
30.○；31.×；32.○；33.○；34.×；35.○；36.○；37.×；38.○；
39.○；40.○；41.×；42.○；43.○；44.○；45.×；46.×；47.○；
48.○；49.×；50.○

餐飲服務能力測驗(十三)

( )1.下列何種為未經發酵的茶？ (A)綠茶 (B)紅茶 (C)烏龍茶 (D)香片。

( )2.下列何種為經過發酵的茶？ (A)綠茶 (B)紅茶 (C)烏龍茶 (D)香片。

( )3.下列何種為半發酵的茶？ (A)綠茶 (B)紅茶 (C)烏龍茶 (D)香片。

( )4.下列何種不屬於咖啡的原始品種？ (A)阿拉比加（Arabica） (B)羅姆斯達（Robusta） (C)利比加（Leberica） (D)羅馬里加（Romalica）。

( )5.幫客人開完香檳後，應將瓶子置於何處？ (A)冰桶 (B)桌上 (C)客人的手上 (D)攜回吧台。

( )6.飲用飯前酒目的 (A)開胃 (B)純誇耀有錢 (C)比酒量 (D)沒啥意義。

( )7.一般佐餐酒大多以 (A)白蘭地 (B)葡萄酒 (C)威士忌 (D)琴酒 為主。

( )8.下列哪一種酒不是基酒？ (A)威士忌酒 (B)琴酒 (C)葡萄酒 (D)白蘭地酒。

( )9.下列哪一種酒屬於釀造酒？ (A)白蘭地 (B)葡萄酒 (C)威士忌 (D)琴酒。

( )10.下列哪一種酒屬於蒸餾酒？ (A)利口酒 (B)葡萄酒 (C)啤酒 (D)白蘭地。

( )11.下列哪一種酒屬於合成酒？ (A)伏特加 (B)葡萄酒 (C)香甜酒 (D)白蘭地。

( )12.琴酒的製造原料是 (A)大麥 (B)馬鈴薯 (C)杜松子 (D)甘蔗。

( )13.蘭姆酒的製造原料是 (A)大麥 (B)馬鈴薯 (C)杜松子 (D)甘蔗。

( )14.「大麴酒」是我國何地之名酒？ (A)東北 (B)西藏 (C)川黔 (D)河

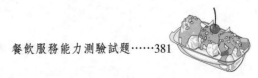

北省。

( )15.高粱酒屬於 (A)釀造酒 (B)蒸餾酒 (C)再製酒 (D)混合酒。

( )16.合成酒又稱爲 (A)再製酒 (B)蒸餾酒 (C)葡萄酒 (D)香甜酒。

( )17.最好的白蘭地產於 (A)中國 (B)英國 (C)法國 (D)美國。

( )18.最好的伏特加產於 (A)蘇俄 (B)英國 (C)法國 (D)美國。

( )19.台灣啤酒屬於 (A)釀造酒 (B)蒸餾酒 (C)再製酒 (D)混合酒。

( )20.德國啤酒被稱爲 (A)生命泉源 (B)人體汽油 (C)再製酒 (D)混合酒。

( )21.啤酒飲用的適當溫度 (A)7-9℃ (B)10-12℃ (C)13-15℃ (D)4-6℃。

( )22.酒的計算單位 (A)公斤 (B)兩 (C)盎司 (D)公克。

( )23.調雞尾酒常用"shake"是指 (A)濾酒器 (B)量酒杯 (C)冰桶 (D)搖酒器。

( )24.雞尾酒中,著名的「粉紅佳人」(pink lady)是以哪種酒作基酒? (A)琴酒 (B)伏特加 (C)威士忌 (D)龍舌蘭。

( )25.雞尾酒中,著名的「新加坡司令」(Singapore sling)是以哪種酒作基酒? (A)琴酒 (B)伏特加 (C)威士忌 (D)龍舌蘭。

( )26.雞尾酒中,著名的「琴湯尼」(gin tonic)是以哪種酒作基酒? (A)琴酒 (B)伏特加 (C)威士忌 (D)龍舌蘭。

( )27.雞尾酒中,著名的「血腥瑪麗」(bloody Mary)是以哪種酒作基酒? (A)琴酒 (B)伏特加 (C)威士忌 (D)龍舌蘭。

( )28.雞尾酒中,著名的「螺絲起子」(screw driver)是以哪種酒作基酒? (A)琴酒 (B)伏特加 (C)威士忌 (D)龍舌蘭。

( )29.下列何者不是以伏特加爲基酒? (A)血腥瑪麗 (B)螺絲起子 (C)鹽狗 (D)粉紅佳人。

( )30.沖泡一壺好茶要注意茶的用量、沖泡時茶的水溫及 (A)時間 (B)價格 (C)茶具 (D)水質。

( )31.泡茶茶具中「茶船」是 (A)賞茶的工具 (B)挖茶的工具 (C)奉茶的工具 (D)盛熱水供燙杯的工具。

( )32.端杯奉茶要用 (A)茶盅 (B)茶船 (C)茶盤 (D)茶巾。

( )33.世界咖啡產量第一的國家是 (A)中國 (B)巴西 (C)哥倫比亞 (D)牙買加。

( )34.著名的「藍山咖啡」產地在 (A)巴西 (B)哥倫比亞 (C)秘魯 (D)牙買加。

( )35.著名的「摩卡咖啡」產地在 (A)巴西 (B)衣索比亞 (C)秘魯 (D)牙買加。

( )36.著名的「曼特寧咖啡」產地在 (A)巴西 (B)蘇門答臘 (C)秘魯 (D)牙買加。

( )37.紅葡萄酒適合品嚐之溫度為 (A)14-18℃ (B)7-20℃ (C)13-15℃ (D)1-5℃。

( )38.白葡萄酒適合品嚐之溫度為 (A)7-15℃ (B)7-20℃ (C)13-15℃ (D)1-5℃。

( )39.香檳酒適合品嚐之溫度為 (A)7-15℃ (B)7-20℃ (C)13-15℃ (D)7-9℃。

( )40.斟酒時，需注意倒酒時的份量多寡，一般紅酒最多倒 (A)2/3 (B)1/2 (C)1/4 (D)1/3杯。

( )41.斟酒時，需注意倒酒時的份量多寡，一般白酒最多倒 (A)2/3 (B)1/3 (C)3/4 (D)1/2杯。

( )42.美酒與佳餚之配合，習慣上考慮菜與酒的特性，傳統上 (A)白肉配紅酒 (B)白肉配白酒 (C)白肉配香檳酒 (D)紅肉配高粱酒。

( )43.一餐中同時喝多種酒時，必須 (A)先喝甜的，再喝不甜的 (B)先喝白酒，再喝紅酒 (C)先喝陳年的酒，再喝年份較少的酒 (D)先渴酒精濃度高的酒，再喝酒精濃度低的酒。

( )44.提供給客人之佐餐酒之順序，最好是 (A)先渴淡酒，再喝烈酒 (B)先喝紅酒，再喝白酒 (C)先喝陳年的酒，再喝年份較少的酒 (D)先甘甜後辛辣。

( )45.高粱酒屬於我國代表性酒類之一，其酒精濃度可達 (A)30%

(B)40% (C)50% (D)60%。

( )46.台灣的「米酒頭」是以 (A)葡萄 (B)甘蔗 (C)米 (D)大麥 為原料
製成的。

( )47.「龍舌蘭」最好的產地在 (A)巴西 (B)墨西哥 (C)秘魯 (D)牙買
加。

( )48.「雞尾酒的心臟」是指哪一種酒？ (A)伏特加 (B)葡萄酒 (C)琴酒
(D)白蘭地。

( )49.X.O代表酒類的 (A)等級 (B)種類 (C)產地 (D)廠牌。

( )50.法國法律規定V.S.O.P之酒類在木桶內至少需儲存 (A)一年 (B)三
年 (C)四年 (D)十年 以上。

解答

1.A；2.B；3.C；4.D；5.A；6.A；7.B；8.C；9.B；10.D；11.C；
12.C；13.D；14.D；15.B；16.A；17.C；18.A；19.A；20.A；21.B；
22.C；23.D；24.A；25.A；26.A；27.B；28.B；29.D；30.A；31.D；
32.C；33.B；34.D；35.B；36.B；37.A；38.C；39.D；40.A；41.C；
42.B；43.B；44.A；45.D；46.C；47.B；48.C；49.A；50.C

餐飲服務能力測驗(十四)

( )1.在目前餐廳營運中,促銷飲料是增加利潤的最佳方法。

( )2.飲料是指可以喝的東西。

( )3.果汁、汽水、可樂屬一般非酒精性的飲料。

( )4.咖啡及可可都是由咖啡製作而成的。

( )5.台灣是水果王國,果汁銷路極佳。

( )6.琴酒是酒經蒸餾過程而製成的酒。

( )7.瓶裝啤酒存放宜避免過熱及陽光直射的地方,儲存時間不可超過半年。

( )8.各式各樣的酒杯各有使用的時機,通常必須在短時間內喝下的酒,多用修長底身深者,須長時間品嚐者則可用矮胖底淺者。

( )9.紅、白葡萄酒多屬於佐餐酒。

( )10.白酒一般配開胃菜與海鮮,但通常白酒配甜點,甜酒配家禽。

( )11.紅酒一般配紅肉與獵物肉。

( )12.傳統上,茶是用開水沖泡散裝的茶葉而成,但為方便,現代人用茶包取代。

( )13.一般所稱之紅茶,是經過完全發酵的茶,泡出來的茶湯是朱紅色,具麥芽糖的香氣。

( )14.凍頂烏龍茶是屬於未經過發酵的茶。

( )15.香片是以製造完成的茶加薰花香而成。

( )16.通常當飯後飲料的咖啡都是喝熱的,所以咖啡杯最好能預熱,以免熱咖啡倒進杯內,被冷杯給降溫,因而失去原味。

( )17.除不宜吃糖的人外,大部分喝咖啡都加糖,所以須準備糖包以備客人所需。

( )18.倒啤酒應快速,以免讓客人久候。

( )19.替客人開酒時,需先將酒拿給客人過目一下,確認所開的酒是從

未開封過的。

( )20.咖啡上桌時，先在托盤上將咖啡杯放在襯盤上，杯耳向左，咖啡匙放在咖啡杯右側，匙柄向左。

( )21.咖啡之原始品種較適合調配冰咖啡的是阿拉比加（Arabica）種。

( )22.為提供客人良好的服務，供應咖啡時，應該先將糖、奶精與咖啡調好。

( )23.市面上所賣的紅茶是屬於半發酵茶。

( )24.沖泡綠茶的水溫最好以滾燙開水沖泡為佳。

( )25.陳年茶或焙火較重的茶，其沖泡水溫應在攝氏90度以上為佳。

( )26.所謂碳酸飲料係指含二氧化碳的清涼有氣飲料之統稱。

( )27.威士忌係以甘蔗為原料，經發酵釀造而成。

( )28.一般而言，白蘭地係以葡萄或水果為原料，經發酵、蒸餾後再儲存於橡木桶之陳年老酒。

( )29.琴酒又稱為杜松子酒，含酒精濃度甚高，為今日調製雞尾酒的重要基酒之一。

( )30.一般啤酒的酒精濃度約為16%。

( )31.西餐餐桌所使用的點心盤尺寸較麵包盤小。

( )32.中餐宴席所使用的主菜盤其直徑通常在14吋以上。

( )33.中餐大菜盤通常以橢圓形盤作為供食魚類佳餚用。

( )34.中餐正式餐桌擺設時，一般均將湯匙統一置放於湯碗，匙柄朝右。

( )35.中餐餐桌擺設時，通常先置放骨盤，以利於定位之用。

( )36.中餐餐桌擺設時，骨盤右側擺毛巾，左側擺味碟。

( )37.中餐檯布舖設時，至少應使檯布自桌緣下垂約8～12吋或20～30公分為宜。

( )38.西餐餐桌擺設，通常餐刀置於前菜盤左側，餐叉置放在其右側。

( )39.西餐餐桌擺設時，水杯杯口朝下覆蓋，這是法式餐桌擺設的特

色。

( )40.餐桌擺設的基本原則除了講究美感與平衡感外,更應注意客人方便。

( )41.紅酒杯與白酒杯的外型類似,不過白酒杯容量較紅酒杯大。

( )42.在餐廳更換檯布時,最重要的基本原則為迅速、靜肅,及勿使桌面露出。

( )43.餐飲服務員使用的服務巾,其主要用途係為便於工作流汗時擦拭之用。

( )44.餐巾除了供餐桌擺設裝飾用外,尚可作為擦拭刀、叉、餐刀及杯皿用。

( )45.洗手盅的主要用途係供客人餐前洗手用的一種餐具。

( )46.所謂服務,就是一種以親切熱忱的態度為客人著想,使客人有一種賓至如歸之感。

( )47.服務乃餐廳的生命,無服務即無餐廳可言。

( )48.餐飲工作人員須有主動負責的敬業精神與團隊合作觀念,始能發揮最大工作效率。

( )49.餐飲工作人員應力求儀容端莊,上班時應配戴飾物,並塗胭脂,以給予客人好感。

( )50.餐飲服務人員工作時,應多注意聆聽客人間的談話,以表示友善。

解答

1.○;2.○;3.○;4.✕;5.○;6.○;7.○;8.○;9.○;10.✕;11.○;
12.○;13.○;14.✕;15.○;16.○;17.○;18.✕;19.○;20.○;
21.○;22.✕;23.✕;24.✕;25.○;26.○;27.○;28.○;29.○;
30.✕;31.✕;32.○;33.○;34.✕;35.○;36.✕;37.○;38.✕;
39.✕;40.○;41.✕;42.○;43.✕;44.✕;45.✕;46.○;47.○;
48.○;49.✕;50.✕

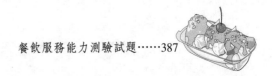

餐飲服務能力測驗(十五)

( )1.下列行為何者是餐飲服務人員應有的品德與修養？ (A)代人打卡 (B)對同仁斥吼 (C)口有蒜味 (D)微笑待客。

( )2.下列何者是服務員應有的態度？ (A)接受客人贈示 (B)男女同事有公事外的交往約會 (C)乘座客人電梯 (D)不取營業用食物或飲料。

( )3.倒白酒時，應倒幾分滿 (A)1/3 (B)1/2 (C)2/3 (D)3/4。

( )4.上紅酒時，應倒入杯中幾分滿？ (A)1/3 (B)1/2 (C)2/3 (D)3/4。

( )5.上果汁時，應從客人的哪一側送上？ (A)左前側 (B)右前側 (C)左後側 (D)右後側。

( )6.兒童過吵時，下列何人有權力去請兒童的父母勸導？ (A)服務員 (B)旁桌服務桌 (C)主管級 (D)老闆。

( )7.餐飲是屬於哪一種行業？ (A)製造業 (B)服務業 (C)慈善事業 (D)半製造業。

( )8.下列何者態度不是一個良好的餐飲服務人員所具有的？ (A)豐富的學識 (B)健康的身心 (C)說話粗俗 (D)良好的外語能力。

( )9.下列何者不是健全的服務心態？ (A)工作有榮譽感 (B)隨時有熱忱及愉快的心 (C)工作藝術化 (D)以金錢目標激勵。

( )10.尊敬顧客與同事，從事工作時應具備基本 (A)知識 (B)態度 (C)技能 (D)技術。

( )11.上班遲到，若遇見主管時應 (A)裝作沒看見 (B)打招呼後，趕緊離開 (C)主動與主管說明遲到原因 (D)偷偷摸摸地溜進辦公室。

( )12.若當日無法上班，應該 (A)裝作沒事 (B)不請假也不通知工作單位 (C)主動與主管請假 (D)編造理由，強行請假。

( )13.當工作場所的機器設備有故障情形發生時 (A)裝作沒事 (B)馬上逃離現場，當做不知道 (C)主動通知維修單位及單位主管 (D)停止工作。

( )14.在工作場所裏，坦率表達自我、個性、脾氣是 (A)合理的 (B)受歡迎的 (C)適合自我發展 (D)不成熟行為。

( )15.勞資關係是指顧客與勞工間的 (A)工作配合 (B)權利義務 (C)分工合作 (D)利益分配。

( )16.勞資關係法規是規範哪兩者之間的關係？ (A)工會與勞工 (B)政府與勞工 (C)工會與政府 (D)工作單位與勞工。

( )17.職業道德是指從事工作者對工作之 (A)能力發揮 (B)知識 (C)實踐 (D)反省。

( )18.以下敘述何者為非？職業道德是指勞動者對其所從事職業的 (A)向心力 (B)功利主義 (C)認同感 (D)能力發揮。

( )19.餐廳廚房面積與供膳場所面積之比例最理想的標準為 (A)1：2 (B)1：3 (C)1：4 (D)1：5。

( )20.冷凍冷藏庫之溫度規定，冷凍庫溫度至少為 (A)-10℃ (B)-12℃ (C)-15℃ (D)-18℃。

( )21.廚房水源要充足，並應設置足夠洗手槽，工作台之材質應為 (A)水泥 (B)塑膠 (C)木材 (D)不銹鋼。

( )22.廚房工作區落菌量應儘量減少，依規定清潔作業之落菌量每分鐘不可超過多少個？ (A)70 (B)80 (C)90 (D)100。

( )23.通常細菌在攝氏幾度時無法再繁殖？ (A)0℃ (B)-5℃ (C)-10℃ (D)-15℃。

( )24.廚房水溝出口想防範蟲鼠入侵，最好的方法是 (A)水溝加蓋 (B)水溝密封 (C)水封式水溝 (D)開放式水溝。

( )25.廚房牆角與地板接縫處在設計時，應該採用下列哪一種設計？ (A)採用直角 (B)採用圓弧角 (C)加裝飾條 (D)加裝鐵皮。

( )26.餐廳廚房設計時，廁所的位置至少須遠離廚房多遠才可以？ (A)1公尺 (B)1.5公尺 (C)2公尺 (D)3公尺。

( )27.廚房砧板的材質最好採用 (A)木質砧板 (B)塑膠砧板 (C)合成塑膠砧板 (D)不銹鋼板。

( )28.為避免食物中毒，酸性食物最好儲存在下列哪種材質器皿中？
(A)銅 (B)錫 (C)鋅 (D)陶瓷。

( )29.餐廳顧客意外事件發生的原因很多，試問下列哪項原因發生意外
的比率最高？ (A)食物中毒 (B)電梯夾傷 (C)滑倒或跌倒 (D)食物
燙傷。

( )30.製作盤飾時，下列何者較不重要？ (A)刀工 (B)排盤 (C)配色 (D)
火候。

( )31.熱食不宜盛裝於 (A)美耐皿盤 (B)不銹鋼盤 (C)陶製盤 (D)碗盤。

( )32.廚房水源要充足，並應設置足夠洗手槽，洗手槽、工作台之材質
應為 (A)水泥 (B)塑膠 (C)木材 (D)不銹鋼。

( )33.盛放帶湯之甜點器皿以何種材質最美觀？ (A)透明玻璃製 (B)陶
器製 (C)木製 (D)不銹鋼製。

( )34.紹興酒其製造之性質屬於 (A)釀造酒 (B)蒸餾酒 (C)合成酒 (D)再
製酒。

( )35.竹葉青酒其製造之性質屬於 (A)釀造酒 (B)蒸餾酒 (C)合成酒 (D)
再製酒。

( )36.生啤酒其製造之性質屬於 (A)釀造酒 (B)蒸餾酒 (C)合成酒 (D)再
製酒。

( )37.下列哪一種茶係屬於半發酵茶？ (A)紅茶 (B)綠茶 (C)鐵觀音 (D)
烏龍茶。

( )38.較適於低溫沖泡的茶的是 (A)綠茶 (B)紅茶 (C)鐵觀音 (D)烏龍
茶。

( )39.冰咖啡的沖調方式係採用下列哪種方法？ (A)以熱開水沖調 (B)
以溫水沖泡 (C)以冰水沖調 (D)以蒸餾水沖調。

( )40.當今世界各國所生產的白蘭地，一般而言以下列哪一國最有名？
(A)美國 (B)英國 (C)德國 (D)法國。

( )41.American style服務的基本原則，下列何者敘述正確？ (A)菜餚從
客人右側上 (B)飲料從客人左側上 (C)收拾盤碟從左側下 (D)帳單

置於客人左側桌緣。

( )42.French style服務的基本原則，下列何者敘述錯誤？ (A)菜餚從客人左側上 (B)飲料從客人右側上 (C)收拾盤碟從客人右側 (D)沿著桌邊順時針服務。

( )43.Russian style服務的基本原則，下列何者敘述錯誤？ (A)菜餚從客人左側上 (B)飲料從左側上 (C)收拾從右側下 (D)沿桌邊順時針方向。

( )44.有關法式餐桌擺設，下列何者有誤？ (A)餐刀置於餐皿的右側 (B)酒杯置於餐刀上方 (C)奶油碟置於餐刀左側 (D)點心叉匙置於前菜皿上端。

( )45.法式服務之餐廳中，下列哪一項食物從左側供應？ (A)田螺 (B)龍蝦冷皿 (C)麵包、奶油 (D)甜點。

( )46.歐洲的包餐出租公寓內的家庭式餐廳都採用 (A)分菜服務 (B)合菜服務 (C)旁桌服務 (D)餐盤服務的方式。

( )47.被稱為改良式的法式服務是指 (A)美式 (B)中式 (C)俄式 (D)英式。

( )48.所謂的scrambaed egg是指 (A)煮蛋 (B)煎蛋 (C)蛋捲 (D)炒蛋。

( )49.歐陸式早餐中，最常被使用的牛角麵包是 (A)g1rlicbread (B)croissant (C)danish pastry (D)doughnut。

( )50.西餐廳的經營型態，下列敘述何者有誤？ (A)歐式以法式為正宗 (B)美式較為便利 (C)歐式服務較快 (D)法式通常有洗手碗服務。

解答

1.D；2.D；3.D；4.C；5.D；6.C；7.B；8.C；9.D；10.B；11.C；
12.C；13.C；14.D；15.B；16.D；17.C；18.B；19.B；20.D；21.D；
22.A；23.D；24.C；25.B；26.D；27.C；28.D；29.C；30.D；31.A；
32.D；33.A；34.A；35.D；36.A；37.D；38.A；39.A；40.D；41.D；
42.A；43.D；44.C；45.C；46.B；47.C；48.D；49.B；50.C

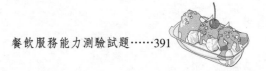

餐飲服務能力測驗(十六)

( )1.對於在職人員應不斷施以職前訓練,改善服務品質。

( )2.服務不良,將給客人留下不好的印象,而遭致無可彌補之損失。

( )3.服務是一種親切熱忱的態度。

( )4.從事餐飲業應尊重自己所扮演的角色。

( )5.不因情緒失控影響對客人之服務態度。

( )6.能積極適時為顧客提供所需之服務,就是好的服務態度。

( )7.服務態度不包括執行主管交待的任務。

( )8.服務時的順序中,是以年長女士優先。

( )9.除非客人要求,否則不要在客人未吃完前收拾餐具。

( )10.儘可能記住顧客的愛好與憎惡。

( )11.服務時可以背對客人。

( )12.服務時可以聽聽客人的對話,以增廣見聞。

( )13.千萬不要讓客人認為你對其他客人服務較周到。

( )14.服務不良,會影響餐廳「公司」的聲譽。

( )15.服務是餐廳的生命,為一種有形的平價商品。

( )16.服務是需隨時設身處地為客人著想。

( )17.好的服務員應常糾正客人的餐飲知識。

( )18.廁所每日至少清理二次以上。

( )19.餐具的進出路線不可重複,以免洗好的餐具被污染。

( )20.洗滌必須先認清洗滌物的種類與材質及污染物的性質。

( )21.男性餐飲服務員應著褲裝,來不及時可不穿襪子。

( )22.掉下來的刀叉要擦乾淨後方可再供客人使用。

( )23.上菜時掉下兩隻明蝦,應趕快撿起,除去髒物再放入盤中供應。

( )24.送菜時可用手端送。

( )25.切熱滷味時,可用手來幫忙處理。

( )26.給客人送飯時可以用手傳送。

( )27.空班時工作檯是最好的床椅。

( )28.骨盤微裂還是可以用的。

( )29.排放手杯時可執杯口。

( )30.所有的熟食必須蓋好。

( )31.不要用茶杯或其他不適當的用具來倒調味汁。

( )32.在職人員衛生訓練是為了提醒從業人員衛生的重要性。

( )33.污水可直接倒入地下排水孔。

( )34.個人衛生純屬隱私,不須列入餐飲管理的範圍。

( )35.一個勺子可以倒多種調味汁。

( )36.現代化餐廳最重要的商品就是美酒佳餚的餐食。

( )37.所謂服務,就是一種以親切熱忱的態度為客人著想,使客人有一種賓至如歸之感。

( )38.服務乃餐廳的生命,無服務即無餐廳可言。

( )39.餐飲工作人員須有主動負責的敬業精神與團隊合作觀念,始能發揮最大工作效率。

( )40.餐飲工作人員應力求儀容端莊,上班時應配戴飾物,並塗胭脂,以給予客人好感。

( )41.餐飲服務人員工作時,應多注意聆聽客人間的談話,以表示友善。

( )42.廚房砧板消毒洗淨後、應以側立方式存放。

( )43.廚房砧板應該冷、熱、生、熟食分開使用,不可共用一塊砧板。

( )44.為避免腐蝕、鬆動、脫落,廚房的刀具柄應儘量採用木柄材質。

( )45.乾粉滅火器對於油類、電氣及液化石油氣等火災最為有效。

( )46.太平門及太平梯應力暢通,不可加鎖或推砌貨品。

( )47.餐廳所遭遇的意外事件當中,最嚴重的首推火災。

( )48.煮沸消毒法係將餐具置放熱開水中消毒十五分鐘以上。

( )49.西餐主菜盤傳統上以紅色、綠色蔬菜及主菜三類來組成。

( )50.西餐主菜盤傳統上以調味醬、蔬菜及牛排來組成。

解答

1.╳；2.○；3.○；4.○；5.○；6.○；7.╳；8.○；9.○；10.○；11.
╳；12.╳；13.○；14.○；15.╳；16.○；17.╳；18.○；19.○；20.
○；21.╳；22.╳；23.╳；24.╳；25.╳；26.╳；27.╳；28.╳；29.
╳；30.○；31.○；32.○；33.╳；34.╳；35.╳；36.╳；37.○；38.
○；39.○；40.╳；41.╳；42.○；43.○；44.○；45.○；46.○；47.
○；48.○；49.╳；50.╳

餐飲服務能力測驗(十七)

( )1.餐飲從業人員的定期健康檢查,每年至少幾次? (A)一次 (B)二次 (C)三次 (D)四次。

( )2.餐飲營業場所捕老鼠所用的毒餌宜放置在何處? (A)水溝邊 (B)光亮處 (C)門口 (D)牆沿。

( )3.餐具器皿消毒可浸泡於攝氏幾度以上之熱水2分鐘? (A)60度 (B)70度 (C)80度 (D)90度。

( )4.餐具器皿消毒應浸泡於多少氯含量之冷水中2分鐘以上? (A)100ppm (B)150ppm (C)200ppm (D)250ppm。

( )5.飲用水水質標準之有效餘氯量必須在多少ppm之上?(A)0.2-1.5ppm(B)1.6-2.9ppm(C)3.0-4.3ppm(D)4.4ppm以上。

( )6.煮沸殺菌法對毛巾、抹布之有效殺菌係指 (A)攝氏90度煮5分鐘以上 (B)攝氏100度煮5分鐘以上 (C)攝氏100度煮1分鐘以上 (D)攝氏100度煮1分鐘以上。

( )7.煮沸殺菌法對餐具之有效殺菌係指 (A)攝氏100度煮5分鐘以上 (B)攝氏90度煮5分鐘以上 (C)攝氏100度煮1分鐘以上 (D)攝氏90度煮1分鐘以上。

( )8.蒸氣殺菌法對毛巾、抹布之有效殺菌係指 (A)攝氏90度蒸氣加熱2分鐘以上 (B)攝氏100度蒸氣加熱2分鐘以上 (C)攝氏90度蒸氣加熱10分鐘以上 (D)攝氏100度蒸氣加熱10分鐘以上。

( )9.蒸氣殺菌法對餐具之有效殺菌係指 (A)攝氏90度以上熱水加熱10分鐘以上 (B)攝氏100度蒸氣加熱10分鐘以上 (C)攝氏90度蒸氣加熱2分鐘以上 (D)攝氏100度蒸氣加熱2分鐘以上。

( )10.熱水殺菌法對餐具之有效殺菌係指 (A)攝氏60度以上熱水加熱4分鐘以上 (B)攝氏70度以上熱水加熱3分鐘以上 (C)攝氏80度以上熱水加熱2分鐘以上 (D)攝氏90度以上熱水加熱1分鐘以上。

( )11.乾熱殺菌法對餐具之有效殺菌係指　(A)攝氏80度以上乾熱加熱40
分鐘以上　(B)攝氏85度以上乾熱加熱30分鐘以上　(C)攝氏90度以
上乾熱加熱20分鐘以上　(D)攝氏95度以上乾熱加熱10分鐘以上。

( )12.砧板每天使用後應如何處理？　(A)當天用清水洗淨消毒　(B)當天
用抹布擦拭乾淨　(C)隔天用清水洗淨消毒　(D)隔三天後再一併清
洗消毒以節省勞力。

( )13.餐廳餐具器皿的消毒殺菌應採用幾槽武之水槽？　(A)3槽　(B)2槽
(C)單槽　(D)視情況而定。

( )14.下列哪些人員是施行衛生教育的對象？　(A)廚房雜工　(B)廚師　(C)
所有員工及老闆　(D)經理及老闆。

( )15.調理用的器皿如砧板等應如何處理才符合衛生標準？　(A)分開購
買　(B)隨時擦拭　(C)選擇大一點的　(D)分類並標示用途。

( )16.廚師手上有化膿傷口，若處理食物可能導致何種食物中毒？　(A)
沙門氏菌　(B)腸炎弧菌　(C)大腸桿菌　(D)金黃色葡萄球菌。

( )17.處理過雞內臟的砧板若未徹底清理就用來處理其他食物，可能導
致何種食物中毒？　(A)沙門氏菌　(B)腸炎弧菌　(C)仙人掌桿菌　(D)
金黃色葡萄球菌。

( )18.牡蠣等海產若烹調溫度不足，一般可能導致何種食物中毒？　(A)
沙門氏菌　(B)腸炎弧菌　(C)大腸桿菌　(D)仙人掌桿菌。

( )19.牡蠣、生魚片等海產生食，雖經加醋、芥末醬等調味，一般而言
也可能引發何種中毒？　(A)不會中毒　(B)沙門氏菌　(C)腸炎弧菌
(D)大腸桿菌。

( )20.下列何種食品添加物常用於熱狗、香腸的製作？　(A)硼砂　(B)紅
色二號　(C)亞硝酸鹽　(D)亞硫酸鹽。

( )21.下列何種情況不符食品中毒的定義？　(A)48小時後發作　(B)多人
得到相同的症狀　(C)吃了相同的食物而引起　(D)團體得病。

( )22.食用發芽的馬鈴薯所引起的中毒，是屬於何種食物中毒？　(A)細
菌性　(B)天然毒素　(C)化學性　(D)過敏性。

( )23.下列何者不屬於微生物性食物中毒？ (A)沙門氏菌 (B)葡萄球菌 (C)亞硝酸鹽 (D)黃麴毒素。

( )24.德國酸菜是利用何種加工原理製作的？ (A)冷藏 (B)乾燥 (C)殺菌 (D)發酵。

( )25.細菌性食物中毒發生的頻率以何季節居多？ (A)春天 (B)夏天 (C)秋天 (D)冬天。

( )26.能抑制細菌繁殖的溫度是攝氏幾度以下？ (A)13度 (B)10度 (C)7度 (D)4度。

( )27.餐飲業所發生的食物中毒事件，以何種原因居多？ (A)類過敏食物中毒 (B)化學物質中毒 (C)細菌性中毒 (D)天然毒素中毒。

( )28.三槽式餐具洗滌槽，第二槽的功用為何？ (A)略洗槽 (B)清洗槽 (C)消毒槽 (D)沖洗槽。

( )29.中餐中的「冷盤」應何時上菜？ (A)首道菜 (B)最後一道菜 (C)高興什麼時候上就什麼時候上 (D)上湯之後。

( )30.若客人遺留東西在餐廳內，你將 (A)丟掉 (B)占為己有 (C)交予櫃臺，以便客人認領 (D)不管他。

( )31.當你發現地板上有水，應 (A)馬上擦乾 (B)當作沒看見 (C)等有空再處理 (D)用腳踩一踩。

( )32.服務生應有的裝扮 (A)披頭散髮 (B)指甲藏污納垢 (C)衣衫不整 (D)頭髮整潔乾淨地挽起。

( )33.當替客人換骨盤時，若盤中有殘留食物，應 (A)直接換新骨盤 (B)徵詢客人是否還用 (C)不理會 (D)集中收集。

( )34.收拾餐桌的酒杯，應如何才正確？ (A)以托盤收拾 (B)直接放入水槽 (C)一個一個拿去洗 (D)集中收集。

( )35.如果客人大聲喧嘩，服務人員應 (A)以客為尊，任他去吵 (B)請他們先結帳 (C)禮貌地去制止 (D)請長官出面。

( )36.餐巾在使用過後要 (A)翻面後可繼續使用 (B)等顧客抱怨後再換洗 (C)送洗，以期有乾淨的桌面提供給顧客 (D)不知道，看老闆

怎麼說。

( )37.如餐具出現破損時　(A)只是個小缺口沒關係 (B)為避免藏污納垢，應立即停止使用 (C)雖會藏污納垢，為了控制成本還是會繼續使用 (D)等它真正不能用再說。

( )38.在吃沙拉時須給客人　(A)吃沙拉用之沙拉叉 (B)隨便，反正客人不知道 (C)只要給客人一支叉即可，可避免再多使用其他餐具 (D)看客人需求。

( )39.吃牛排時刀子須用　(A)隨便，可切就好 (B)奶油刀 (C)牛排刀 (D)不須用刀子，直接用筷亦可。

( )40.上班時應有的態度　(A)聊天打混 (B)發呆 (C)隨時注意客人的需要 (D)散漫的態度。

( )41.客人不多時，侍者下列的動作何者為錯？　(A)幫客人加水 (B)擦玻璃 (C)大聲和同事談笑 (D)隨時注意客人有無需要。

( )42.若客人詢問到自己不清楚的問題，服務員應該　(A)說不知道就好 (B)先向客人說抱歉再去找瞭解的人來回答 (C)不干我的事，不用理他 (D)裝做沒看見。

( )43.當服務生在上菜前發現菜中有不潔之物，應　(A)馬上送回廚房處理 (B)假裝沒看見 (C)自己用手把它拿掉 (D)把菜放在上面掩蓋掉。

( )44.英文中“room service”一詞是　(A)客房餐飲服務 (B)客房服務 (C)吧台服務 (D)飲料服務。

( )45.下列何者不是客房餐飲服務的形式？　(A)由樓層配膳室提供 (B)由廚房提供 (C)由外面餐廳提供 (D)由服務員提供。

( )46.下列選項何者為正確的客房餐飲服務流程？　1.接受點菜 2.準備工作 3.收拾 4.叫菜 5.服務　(A)12345 (B)13543 (C)32154 (D)21453。

( )47.下列何者不是早餐蛋類的作法？　(A)煮蛋 (B)煎蛋 (C)烤蛋 (D)水波蛋。

( )48.鍋具的材料特性，何者為眞？ (A)鋁質較軟，不是熱的良導體
(B)銅是金屬中最佳熱導體，目前使用最廣 (C)不鏽鋼不適合作為
烹烘烤器具 (D)鑄鐵導熱很快，不過不易保持高溫。

( )49.gueridon是指 (A)切割車 (B)旁桌 (C)服務桌 (D)接待檯。

( )50.法國Bordeaux葡萄酒其專用的杯子是 (A)圓筒形杯 (B)鬱金香杯
(C)圓球形杯 (D)杯口大而淺呈V字形。

解答

1.A；2.D；3.C；4.C；5.A；6.B；7.C；8.D；9.D；10.C；11.B；
12.A；13.A；14.C；15.D；16.D；17.A；18.B；19.C；20.C；21.A；
22.B；23.C；24.D；25.B；26.D；27.C；28.D；29.A；30.C；31.A；
32.D；33.B；34.A；35.C；36.C；37.B；38.A；39.C；40.C；41.C；
42.B；43.A；44.A；45.C；46.D；47.C；48.C；49.B；50.B

餐飲服務能力測驗(十八)

( )1.下列何種食品冷藏在攝氏4度可保持新鮮度達三週？ (A)甜菜
（beet） (B)黃瓜 (C)洋菇 (D)香蕉。

( )2.冷藏庫中儲存物間應保持多少距離，冷氣方較易流通？ (A)5公分
(B)10公分 (C)15公分 (D)20公分。

( )3.蔬果保鮮的適宜攝氏溫度為何？ (A)15-19度 (B)10-14度 (C)5-9度
(D)0-4度。

( )4.下列何者不是食品保存時應注意事項？ (A)包裝完整 (B)標示食品
名稱 (C)排列緊密，節省空間 (D)溫度恆定，波動小。

( )5.下列何者為庫房之出貨原則？ (A)先進先出 (B)後進先出 (C)平均
混合方式 (D)隨機方式。

( )6.水果盤之裝飾以何種材料最適宜？ (A)巴西利 (B)薄荷葉 (C)生菜
（萵苣）葉 (D)鮮花朵。

( )7.乾貨倉庫應保持在何種攝氏溫度為宜？ (A)10度 (B)15度 (C)20度
(D)25度。

( )8.食品保存原則以下列何者最重要？ (A)方便 (B)營養 (C)經濟 (D)
衛生。

( )9.酸奶油在冷藏庫的保存期限約多久？ (A)1週 (B)2週 (C)3週 (D)4
週。

( )10.下列攝氏溫度何者最適宜長期儲存葡萄酒？ (A)1-5度 (B)5-10度
(C)10-15度 (D)15-20度。

( )11.生鮮魚類未能一次處理完畢時，應以冰塊覆蓋其上並儲存於何處
較宜？ (A)冷凍庫 (B)冷藏庫 (C)烹調室 (D)保麗龍盒。

( )12.熟食之熱藏溫度依衛生法規應設定在攝氏多少度以上？ (A)30度
(B)40度 (C)50度 (D)60度。

( )13.冷藏儲存食物量應占其容積多少百分比以下？ (A)40% (B)60%

(C)80% (D)100%。

( )14.下列何種食物不可用室溫儲存法？ (A)奶粉 (B)白糖 (C)香料 (D)鮮奶油（fresh cream）。

( )15.蘋果應保存在攝氏多少度間？ (A)0-5 (B)6-10 (C)11-15 (D)16-20。

( )16.能將食物之酸度提高而使細菌無法生存的是下列何種方法？ (A)水漬法 (B)醋漬法 (C)鹽漬法 (D)脫水法。

( )17.有關生鮮蔬果儲存的方法，下列何者是錯誤的？ (A)水果應儲存在冷藏庫 (B)水果儲存前不應水洗 (C)水果去皮可耐儲存 (D)蔬菜和水果的儲存方法一樣。

( )18.市場購入之魚類在冷凍儲存前應作何處理？ (A)不須處理直接冷凍 (B)外表洗淨後即冷凍 (C)除去鱗片洗淨後再冷凍 (D)除去鱗片、魚鰓及內臟等洗淨後再冷凍。

( )19.有關乳品儲存，下列何者是錯誤的？ (A)鮮乳應儲存在攝氏0～5度間 (B)乳酪要緊密包裝 (C)鮮奶開封後保存期限縮短 (D)奶粉在室溫下可保存五年。

( )20.下列何種食物在攝氏4度可保存2星期？ (A)魚肉 (B)禽肉 (C)菠菜 (D)芹菜。

( )21.有關食品的冷凍儲存，下列何者是錯誤的？ (A)保存期限視食物種類而異 (B)烹煮過的食物冷凍儲存期限較短 (C)儲存溫度上下波動並不會影響品質 (D)食品適用與否不能單以包裝上標示的保存期限為準。

( )22.下列何種原料在室溫中可儲放最久？ (A)麵粉 (B)吉利丁 (C)麵包粉 (D)全麥麵粉。

( )23.驗收食物（品）時最需注意的是下列何者？ (A)物美價廉 (B)送貨時間 (C)是否合季節 (D)品質與數量。

( )24.卡達乳酪（cottage cheese）應放在攝氏幾度的庫房保存？ (A)-5至-1 (B)0-5 (C)6-10 (D)11-15。

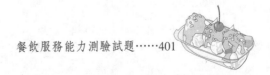

( )25.愛摩塔乳酪（emmental cheese）應放在攝氏幾度的庫房保存？
(A)-5至-1 (B)0-5 (C)6-10 (D)11-15。

( )26.乳酪應放在多少濕度比例的庫房保存？ (A)20-30 (B)40-50 (C)60-70 (D)80-90。

( )27.下列何者儲存時會釋出乙烯氣體？ (A)蘋果 (B)西瓜 (C)柳丁 (D)葡萄。

( )28.新鮮雞肉在冰溫可保存多少天？ (A)1 (B)2 (C)3 (D)4。

( )29.下列何者不是西餐填充料（stuffing或farce）調理的目的？ (A)增進風味 (B)調整濕潤度 (C)增加份量 (D)降低成本。

( )30.下列何者不是西餐肉品捆綁（trussing）的目的？ (A)增進風味 (B)美化外觀 (C)容易切割 (D)易於烹調。

( )31.為避免變色而將馬鈴薯置冷水中，應不超過多久才不損其風味？ (A)1小時 (B)2小時 (C)3時 (D)4小時。

( )32.雞肉烹調前要徹底清洗乾淨的主要目的為何？ (A)去除過多的油脂 (B)清除排泄物的污染 (C)為求較佳的味道 (D)較容易烹調。

( )33.何種作用可使鮮乳凝固、水份排出以製造乳酪？ (A)鹽滷（salting）作用 (B)乳清蛋白凝固作用 (C)凝乳酵素（Rennet）作用 (D)木瓜酵素（papin）作用。

( )34.通常主廚以下列何者來評定新進廚師？ (A)菜樣的新奇性 (B)烹調味道 (C)烹調的速度 (D)切菜技術。

( )35.丁骨牛排（T-bone steak）之切割是藉由下列何種刀具處理？ (A)剔骨刀 (B)牛刀 (C)牛排刀 (D)電鋸刀。

( )36.下列何種切割方式引起細菌污染的程度最快、最多？ (A)肉塊 (B)肉片 (C)絞肉 (D)肉絲。

( )37.下列何處是生剝蛤蜊最佳的下刀處？ (A)上殼 (B)下殼 (C)圓嘴處 (D)尖嘴處。

( )38.烹調羹湯調味，通常在何時段加入鹽最恰當？ (A)前段 (B)中間 (C)後段 (D)隨時。

（　）39.水波煮（poaching）的烹調溫度約為攝氏幾度？　(A)45-65度 (B)65-85度 (C)85-105度 (D)105-125度。

（　）40.慢煮（simmering）的烹調溫度約為攝氏幾度？　(A)63-74度 (B)74-85度 (C)85-96度 (D)96-107度。

（　）41.蒸氣煮（steaming）的烹調溫度約為攝氏幾度　(A)180-200度 (B)200-220度 (C)220-240度 (D)240-260度。

（　）42.荷蘭醬（Hollandaise sauce）之主要油脂材料為何？　(A)葵花油 (B)橄欖油 (C)牛油 (D)奶油。

（　）43.片割醃燻鮭魚（smnoked salmon）的最佳室溫是攝氏幾度？ (A)26度 (B)22度 (C)18度 (D)14度。

（　）44.清湯（consomme）是由何種湯烹調成的？ (A)濃湯（thck soup） (B)高湯（clear soup） (C)奶油湯（cream soup） (D)醬湯（soup）。

（　）45.卑爾尼司醬（Bearnaise sauce）是由何種醬汁調配而成？ (A)番茄醬 (B)蛋黃醬 (C)荷蘭醬 (D)波特雷斯醬（Bordelaise）。

（　）46.若冷藏荷蘭醬，其中何種材料會凝固而敗壞品質？ (A)蛋黃 (B)檸檬汁 (C)奶油 (D)水。

（　）47.蛋黃醬乳化狀態最穩定的溫度約攝氏幾度？ (A)5-10度 (B)10-30度 (C)15-35度 (D)20-40度。

（　）48.咖哩的原產地是哪一國？ (A)印度 (B)英國 (C)泰國 (D)馬來西亞。

（　）49.下列何種魚是凱撒沙拉的材料之一？ (A)燻鮭魚 (B)鮮魚 (C)鯷魚 (D)鰻魚。

（　）50.油醋沙拉醬之主要油脂材料為何？ (A)鮮奶油 (B)奶油 (C)牛油 (D)植物油

解答

1.A；2.B；3.C；4.C；5.A；6.B；7.C；8.D；9.D；10.C；11.B；

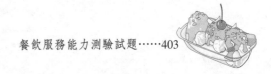

12.D；13.A；14.D；15.A；16.B；17.C；18.D；19.D；20.D；21.C；
22.B；23.D；24.B；25.C；26.D；27.A；28.B；29.D；30.A；31.C；
32.C；33.C；34.B；35.D；36.C；37.C；38.C；39.B；40.C；41.B；
42.D；43.C；44.B；45.C；46.C；47.B；48.A；49.C；50.D

餐飲服務能力測驗(十九)

( )1.熬煮白高湯〔white stock〕所用的骨頭材料為何種？ (A)小牛骨 (B)豬骨 (C)魚骨 (D)鴨骨。

( )2.鮭魚〔salmon〕通常長至幾年時肉質最鮮美？ (A)二年 (B)三年 (C)四年 (D)五年。

( )3.下列什麼材料是熬煮褐高湯之褐色來源？ (A)醬油 (B)醬色 (C)骨頭 (D)著色料。

( )4.褐高湯的褐色是因加熱產生何種變化所致？ (A)凝固作用 (B)膠化作用 (C)焦化作用 (D)蒸氣作用。

( )5.麵糊在烹調上的功效為何？ (A)焦化 (B)軟化 (C)稠化 (D)液化。

( )6.食物下油炸鍋前應如何處理？ (A)沾水 (B)沾鹽 (C)擦拭乾燥 (D)沾醬汁。

( )7.油炸食物時油溫不要超過攝氏幾度油脂才不易敗壞？ (A)196度 (B)216度 (C)236度 (D)256度。

( )8.油炸鍋暫時不炸食物時油溫應保持在攝氏幾度間最適宜？ (A)62-91度 (B)92-121度 (C)122-151度 (D)152-181度。

( )9.油炸食物要如何才能降低油炸鍋中油脂氧化作用？ (A)多炸高水份食物 (B)多用高溫油炸 (C)多用低溫油炸 (D)多炸高鹽食物。

( )10.同油溫油炸冷凍食物要比室溫食物約多出多少時間？ (A)10% (B)15% (C)20% (D)25%。

( )11.在何種油溫油炸食物，含油量會比較高？ (A)高溫 (B)中溫 (C)低溫 (D)與溫度無關。

( )12.乳酪通常是由何種乳汁加工製作？ (A)牛乳 (B)羊乳 (C)牛羊乳混合 (D)以上皆是。

( )13.德國酸菜是哪道主菜的配菜？ (A)炸雞 (B)橙汁鴨 (C)鹹豬腳 (D)烤羊排。

( )14.維也納小牛排是哪一國的名菜？ (A)盧森堡 (B)奧地利 (C)義大利 (D)澳大利亞。

( )15.愛爾蘭燉肉是用哪種主材料烹調的？ (A)豬肉 (B)牛肉 (C)鹿肉 (D)羊肉。

( )16.牛尾湯是哪一國的名湯？ (A)美國 (B)法國 (C)英國 (D)德國。

( )17.漢堡原本是哪一國的食物？ (A)瑞士 (B)法國 (C)奧國 (D)德國。

( )18.漢堡現今是哪一國的速食代表物？ (A)奧國 (B)法國 (C)美國 (D)德國。

( )19.海鮮總匯湯是哪一國的名菜？ (A)奧國 (B)西班牙 (C)法國 (D)美國。

( )20.巧達湯（chowder）是起源自哪一國的名湯？ (A)奧國 (B)法國 (C)美國 (D)德國。

( )21.巧達湯現今是哪一國的名湯？ (A)奧國 (B)法國 (C)美國 (D)德國。

( )22.巧達湯原屬哪一類湯餚？ (A)牛肉湯 (B)蔬菜湯 (C)海鮮湯 (D)羊肉湯。

( )23.明雷士通蔬菜湯是哪一國的湯餚？ (A)奧地利 (B)比利時 (C)義大利 (D)盧森堡。

( )24.羅宋湯是哪裏的名湯？ (A)呂宋 (B)美國 (C)法國 (D)俄羅斯。

( )25.下列何者是美（英）式早餐炒蛋的英文名稱？ (A)scrambled egg (B)fried egg (C)boiled egg (D)poached egg。

( )26.吃生蠔時下列哪一種材料不適合搭配？ (A)檸檬 (B)紅蔥頭 (C)酒醋 (D)橄欖油。

( )27.下列哪種乳酪較常搭配於義大利麵食？ (A)藍紋（blue） (B)卡曼堡（Camembert） (C)百美仙（Parmesan） (D)哥達（Gouda）。

( )28.食用燻鮭（smoked salmon）時哪一項材料不適合搭配？ (A)洋蔥 (B)蒜頭 (C)檸檬 (D)酸豆（gaper）。

( )29. "hers d'Oeuvre" 是指餐譜中哪一道菜？ (A)開胃前菜 (B)美味羹湯 (C)珍饌主菜 (D)餐後甜點。

( )30.除了矯臭、賦香、著色等作用外，香辛料還有下列那一種作用？ (A)焦化作用 (B)辣味作用 (C)醋化作用 (D)軟化作用。

( )31.阿拉伯回教徒的菜單中不宜使用何種食物？ (A)牛肉 (B)豬肉 (C)羊肉 (D)雞肉。

( )32.吃素者菜單宜以下列何種食物為主？ (A)魚肉 (B)羊肉 (C)蔬菜 (D)蛋類。

( )33.下列何者是豬排烹調前拍打的主要作用？ (A)鬆弛肉質 (B)節省能源 (C)快熟，省勞力 (D)增大面積。

( )34.香辛料的保存方法除了應避免光線、濕氣及高溫外，還應避免下列何物？ (A)震動 (B)空氣 (C)搖晃 (D)噪音。

( )35.吃生蠔時下列那一種材料不適合搭配？ (A)檸檬 (B)紅蔥頭 (C)酒醋 (D)橄欖油。

( )36.馬鈴薯用水煮熟後冷卻的方法有下列哪一種？ (A)冷水沖 (B)冷風吹 (C)溫水沖 (D)放冰箱。

( )37.下列何者不屬烹調熱源導熱法？ (A)傳導法 (B)對流法 (C)輻射法 (D)感應法。

( )38.明火烤爐（salamander）是何種導熱法？ (A)傳導法 (B)對流法 (C)輻射法 (D)感應法。

( )39.水波煮（poaching）的烹調溫度約為攝氏幾度？ (A)45-65度 (B)65-85度 (C)85-105度 (D)105-125度。

( )40.麵糊在烹調上的功效為何？ (A)焦化 (B)軟化 (C)稠化 (D)液化。

( )41.迴風烤箱（convection oven）是何種導熱法？ (A)傳導法 (B)對流法 (C)輻射法 (D)感應法。

( )42.油炸烹調（deep-frying）是何種導熱法？ (A)傳導法 (B)對流法 (C)輻射法 (D)感應法。

( )43.丁骨牛排（T-bone steak）的基本重量是多少公克？ (A)240-300

(B)360-420 (C)480-540 (D)600-660。

(　)44.下列何者是切割法中最細的刀工？ (A)塊 (B)丁 (C)粒 (D)末。

(　)45.最適宜雞尾酒會供應之食物大小規格爲何？ (A)可一口食用者 (B)愈大塊愈實際 (C)愈小愈精緻 (D)依食物種類而異。

(　)46.下列何種材質砧板最適合剁肉末？ (A)玻璃 (B)木材 (C)大理石 (D)金屬。

(　)47.早餐煎餅（pan cake）通常附帶下列何物？ (A)果醬 (B)奶油 (C)楓糖漿 (D)花生醬。

(　)48.通常烹調蛋包（omelette）需使用幾顆雞蛋？ (A)4 (B)3 (C)2 (D)1。

(　)49.西餐早餐雞蛋的烹調除了有水波蛋、水煮蛋、煎蛋、炒蛋外還有哪些？ (A)蛋包 (B)蒸蛋 (C)烘蛋 (D)滷蛋。

(　)50.匈牙利牛肉（beef goulash）必須加下何物？ (A)紅辣椒粉 (B)紅甜椒粉 (C)番茄醬 (D)番茄糊。

解答

1.A；2.B；3.C；4.C；5.C；6.C；7.A；8.C；9.B；10.D；11.C；
12.D；13.C；14.B；15.D；16.C；17.D；18.C；19.C；20.B；21.C；
22.C；23.C；24.D；25.A；26.D；27.C；28.B；29.A；30.B；31.B；
32.C；33.A；34.B；35.D；36.B；37.D；38.C；39.A；40.C；41.B；
42.B；43.C；44.D；45.D；46.B；47.C；48.B；49.A；50.B

餐飲服務能力測驗(二十)

( )1.下列何者不屬於國內逐漸盛行的南洋菜？ (A)印尼菜 (B)越南菜 (C)夏威夷菜 (D)泰國菜。

( )2.適合肉末的刀具是 (A)骨刀 (B)砍刀 (C)薄刀 (D)拍面刀。

( )3.冷凍食品的解凍方法，下列何者較不適宜使用？ (A)冷藏庫 (B)微波爐 (C)以流動的自來水沖 (D)浸泡於熱水中。

( )4.法國菜中的三大珍味指鵝肝、魚子醬及 (A)龍蝦 (B)松露 (C)竹笙 (D)蝸牛。

( )5.「溫蒂」和「哈帝」是屬於何種型態的餐飲？ (A)西式速食業 (B)中式速食業 (C)高級法式餐廳 (D)高級中式餐廳。

( )6.紅龍蝦（lobster）和紫斑龍蝦（crawfish）最大的不同特徵在於何處？ (A)觸鬚 (B)鉗爪 (C)尾 (D)腳部。

( )7.食用法式西餐時，田螺或蝸牛專屬的叉子一般是放在餐皿的 (A)右方 (B)上方 (C)右方 (D)中央。

( )8.在法式服務中，下列何者是從左邊供應的？ (A)麵包 (B)白酒 (C)冰水 (D)咖啡。

( )9.國際上最正式的宴，亦即是元首間的正式宴會，稱為 (A)banquet (B)soiree (C)state banquet (D)supper。

( )10.藍山是咖啡中的珍品，其產地來自於 (A)巴西 (B)哥倫比亞 (C)衣索比亞 (D)牙買加。

( )11.manhattan是一種雞尾酒名，其使用的調酒方法是 (A)搖盪法 (B)直接注入法 (C)電動攪拌法 (D)攪拌法。

( )12.調酒中，on the rock指的是 (A)加冰塊 (B)純飲 (C)加水及冰塊 (D)凍霜。

( )13.cuba liber是一種雞尾酒，其主要基酒是 (A)vodka (B)gin (C)rum (D)tequila。

( )14.cointrea是一種香甜酒,是利用何種主要香料浸漬而成? (A)薄荷 (B)橙皮 (C)蜂蜜 (D)香草。

( )15.shaker是一種調酒的用具,是由幾個部分組成? (A)2個 (B)3個 (C)4個 (D)5個。

( )16.cognac指的是哪一國家所生產的白蘭地? (A)法國 (B)美國 (C)英國 (D)加拿大。

( )17.一般而言,下列何種酒較適合搭配任何食物? (A)dry sherry (B)port (C)champagne (D)chablis。

( )18.正確洗手的方法,其第一步驟是 (A)使用洗潔劑 (B)以水潤濕手部 (C)用拭紙先擦過 (D)兩手心相互摩擦。

( )19.下列何者為一般細菌生長最適宜之溫度? (A)0°C~5°C (B)6°C~10°C (C)30°C~40°C (D)70°C~80°C。

( )20.使用泡沫滅火器時,對下列哪一種火災較不適用? (A)普通可燃物品 (B)油類 (C)化學藥品 (D)電氣。

( )21.下列何者不是採購所應遵循的基本原則? (A)最好的價格 (B)適當的品質 (C)適當的數量 (D)適當的價格。

( )22.毛重(gross weight)指的是 (A)物料除去皮重 (B)物料包括皮重在內 (C)包裝的重量 (D)毛重減去皮重。

( )23.在國外採購價格構造方式上,"CIF"指的是 (A)運費在內價 (B)船上交貨價 (C)運費、保險費在內價 (D)運費、保險費、利息在內價。

( )24.下列何者不是信用狀的關係人? (A)收貨人 (B)信用發銀行 (C)發貨人 (D)消費者。

( )25.以不公開的方式與廠商個別洽議的採購方法是 (A)拍賣採購 (B)議價採購 (C)招標採購 (D)詢價現講。

( )26.食物由廚房人員先分配在盤上,再由服務人員送至客人面前的服務稱為 (A)美式服務 (B)法式服務 (C)英式服務 (D)俄式服務。

( )27.有關美式服務特性下列何者敘述錯誤? (A)簡便、省時、省力

(B)所有菜餚從客人左側供食 (C)收拾餐具時一律由客人左側收拾 (D)飲料由客人右供應。

( )28.下列何者饌餚命名反映烹調方法？ (A)乾燒明蝦 (B)洋蔥豬排 (C)糖醋排骨 (D)魚香肉絲。

( )29.下列何者不是平底杯？ (A)whiskey (B)hi-ball (C)collins (D)sour glass。

( )30.doily paper指的是 (A)餐墊紙 (B)小孩用的口布紙 (C)裝飾用的小紙巾 (D)廚房用的紙巾。

( )31.下列哪一項屬於餐飲部門的第一線服務單位？ (A)廚房 (B)酒吧 (C)倉庫 (D)洗滌部門。

( )32.餐飲之後勤作業區域是指 (A)驗收區 (B)接待區 (C)客用餐區 (D)出納區。

( )33.廚房準備食物之工作檯，以下列何種材質較適合？ (A)三合板 (B)大理石 (C)不銹鋼 (D)硬紙板。

( )34.下列何種成本和銷售量的大小有密切關係且與銷售量的變化成正比？ (A)食品 (B)電話費 (C)保險費 (D)水電費。

( )35.有關魚肉類的儲存方法，下列何者敘述錯誤？ (A)肉和內臟先清洗瀝乾後再冷凍之 (B)儲放時間最好不要超過24小時 (C)處理好的魚肉類應裝於清潔塑膠袋內 (D)解凍過之食品，可再凍結儲存供來日食用。

( )36.發放作業流程的第一步驟為何？ (A)申請單之填寫 (B)單位主管簽名 (C)倉儲主管簽章 (D)庫存表之填寫。

( )37.廚房主要設備作業區宜採集中化，而其中需最少通風空調設備的是屬於下列一種格局設計？ (A)島嶼式 (B)直線式 (C)L型 (D)面對面平行排列。

( )38.牛排置於瓷盤，客人要求加熱時應 (A)直接放入烤箱 (B)更換銀盤入烤箱 (C)直接放上瓦斯爐 (D)更換不銹鋼盤入烤箱。

( )39.餐飲行銷組合的4P指的是product、promotion、price和

(A)process (B)procedure (C)place (D)profit。

( )40.關於餐飲服務下列敘述何者錯誤？ (A)熱食熱盤裝 (B)冷食冷盤裝 (C)服務人員可留指甲愈長愈好 (D)缺口之玻璃或陶瓷器皿不可使用。

( )41.焙煎程度越高的咖啡豆，所呈現的味道，以下何者較顯著？ (A)酸味 (B)甜味 (C)苦味 (D)澀味。

( )42.tia maria是屬於下列哪一類的利口酒？ (A)種子類 (B)咖啡類 (C)柑橙類 (D)蜂蜜類。

( )43.三槽式的餐具清潔設備，其操作要領為 (A)洗滌→消毒→沖洗 (B)預洗→消毒→沖洗 (C)消毒→預洗→洗滌 (D)洗滌→沖洗→消毒。

( )44.關於西餐禮儀中，主菜牛排已使用完畢，其刀叉應如何擺放？ (A)平行斜放在盤中 (B)分別平放在餐盤兩側的桌面上 (C)成八字形放在盤中 (D)一起放在餐盤的右側桌面上。

( )45.使用下列何種菜餚，須另送"finger bowl"？ (A)魚子醬 (B)牛排 (C)半隻烤龍蝦 (D)煙燻鮭魚。

( )46.在法式餐廳有專門負責葡萄酒服務的服務員稱為 (A)captain (B)busboy (C)sommelier (D)housekeeper。

( )47."set menu"是指 (A)套餐菜單 (B)單點菜單 (C)速食餐 (D)自助餐。

( )48.有關"fine dining"下列敘述何者錯誤？ (A)裝潢上有特殊風格 (B)菜色種類多 (C)以顧客導向 (D)服務員無需專業訓練。

( )49.菜單設計的基本原則，下列敘述何者錯誤？ (A)內容可以與實際不符 (B)要符合顧客消費趨勢 (C)要能展現餐廳的特色 (D)要考量餐廳設備與人力。

( )50.餐飲從業人員身體上有傷口、化膿不得從事調理工作，因為較易感染 (A)仙人掌桿菌 (B)金黃色葡萄球菌 (C)沙門氏菌 (D)腸炎弧菌。

解答

1.C；2.B；3.D；4.B；5.A；6.B；7.C；8.A；9.C；10.D；11.D；
12.A；13.C；14.B；15.B；16.A；17.C；18.B；19.C；20.D；21.A；
22.B；23.C；24.D；25.B；26.A；27.C；28.A；29.D；30.C；31.B；
32.A；33.C；34.A；35.D；36.A；37.A；38.D；39.C；40.C；41.C；
42.B；43.D；44.A；45.C；46.C；47.A；48.D；49.A；50.B

餐飲服務——重點整理、題庫、解答

編 著 者／陳堯帝
出 版 者／揚智文化事業股份有限公司
發 行 人／葉忠賢
總 編 輯／林新倫
登 記 證／局版北市業字第1117號
地　　　址／台北市新生南路三段88號5樓之6
電　　　話／(02)2366-0309
傳　　　真／(02)2366-0310
網　　　址／http://www.ycrc.com.tw
E-mail／book3@ycrc.com.tw
郵撥帳號／14534976
戶　　　名／揚智文化事業股份有限公司
法律顧問／北辰著作權事務所　蕭雄淋律師
印　　　刷／鼎易印刷事業股份有限公司
I S B N／957-818-472-7
初版一刷／2003年2月
定　　　價／新台幣450元

國家圖書館出版品預行編目資料

餐飲服務：重點整理、題庫、解答／陳堯帝編
著.--初版.--臺北市：揚智文化，2003〔
民92〕
　面：　公分

　ISBN 957-818-472-7（平裝）

　1.飲食業

483.8　　　　　　　　　　　　　　91022621